BIBLIOTHÈQUE DES PR...

INDUSTRIELLES, COMMERCIALES, AGRICOLES ET LIBÉRALES

MANUEL PRATIQUE

DU

CONSTRUCTEUR et du CONDUCTEUR

DE CYCLES

ET D'

AUTOMOBILES

GUIDE PRATIQUE

des constructeurs, fabricants, monteurs et réparateurs de cycles
en tous genres ; des mécaniciens, ajusteurs, serruriers, nickeleurs, etc.,
s'occupant de l'industrie des cycles ; des constructeurs et propriétaires
d'automobiles ; des conducteurs de voitures mécaniques
de tous systèmes (*pétrole et électricité*), etc., etc.

PAR

H. de GRAFFIGNY

Ingénieur civil

ILLUSTRÉ DE 204 VIGNETTES DESSINÉES PAR L'AUTEUR

Arts
et Métiers

Série G
N° 733

PARIS

J. HETZEL ET Cie, ÉDITEURS

18, RUE JACOB, 18

BIBLIOTHÈQUE DES PROFESSIONS

INDUSTRIELLES, COMMERCIALES, AGRICOLES ET LIBÉRALES

SÉRIE G.

ARTS ET MÉTIERS

N° 33

OUVRAGES DU MÊME AUTEUR

Publiés à la librairie **J.** Hetzel et Cie, dans la Bibliothèque
des Professions.

———————

L'Ingénieur-Électricien (10e édition entièrement refondue). 1 vol. avec
110 dessins de l'auteur.

Guide Pratique de l'Horloger et du mécanicien amateur (3e édition). 1 vol.
avec 109 dessins de l'auteur.

Chez Bernard et Cie

Les Tramvays et chemins de fer sur routes. 1 vol. 20 fr.

La Petite Encyclopédie électro-mécanique. 12 vol. 15 fr.

———————

TYPOGRAPHIE FIRMIN-DIDOT ET Cie. — MESNIL (EURE).

BIBLIOTHÈQUE DES PROFESSIONS
INDUSTRIELLES, COMMERCIALES, AGRICOLES ET LIBÉRALES

MANUEL

DU

CONSTRUCTEUR et du CONDUCTEUR

DE CYCLES

ET D'

AUTOMOBILES

GUIDE PRATIQUE

à l'usage

des constructeurs, fabricants, monteurs et réparateurs de cycles en tous genres
des mécaniciens, ajusteurs, serruriers, nickeleurs, etc., s'occupant de l'industrie des cycles
des constructeurs et propriétaires d'automobiles
des conducteurs de voitures mécaniques de tous systèmes (*pétrole et électricité*)
etc., etc.

PAR

H. de GRAFFIGNY

Ingénieur civil

Rédacteur en chef du *Journal des Inventeurs*

ILLUSTRÉ DE 204 GRAVURES DESSINÉES PAR L'AUTEUR

Arts
et métiers.

—

Série G

N° 33

—

PARIS

J. HETZEL ET Cⁱᵉ, ÉDITEURS

18, RUE JACOB, 18

—

Tous droits de traduction et de reproduction réservés.

PRÉFACE

Le cyclisme est un moyen de locomotion qui, depuis une douzaine d'années, a pris une extension extraordinaire, car c'est surtout un procédé économique au premier chef. Ce n'est pas dépasser la vérité en évaluant à plus de trois cent mille, rien qu'en France, et à plusieurs millions dans le monde entier, le nombre des personnes qui pratiquent l'art de pédaler, soit dans un but de promenade ou de sport, soit comme un moyen de déplacement rapide et à bon marché. Il résulte de ce goût général qu'une industrie nouvelle, utilisant les plus récentes découvertes de la science, s'est créée : la fabrication des cycles, et que cette industrie a pris un développement considérable, en rapport avec les demandes à satisfaire. D'importantes usines de construction ont été installées, et se sont pourvues d'un outillage de plus en plus perfectionné pour produire le plus rapidement et le plus économiquement possible les différentes pièces entrant dans la construction des vélocipèdes. Les ateliers de Clément et Cie, la Métropole, Rochet, Hurtu, en France, Withworth, Humber de Beeston St-Georges, de Birmingham, en Angleterre, Pape Manufacturing en Amérique, pour ne citer que les plus célèbres, occupent des milliers d'ouvriers, et produisent des machines absolument parfaites, basées sur les théories scientifiques les plus rigoureuses, et établies avec un soin méticuleux comme de véritables pièces de précision.

De ce mouvement immense a résulté une avalanche de publications : journaux, brochures, volumes de toute sorte, mais, chose assez curieuse, tous ces ouvrages se sont adressés aux pratiquants de la machine à deux ou trois roues, aux sportsmen, touristes et promeneurs ; aucun aux fabricants et aux constructeurs de toute importance, si bien qu'il n'existe pas en librairie de livre résumant les diverses opérations de cette industrie, et que le mécanicien voulant s'adonner à ce genre de travail ne peut faire son apprentissage et se renseigner autre part que dans un atelier de mécanique vélocipédique. Nul traité théorique et pratique, nul vade-mecum où celui qui ne sait pas encore peut puiser d'utiles notions, où celui qui sait déjà peut trouver un renseignement que sa mémoire a oublié, n'a été écrit.

Nous avons donc songé à combler cette lacune et à mettre à la disposition des personnes s'occupant, à un

titre quelconque, de vélocipèdes ou de véhicules automobiles, un guide pratique où se trouvent réunis à la
fois les principes de la construction et les méthodes
suivies par les spécialistes. Nous étions d'ailleurs préparés à un semblable travail par nos occupations an-
térieures. Secrétaire de la rédaction, pendant plusieurs
années, du seul journal technique et professionnel
existant en France : l'*Industrie vélocipédique,* nous
avons suivi pas à pas le développement de cette
branche d'industrie et nous nous sommes initié à tous
les secrets de la fabrication et de la réparation.

Sœur cadette de la première, l'industrie automobiliste suit une marche non moins brillante, et les véhicules mécaniques sillonnent toutes nos routes. Avant
qu'il soit bien longtemps, le cheval aura complètement disparu en tant que moteur, et cédé la place aux
tracteurs mécaniques qui se perfectionnent de jour en
jour. Le moteur à pétrole, qui a détrôné, pour cette
application spéciale, la chaudière de Papin, est menacé
déjà dans son avenir par le moteur électrique, et l'effort fiévreux des inventeurs se porte sur les procédés
les plus pratiques et les plus rapides de locomotion
individuelle. Une étude de ces nouveaux appareils
était indispensable, et nous avons tenu à indiquer les
principes les plus rationnels sur lesquels ils sont basés,
ainsi que la manière de calculer les différents organes
des automobiles.

Composé et illustré avec soin, nous espérons que ce travail ne sera pas stérile, car il sera pour les praticiens une mine de renseignements, et un guide-manuel qu'ils ne consulteront pas inutilement.

H. de GRAFFIGNY.

Paris, juin 1897.

PREMIÈRE PARTIE

LE CONSTRUCTEUR

DE

CYCLES

MANUEL PRATIQUE

DU

CONSTRUCTEUR ET DU CONDUCTEUR

DE CYCLES ET D'AUTOMOBILES

CHAPITRE PREMIER

Les Pièces du Cycle.

1. *Disposition générale de la bicyclette.*

En principe, la bicyclette est formée par l'assemblage de deux roues disposées à la suite l'une de l'autre dans le même plan, roues dont le diamètre est sensiblement égal et atteint ordinairement de 60 à 75 centimètres. La première tourne entre les deux branches d'une fourche mobile à droite et à gauche, c'est la *directrice;* l'autre, celle d'arrière est maintenue entre les quatre branches formées par deux fourches fixes, c'est elle qui reçoit l'effort du cycliste, aussi est-elle appelée la *motrice.*

Les roues sont reliées par une carcasse métallique, affectant le plus souvent la forme d'un cadre plus ou moins allongé, dont deux côtés sont à peu près parallèles (fig. 1). La partie A, qui est en avant, reçoit la tête de la fourche entre les branches de laquelle tourne la roue directrice. Le côté B, à l'arrière, reçoit la tige porte-selle à sa partie supérieure, et en C à sa partie inférieure le mécanisme de roulement ou *pédalier*, avec la transmission de mouvement. Ces deux parties sont reliées par deux entretoises *dd*, dont

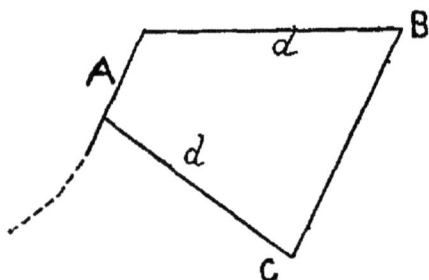

Fig. 1.

l'une est horizontale; les deux fourches entre lesquelles tourne la roue motrice s'articulent en B et en C.

Si l'on se reporte au dessin de la fig. 2 montrant l'aspect d'une bicyclette, on se rend compte immédiatement de la disposition générale du mécanisme, qui peut être décomposé comme suit, en quatre parties principales :

Le corps ou cadre avec ses fourches;

Les roues;

Les roulements, pédalier et transmission.

Le *corps* est complété par le *guidon* ou *gouvernail* permettant de diriger la machine par les diverses inclinaisons de la roue d'avant, et par la *tige porte-selle*, *té*, ou *potence*. Les roues comportent un *moyeu* avec son *axe* et ses *cous-*

sinets, des *rayons directs* ou *tangents*, une *jante* en bois ou

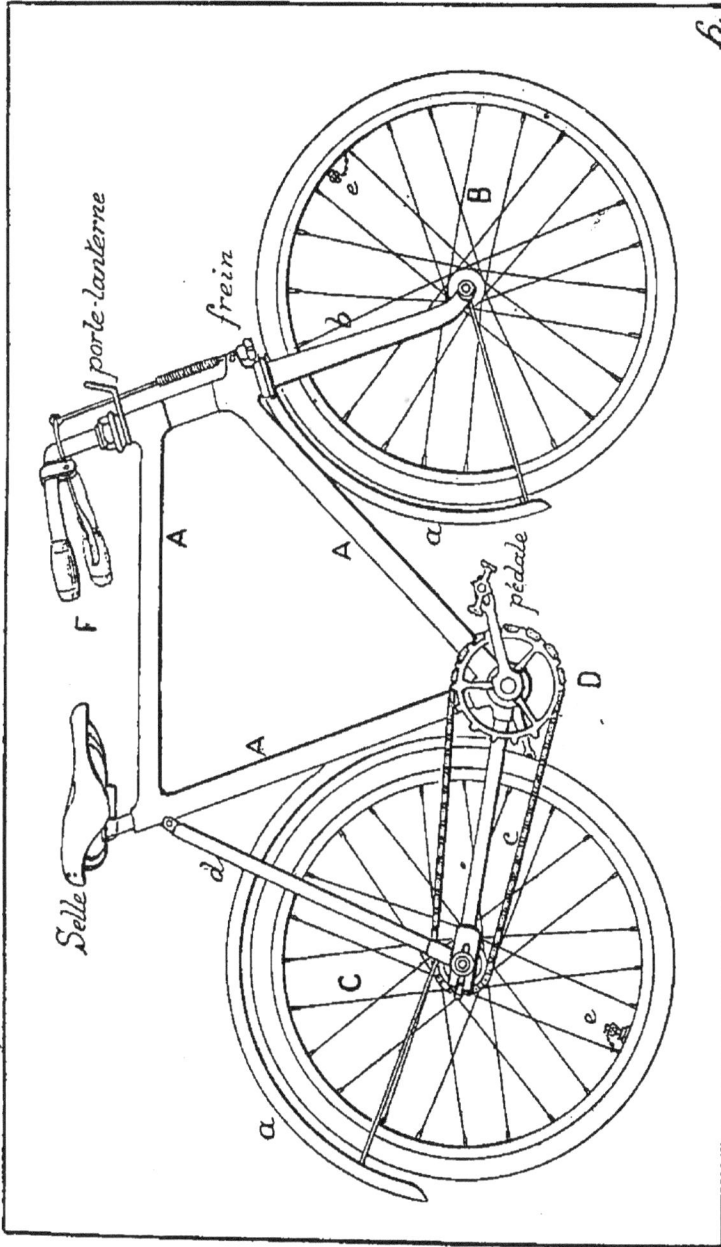

Fig. 2. — Ensemble d'une bicyclette.

A. Tubes du corps ; B, roue directrice ; C, roue motrice ; D, pédalier ; F, guidon ; *aa*, garde-crotte ; *b*, fourche d'avant ; *c*, chaîne ; *d*, fourche d'arrière ; *ee*, valves des pneumatiques.

en fer, enfin un *bandage* élastique en caoutchouc. Le pédalier se compose d'un *axe* mobile, avec ses *cônes* de réglage, ses *billes* et ses *cuvettes,* de deux *manivelles* et de deux *pédales.* Le mouvement de rotation imprimé aux pédales par le cycliste est transmis à la roue d'arrière par une *roue* dentée, de diamètre variable, et un *pignon* reliés ensemble par une *chaîne* à maillons dont la disposition varie. Un *frein,* une *selle* servant de siège, et des *garde-boue* complètent les accessoires d'un vélocipède.

Nous allons étudier, dans l'ordre de notre énumération, ces différentes pièces :

2. *Corps de la bicyclette.*

La forme de corps la plus généralement adoptée est celle d'un cadre inégal, constitué par des tubes d'acier de faible

Fig. 3. — Cadre de bicyclette d'homme.

épaisseur, mais d'assez fort diamètre pour résister efficacement à la torsion, tout en présentant le maximum de légèreté (fig. 3). Dans les machines de dames, la traverse supérieure du cadre est quelquefois supprimée et remplacée par un tube partant du haut de la douille d'avant pour rejoindre le pédalier, comme le montre la fig. 4. Cette forme a l'inconvénient de retirer de la solidité au corps, de même que la forme cintrée, consolidée ou non à sa partie inférieure, et le poids de la machine est plus grand. C'est pourquoi beaucoup de dames cyclistes ont dû re-

Fig. 4. — Cadre de bicyclette de dame.

noncer à la jupe longue et adopter la culotte de zouave afin de pouvoir monter les bicyclettes à cadre ordinaire, du même modèle que les bicyclettes pour hommes. Il y a quelques années, on contruisait des corps en forme de *croix* (fig. 5) composés d'un tube *a*, articulé à l'avant sur un pivot relié à la tête de fourche et terminé à l'arrière par une fourche dont les deux extrémités *cc* servaient de support à l'axe de la roue motrice. Un tube recourbé était relié dans un plan perpendiculaire à celui de la fourche et re-

cevait la tige porte-selle à sa partie supérieure *d*, et le pédalier à la partie inférieure *b*. Ce montage, qui paraissait

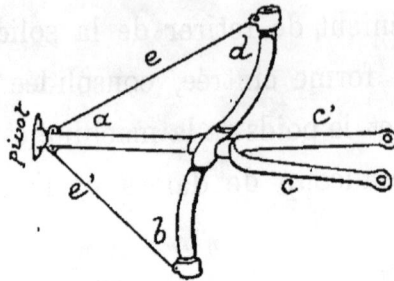

Fig. 5. — Corps en croix.

très simple, a été complètement abandonné, en raison de
son manque de solidité, bien qu'on eût essayé de le conso-

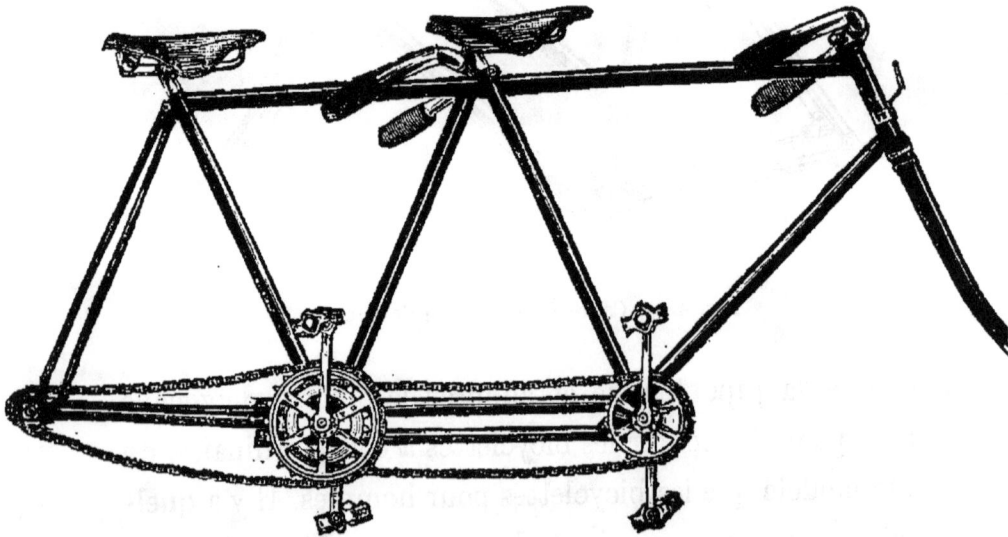

Fig. 6. — Cadre de tandem d'Eadie.

lider par des tendeurs *ee*, et aujourd'hui la plupart des
corps de bicyclettes sont à cadre. La forme de ce cadre se
modifie quelque peu chaque année, suivant le caprice des
constructeurs et le goût des acheteurs, — il y a une mode

pour les vélocipèdes comme pour les vêtements ! — mais en résumé, le changement est peu sensible.

Les quatre tubes constituant le corps de la bicyclette sont réunis au moyen de *pièces d'assemblage,* en acier dans

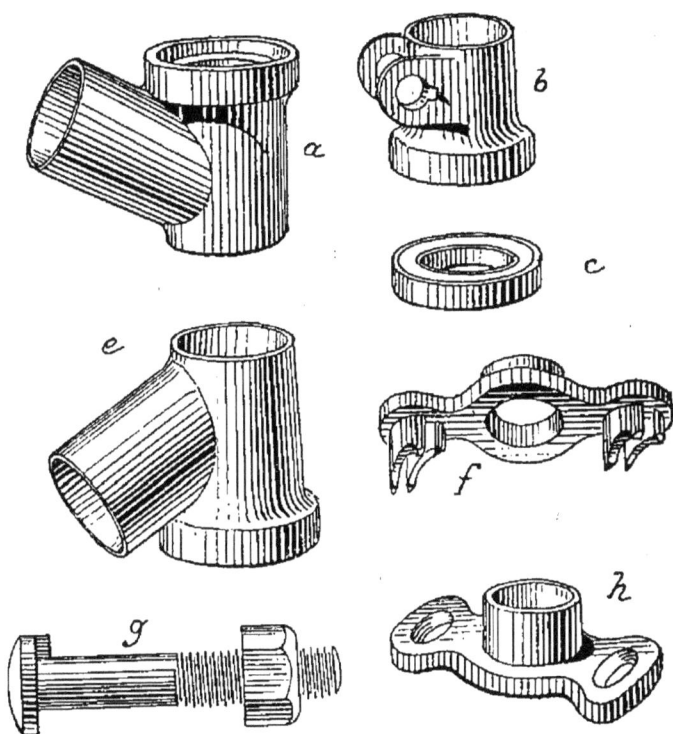

Fig. 7, 8, 9, 10, 11, 12, 13. — Pièces d'assemblage.

a, Raccord du tube supérieur d'avant; *b*, collier de serrage; *c*, cuvette; *e*, raccord du tube inférieur sur la douille; *f* et *h*, raccords de la fourche d'avant; *g*, boulons et écrous d'assemblage.

les modèles de prix, en simple fonte malléable pour les types à bon marché. Nous dirons, dans un chapitre ultérieur, le mode de fabrication de ces pièces, que représentent les fig. ci-dessus (fig. de 7 à 20) et que la plupart des constructeurs achètent à l'état brut dans certaines usines ayant la spécialité de fabriquer les pièces détachées.

Dans les bicyclettes à plusieurs places, tandems, triplettes, etc., le cadre est entretoisé à l'aide de tubes for-

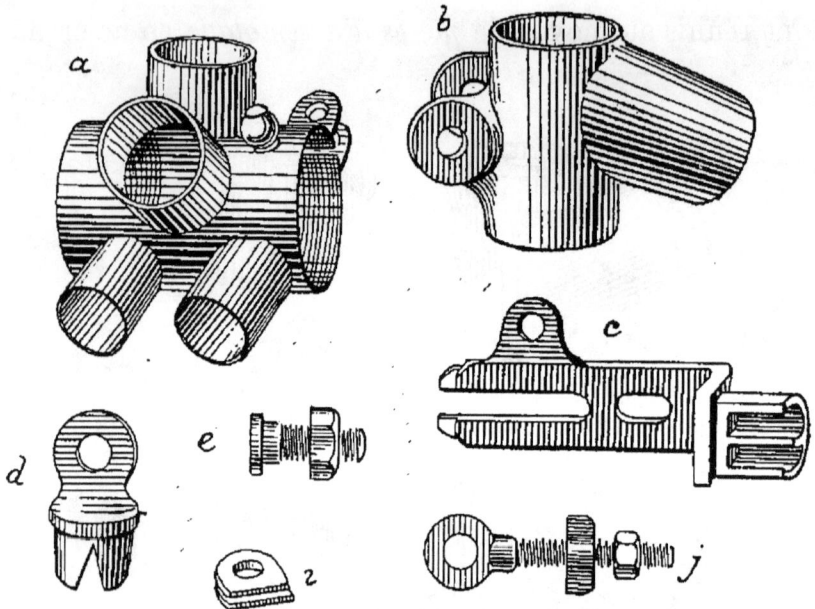

Fig. 14, 15, 16, 17, 18, 19, 20. — Pièces d'assemblage.

a, Boîte à pédalier ; *b*, raccord du tube de selle ; *c*, pièce de fourche d'arrière ou *patte*,
d, pattes bout de tube arrière ; *e*, boulon de raccord de tubes de pattes ; *i*, rondelle de
joint ; *j*, tension de roue arrière.

mant croisillons et s'opposant au voilement. Les pièces
d'assemblage sont plus nombreuses, mais leur rôle est ana-

Fig. 21 et 22. — Fourreaux de fourche d'avant.

logue ; elles relient les tubes les uns aux autres d'une façon
inébranlable grâce à la brasure, et font corps avec ceux-ci.

Le tube d'avant du cadre, le plus court de tous, sert de logement à la tête de la fourche d'avant. Celle-ci se compose ordinairement de deux parties semblables, en tube d'acier de section ovoïdale (les premières fourches creuses fabriquées par Truffault n'étaient autre chose que des fourreaux de sabre), (fig. 21 et 22) et réunies à leur partie supérieure par une pièce d'assemblage de forme particulière. Cependant, comme ce point de la ma-

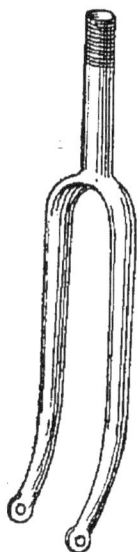

Fig. 23. — Fourche d'avant en une seule pièce.

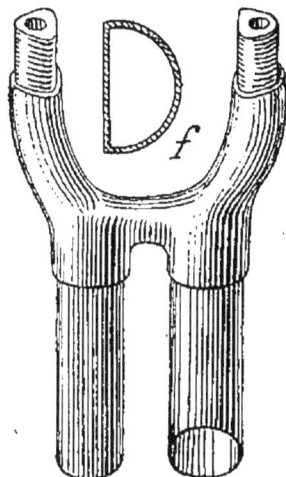

Fig 24. — Raccord de la fourche inférieure de la roue motrice ou *pont*.
f. Coupe.

chine, par suite du travail excessif auquel il est soumis, est sujet à des ruptures brusques, entraînant souvent des accidents très graves, beaucoup de constructeurs font cette pièce double, certains même réunissent les branches à leur partie supérieure par une brasure, si bien que la fourche n'est plus composée que d'un morceau unique qui a, par suite, beaucoup moins de chances de se rompre (fig. 23).

Les deux fourches supérieure et inférieure maintenant la roue motrice sont en tubes ordinaires ; les branches supérieures sont reliées à celles du bas par des pièces d'assemblage, les branches inférieures sont terminées par de petites

1.

en métal plein, simplement courbé au feu de la forge ; maintenant on la compose de deux tubes, brasés à angle droit et réunis par une pièce d'assemblage du même genre que celle reliant les tubes des cadres. De cette façon cette tige est beaucoup plus légère sans que sa solidité s'en trouve altérée.

Le frein, indispensable pour les machines routières, est une palette de bois ou de métal, ou encore un assemblage de deux prismes de caoutchouc, monté à l'extrémité d'une tige verticale en avant de la douille (fig. 28). Cette palette ou cet assemblage est maintenu à distance du bandage par un ressort à boudin servant de rappel ; on peut le faire frotter plus ou moins dur sur le bandage en appuyant avec la main droite

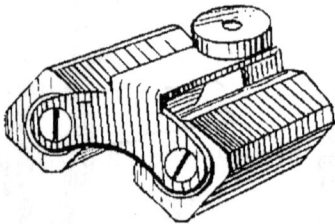

Fig. 28. — Frein pour bandage pneumatique.

sur un levier horizontal oscillant autour d'un tourillon placé vers le milieu de sa longueur. Mais ce frottement use rapidement le bandage, surtout le pneumatique, aussi a-t-on essayé de le remplacer par un frein à tambour agissant sur la roue d'arrière à laquelle ce tambour est fixé. La transmission se fait par un fil d'acier tiré par le levier de pression placé sous la poignée de droite du guidon. Malgré sa valeur, ce système est peu employé et la plupart des cyclistes préfèrent se passer complètement de frein, ce qui, à notre avis, est un tort et présente un réel danger.

Les garde-boue ou paracrottes sont deux quarts de cercle

enveloppant les roues et empêchant la boue chassée par elles de venir maculer les vêtements du velocipédiste. On a fait ces garnitures d'abord en tôle mince, puis en celluloïd et en aluminium, et on les fixait au cadre par des vis et des fourchettes légères ; mais la majorité des cyclistes ayant trouvé disgracieuse cette enveloppe pourtant indispensable par les temps de pluie, on ne se sert plus maintenant que de garde-boue en toile cirée ou caoutchoutée, tendue sur une carcasse très légère.

4. *Les roues.*

Les roues de bicyclettes se composent de quatre parties : le moyeu, les rayons, la jante et le bandage. Le

Fig. 29. — Moyeu de roue motrice d'Eadie.

moyeu est la partie centrale de la roue ; c'est sur ses côtés ou *joues* que sont vissés ou lacés les rayons se rendant à la jante formant le cercle extérieur de la roue et le support du bandage. Il est percé d'un trou central donnant passage à l'*axe*, tige d'acier cylindrique servant de support fixe au moyeu qui est mobile (fig. 29, 30 et 31).

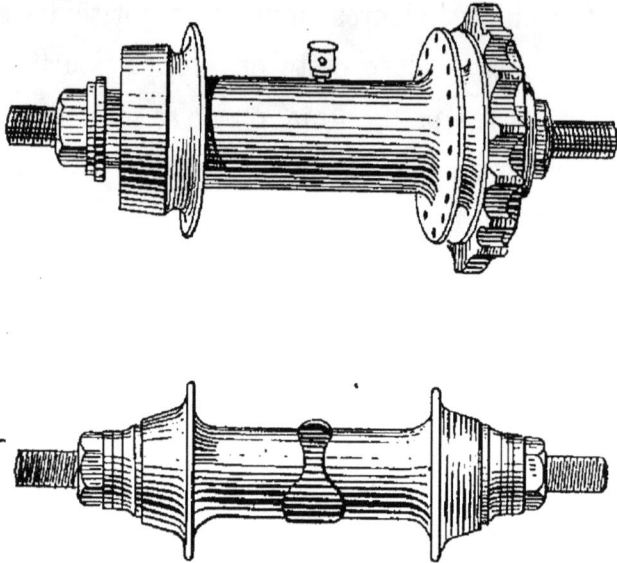

Fig. 30 et 31. — Moyeux de roues motrice et directrice.

L'axe d'une roue comporte lui-même trois parties : la tige filetée et deux bagues de réglage ou *cônes*, circulant sur le pas de vis et permettant d'opérer leur rapprochement

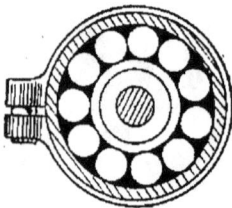

Fig. 32. — Coussinet à billes (vu de face).

facultatif. Chaque joue du moyeu porte une cuvette de forme appropriée, formant un couloir dans lequel court une rangée de billes. L'axe ne frotte donc pas directement sur le moyeu ; grâce à l'interposition des deux rangées de billes, serrées juste au point voulu par les cônes, on n'a plus qu'un frottement de roulement extrêmement doux et peu susceptible de gripper. L'adoption des coussinets à billes, imaginés en 1868 par M. Suriray, a fait une partie du succès des vélocipèdes, ce coussinet ne demandant presque aucun entretien.

Le moyeu de la roue motrice ne diffère de celui de la roue d'avant qu'en ce qu'il comporte une petite roue d'engrenage ou *pignon* recevant par l'intermédiaire de la chaîne l'effort déployé par le cycliste sur les pédales. Comme dans le cas précédent, l'axe central est fixe et le moyeu tourne autour de lui, tout en en demeurant éloigné du diamètre de l'épaisseur des billes renfermées dans le coussinet.

Les rayons sont des fils d'acier très fins (corde à piano de 1/2 millimètre), qui soutiennent le moyeu *suspendu* à la jante. Car il ne faut pas oublier que, dans les véloci-pèdes, les rayons travaillent *en tension*, et non pas comme point d'appui. Le moyeu (et, par suite, le cadre de la machine et le cycliste) est suspendu aux rayons supérieurs AAA (fig. 33), et non pas soutenu par les rayons inférieurs BBB. On peut, en conséquence

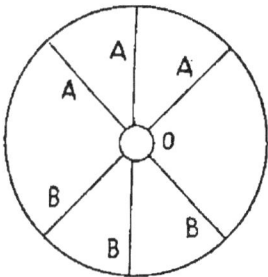

Fig. 33.

de ce fait, obtenir, avec des fils d'acier d'un millimètre carré de section, la même solidité qu'avec des tiges de fer d'un demi-centimètre de diamètre.

Les rayons, formés de fils d'acier étiré, appartiennent à deux classes distinctes : les directs et les tangents. Un rayon est *direct* quand il rejoint directement, par la voie la plus courte, qui est la ligne droite, le moyeu et la jante, en un mot quand il est perpendiculaire au moyeu. Un rayon direct porte une tête arrondie comme un bouton, son autre extrémité est filetée (fig. 34 et 35). On l'entre par son extrémité filetée dans un trou percé dans la jante ; sa tête l'arrête au fond de la jante et on le visse alors dans le moyeu. Les ouvriers qui montent les roues règlent la tension des rayons en les serrant plus ou moins et en les pinçant pour les faire vibrer. Quand ils donnent tous sensiblement la même note, la roue est réglée.

Fig. 34, 35. — Rayons directs.
Fig. 36, 37. — Rayons tangents.

Certains constructeurs ayant observé qu'un rayon, sous l'effort que lui font subir à la fois le moyeu et la jante, tend à prendre une position tangentielle à ce moyeu, ont eu l'idée de donner, dès le début, à ce rayon la position à laquelle il n'arrivera que déformé par l'usage. C'est de cette observation que résulte l'invention du *rayon tangent,* qui, comme son nom l'indique, rejoint en biais le moyeu et forme une tangente avec lui (fig. 36 et 37). Ce genre de rayon ne se place pas de la même façon qu'un rayon direct : au lieu d'être enfilé dans la jante, c'est dans le moyeu qu'il se trouve arrêté par sa tête large et arrondie, qui s'applique fortement contre les rebords du trou dans

lequel il passe. L'autre extrémité, filetée, traverse la jante et
y est maintenue au moyen d'un petit écrou (fig. 38 et 39).
Les tangents sont entrecroisés et reliés deux à deux en
leur milieu par une légère ligature de fil d'acier et une
soudure. Ce genre de rayons donne plus de rigidité à la
roue : il l'allège dans ce sens qu'en nombre moitié moindre il fait autant de travail que le rayon direct, mais, s'il

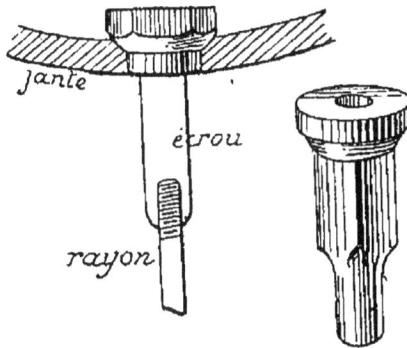

Fig. 38. — Montage des rayons tangents dans la jante.
Fig. 39. — Écrou.

était indispensable pour les grandes roues de bicycles,
si facilement voilées et détendues, il n'a plus, dans les
roues basses de bicyclette ou de tricycle, que l'excuse de
l'élégance et de la mode.

La fabrication des jantes, dont l'importance est considérable, a été bien améliorée depuis ces derniers temps,
bien que la manie de la légèreté ait souvent insinué,
dans la cervelle des inventeurs, l'idée de les alléger outre mesure, ce qui est une imprudence. En effet, tout dépend de la jante et des rayons, qui reçoivent tous les
chocs de la route et supportent le poids du cycliste ; leur
solidité doit donc être éprouvée, et, il faut bien le recon-

naître, ce n'est pas toujours ce qui arrive, puisqu'au moindre heurt un peu violent, la roue se voile, la jante se déforme et les rayons se brisent.

Les jantes sont donc un département important de la fabrication des cycles, et les constructeurs leur donnent un peu plus d'attention qu'autrefois, car l'expérience leur a démontré la nécessité d'y apporter tous les soins nécessaires.

En général, la jante est constituée par un cercle en acier dont les deux bords sont repliés de manière à maintenir le bandage extérieur; cependant, dans les machines de course, on emploie souvent des jantes en bois, ou *wood rines*, qui sont bien plus légères, mais aussi plus fragiles.

Il existe deux types bien distincts de *wood rines*. Le premier est formé de plusieurs couches, ou lattes de bois, superposées et collées; le second ne se compose que d'une pièce, dont les extrémités s'emboîtent l'une dans l'autre. La délicatesse de la construction de ces jantes est inouïe et leur prix, par conséquent, très élevé; de plus, étant moins solides que celles d'acier, il est fort probable qu'elles passeront bientôt de mode. La jante sert de support au bandage, et sa section varie suivant la nature de celui-ci. Nous ne nous occuperons pas, pour le moment, de cette partie des cycles, la question ayant assez d'importance pour motiver un chapitre entier, et nous passerons maintenant à l'examen de la transmission.

5. *Le pédalier*.

Tandis que, dans les roues, l'axe est fixe et sert simplement d'appui au moyeu, dont il est séparé à chaque extrémité par une rangée de billes, dans le pédalier cet axe est mobile et entraîne dans son mouvement toutes les parties qui lui sont associées : les manivelles avec les pédales et la grande roue dentée sur laquelle passe la chaîne de transmission.

Le pédalier se compose ordinairement d'une pièce d'as-

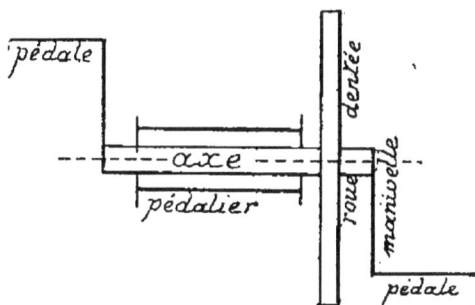

Fig. 40. — Schéma du pédalier moteur.

semblage présentant extérieurement quatre portées tubulaires destinées à recevoir les tubes du cadre et les deux branches de la fourche d'arrière. Les deux extrémités de cette pièce d'assemblage sont renflées de façon à former une boîte annulaire de 50 à 60 millimètres de diamètre. Elles reçoivent intérieurement une sorte de doublage : une cuvette en acier très dur, percée d'un trou central pour le passage de l'axe.

Cet axe, qui constitue la partie mobile, est une tige d'a-

cier filetée sur une partie de sa longueur et portant sur ce
filet un disque ou cône pouvant se rapprocher ou s'éloigner
à volonté d'une autre partie exactement semblable, mais

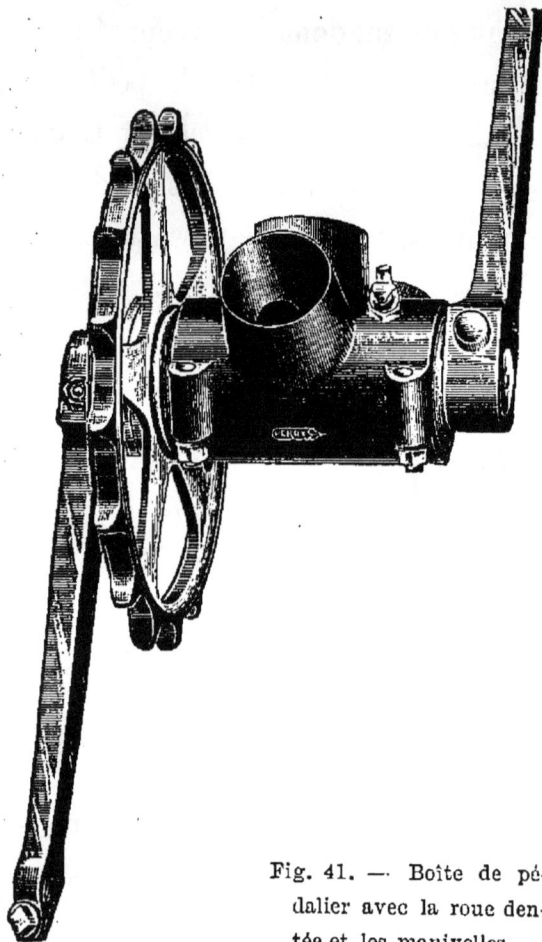

Fig. 41. — Boîte de pé-
dalier avec la roue den-
tée et les manivelles.

fixée à demeure à l'autre extrémité de l'axe. On conçoit aisément la disposition du coussinet : on place une rangée de
billes dans le couloir circulaire, puis on introduit l'axe
dans le vide intérieur. Le cône fixe vient appuyer sur les
billes et les maintient. On retourne alors la pièce, on met

en place la seconde rangée de billes dans l'autre coussinet, puis on serre le cône mobile jusqu'au point voulu, en le faisant tourner sur le pas de vis. Dans une autre disposition le cône est fileté non intérieurement mais extérieurement et il se visse à l'intérieur de la joue du coussinet. Quoi qu'il en soit on a ainsi un moyen très simple de régler les deux coussinets en assurant la mobilité de l'axe dans leur intérieur.

Les deux extrémités de cet axe reçoivent les *manivelles*

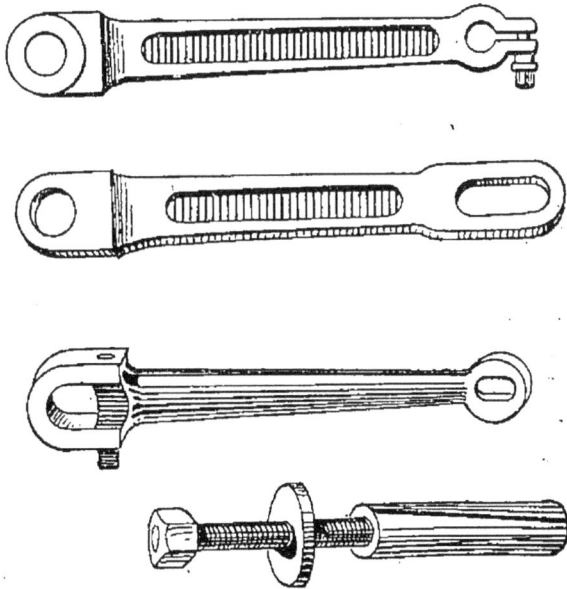

Fig. 42, 43 et 44. — Formes diverses de manivelles.
Fig. 45. — Clavette de serrage.

dont l'extrémité porte les pédales. Les manivelles sont des tiges d'acier montées à angle droit et à l'opposé l'une de l'autre comme le montre la fig. 40. Leur forme est extrêmement variable, les constructeurs les font de section circulaire, ovoïde ou quadrangulaire ; ils les évident, les creusent, les cintrent, et nos fig. 42, 43 et 44 donnent un aperçu de ces dispositions qui n'ont d'autre raison que la fantaisie du constructeur, et la recherche de la légèreté, associée cependant avec la solidité, ce qui n'est pas toujours facile, quoique indispensable, car la manivelle est une des pièces de la machine qui supporte le plus grand travail, et où les bris et les torsions se produisent le plus fréquemment.

La longueur maximum des manivelles est de 17 centimètres, et la longueur minimum de 12 ; entre ces deux chiffres, les longueurs varient un peu capricieusement ; le plus souvent l'extrémité de la manivelle est creusée d'une rainure permettant de hausser ou de baisser la pédale. Ce réglage a sa raison d'être, car, pour les terrains plats, il y a avantage à diminuer la longueur de la manivelle, tandis qu'en terrain montagneux où le cycliste doit développer un effort bien plus considérable, il est préférable d'avoir une manivelle plus longue, un bras de levier plus long étant nécessaire.

Les manivelles sont fixées sur les axes suivant différents procédés, dont les deux plus communément employés sont la clavette et le carré. Dans le premier système, (fig. 46) l'axe est terminé par une partie plate, et la manivelle, qui peut avoir, au point d'attache ou *tête*, une forme demi-circulaire ou annulaire, porte en ce point deux orifices cylindriques. On met la manivelle en place et on enfonce dans l'un des orifices une tige d'acier plate ou conique, qui vient ressortir par l'orifice opposé en passant sur la partie plate de l'axe sur lequel elle opère un serrage énergique. La *clé* ou *clavette*, ainsi mise en place, assure une liaison solide des deux pièces ; pour l'empêcher de se desserrer, son extrémité la moins large est filetée, et un petit écrou s'y trouve vissé et quelquefois goupillé.

L'autre méthode de fixation des manivelles, est moins efficace. Dans ce système, les extrémités de l'axe sont taillées en carré. La tête de la manivelle est elle-même creusée en carré de façon à s'engager sans peine sur l'axe. La liai-

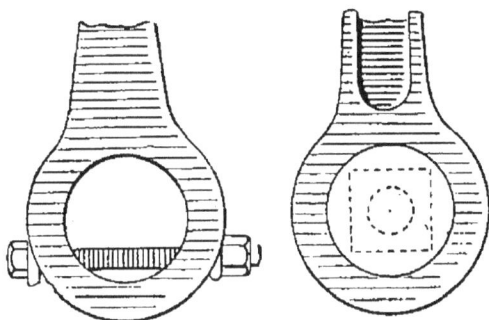

Fig. 46. — Fixage à clé.   Fig. 47. — Fixage à carré.

son des deux pièces est assurée, soit par une petite vis appuyant sur une rondelle de pression, soit par une petite clavette très plate enfoncée à force dans un léger vide restant, une fois la manivelle mise en place (fig. 47). Mais il arrive souvent que, par l'effet de la trépidation, les angles formant les faces angulaires du carré, s'émoussent et s'arrondissent ; la pédale ne tient plus et tourne sans entraîner l'axe, inconvénient auquel il n'est aucun remède. C'est pourquoi ce procédé n'est plus employé que dans les machines de dixième ordre.

Il n'est plus fait usage maintenant, pour tous les vélocipèdes, que de *pédales à billes*. Il existe de nombreux modèles de pédales, cependant on peut les rapporter à deux types principaux : les pédales avec ou sans recouvrement de l'axe. Dans les premières, les deux coussinets sont réunis par un tube et l'axe passe à l'intérieur de ce tube ; dans les autres, les deux joues de la pédale forment les coussinets et contiennent les billes, tandis que l'axe, pourvu de deux cônes l'un et l'autre mobile, suffit à clore les coussinets.

Parallèlement à l'axe, se trouvent deux barrettes métalliques, taillées en dents de scies ou recouvertes de caoutchoucs. Ces barrettes sont réunies par deux flasques de même métal, portant en leur milieu le logement des coussinets. Les deux extrémités de l'axe sont filetées : la plus forte s'engage dans la mortaise de la manivelle où elle est serrée par un écrou : la plus faible reçoit une rondelle et un petit écrou assurant la fixation de la joue du coussinet.

6. *Transmission.*

Elle se compose, comme nous l'avons dit, de deux roues dentées ; l'une fixée, soit par brasure, soit par une clavette à l'axe du pédalier, l'autre vissée à force sur le côté droit du moyeu, ces deux roues étant reliées par une chaîne sans fin. Ces trois pièces ont été notablement améliorées dans le cours de ces dernières années et l'on peut croire que l'on est arrivé au summum de la légèreté, — ce qui est souvent un tort, car pour gagner 1 kilogramme sur le poids total d'une bicyclette, ce qui ne procure réellement aucun avantage appréciable, — on arrive à faire des machines d'une solidité très aléatoire, et sujettes à de brusques accidents. — Les deux engrenages : la roue dentée et le pignon, dont les grandeurs et le nombre de dents sont calculés en raison de la multiplication à obtenir, sont ordinairement fondus en acier d'après des modèles en bois ; leur ajustage doit être fait avec soin, car ils doivent être rigoureusement dans le même plan pour éviter tout tirage à faux et toute dureté dans la transmission.

Il existe de nombreux modèles très perfectionnés de

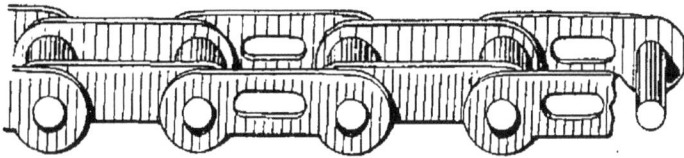

Fig. 48. — Chaîne ordinaire.   Fig. 49. — Chaîne Clément.

chaînes ; voici quelques-uns des systèmes les plus en usage :

La chaîne Galle, qui est le système le plus commun, a ses maillons composés d'une masse métallique affectant l'apparence de deux petits cylindres accolés. Deux attaches latérales ou *flasques* sont réunies entre elles au moyen d'un rivet traversant l'un des deux cylindres. Les flasques du maillon suivant sont réunies par un rivet qui traverse le cylindre voisin et ainsi de suite. Les deux maillons extrêmes sont reliés par un boulon mobile ou *goujon* qu'un

contre-écrou maintient en place. La chaîne Perry est analogue à celle de Galle, dont elle ne diffère qu'en ce que la
masse métallique centrale est remplacée par cinq épaisseurs
superposées et percées à leur extrémité pour laisser le passage aux rivets. Les flasques sont identiques. Un autre système, dit *chaîne à rouleaux* (fig. 50), se compose de maillons de deux sortes, les uns placés à l'intérieur, les autres
à l'extérieur. Les flasques portent dans leur largeur un ren-
flement à chaque extrémité, de façon qu'ils puissent se
joindre à des renflements analogues ménagés sur la flasque

Fig. 50. — Chaîne à rouleaux.

opposée et déterminer ainsi la largeur de la chaîne à l'intérieur. Sur ces renflements de forme cylindrique roule un
petit anneau ou *rouleau*, qui, sous l'effort de la dent d'engrenage, se déplace incessamment autour de son axe, et
offre, par conséquent très peu de résistance à cette dent.
Un même rivet traverse donc les deux flasques dont les renflements servent de points de roulement au rouleau, et les
flasques extérieures qui rejoignent les deux flasques intérieures du maillon voisin. On obtient ainsi, en fin de compte,
deux maillons ; l'un intérieur, composé de deux flasques et
de deux rouleaux ; l'autre, extérieur, composé seulement de
deux flasques, qui sont rivées aux maillons intérieurs qui

le précèdent et le suivent, flasques qui servent seulement de trait d'union entre ces maillons intérieurs.

Citons encore la chaîne Bardet et Denis, qui parut pour la première fois au Salon du Cycle de 1894, et qui est excellente au point de vue théorique, mais sujette à sauter hors des dents des engrenages, la chaîne Abingdon, et la chaîne Simpson employée par quelques coureurs qui la trouvent excellente.

Certains constructeurs convaincus de l'imperfection de la chaîne comme moyen de transmission, et voulant se distinguer, l'ont radicalement supprimée, et l'on a pu voir, de

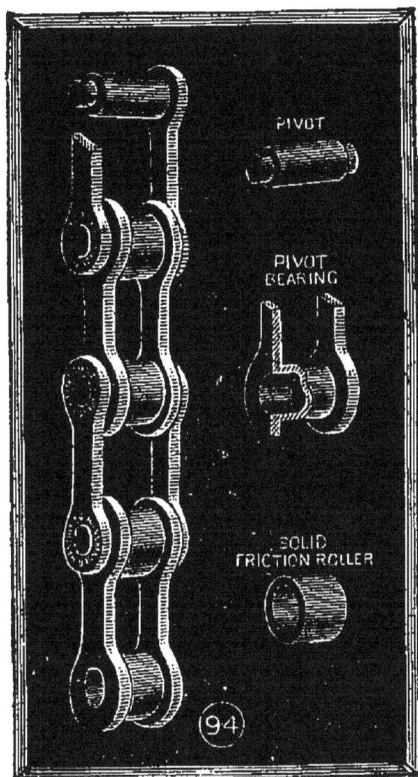

Fig. 51. — Chaîne à pivots de Comiot.

1892 à 1897, des bicyclettes où la chaîne était remplacée par des organes beaucoup plus compliqués. C'est ainsi que, dans le *Cyclidéal* et le *Cycle Watt*, les pédales étaient montées à l'extrémité d'un levier à mouvement alternatif, levier dont l'extrémité d'arrière entraînait le pignon moteur pourvu de roues à rochet. Ce dispositif compliqué, et certainement bien inférieur à tous égards à la chaîne, n'a pas tardé d'ailleurs à tomber dans l'oubli.

D'autres inventeurs, au lieu de supprimer la chaîne, l'ont au contraire doublée afin de doter la bicyclette de deux vitesses. La roue motrice possède deux pignons égaux, et le pédalier porte deux engrenages d'inégal diamètre. Un embrayage très simple permet de marcher avec l'une ou l'autre des transmissions, suivant l'état de la route. En palier ou sur les descentes, on marche avec la multiplication de droite de $5^m,20$ par tour de pédale, et sur les mauvais terrains, les côtes, etc., on se sert de la transmission de gauche qui ne dépasse pas une multiplication de $3^m,60$. Telles étaient les machines à changement de vitesse de Gauthier de Blois et de Mercier.

La complication résultant de la présence de deux chaînes avec leurs pignons et leur embrayage, le poids plus considérable des bicyclettes ainsi montées a empêché la diffusion de ces machines, dont l'idée partait cependant d'un principe juste, et on en est revenu au modèle à chaîne unique malgré ses défauts.

Un seul système de bicyclette sans chaîne a surnagé jusqu'à présent et compte de nombreux partisans : nous voulons parler de l'*Acatène,* où la transmission s'opère par le moyen de quatre engrenages d'angle, enfermés dans des boîtes spéciales. Ce système évite les défauts que l'on reproche à la chaîne, et lui est réellement supérieur au point de vue pratique (fig. 52).

Les transmissions par engrenages droits avec ou sans chaînes, tels que le *Boudard gear* et ses nombreuses imitations, n'ont eu qu'un succès éphémère ; les cyclistes se sont vite aperçus que ces systèmes, basés sur un faux principe de mécanique : multiplier à l'excès pour démultiplier ensuite, constituaient en réalité une complication inutile sans aucun avantage et ils les ont abandonnés. Constatons

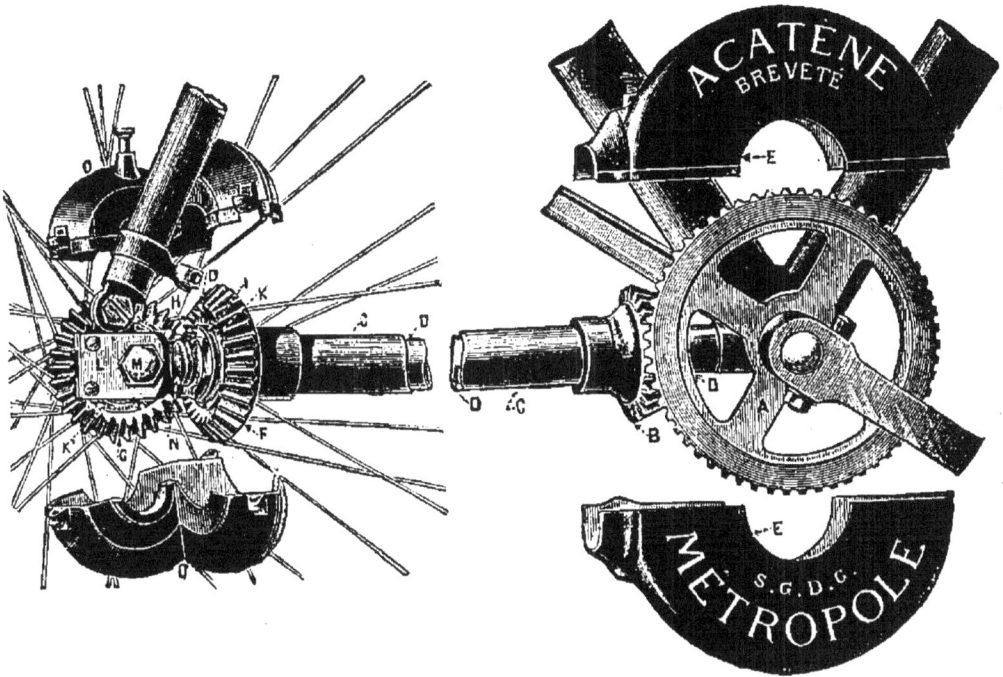

Fig. 52. — Mécanisme d'Acatène, de Marié et Cⁱᵉ.

pour conclure, que la chaîne est restée victorieuse et maîtresse du champ de bataille, car elle est encore le moyen de transmission le plus léger et doué du maximum d'élasticité, aussi est-il probable qu'elle ne sera pas facilement détrônée.

7. *Accessoires des cycles.*

Une machine, telle que nous venons de l'étudier dans toutes ses parties, est complétée par différents accessoires

2.

dont nous devons dire quelques mots avant de terminer ce chapitre. Ces accessoires sont la selle, la sacoche avec son outillage de route, les avertisseurs, la lanterne, le marchepied, le repose-pied, les rat-traps ou cale-pieds. Nous passerons donc en revue ces divers objets.

La selle, qui n'était au début qu'un morceau de cuir triangulaire tendu sur un cadre ou par un ressort, a été beaucoup améliorée, et les selles de Lamplugh (fig. 53), Middlemore, entre autres sont très appréciées. Les coureurs et

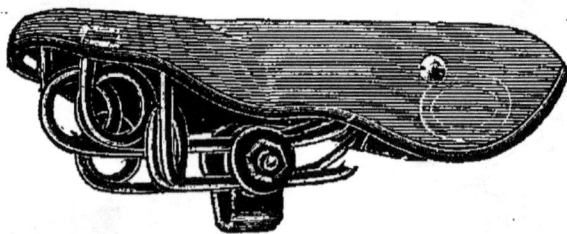

Fig. 53. — Selle Lamplugh.

les professionnels qui n'ont pas de force à perdre font usage de selles sans ressorts montées directement sur le té de la tige porte-selle, mais les touristes qui forment l'immense majorité du monde cycliste, préfèrent des selles suspendues sur ressorts. On perd un peu de force par le fléchissement de ces ressorts, mais on est beaucoup mieux assis, surtout si la résistance du ressort est proportionnée au poids du cavalier et si le cuir est convenablement tendu sur son cadre. La forme des selles et des ressorts est variable suivant les constructeurs, et le goût des clients.

La selle blessant souvent les vélocipédistes, surtout à la suite d'une longue course, les hygiénistes et les médecins se sont occupés de la question, et de nombreuses selles

« hygiéniques et seules rationnelles » ont vu le jour. Citons parmi ces modèles, la selle Sâr, la selle Papillon, la selle sans bec, les selles de Sirodot, du Dr Petit, etc., toutes recommandées spécialement aux dames cyclistes soucieuses de leur santé. Il serait difficile de faire un choix parmi tous ces systèmes, d'ailleurs le constructeur à qui nous nous adressons ici n'aura pas à s'en préoccuper, n'ayant qu'à se conformer le plus souvent au désir de l'acheteur qui aura fixé son choix sur le modèle de selle qu'il veut posséder à sa machine.

La sacoche doit renfermer l'outillage nécessaire en cours

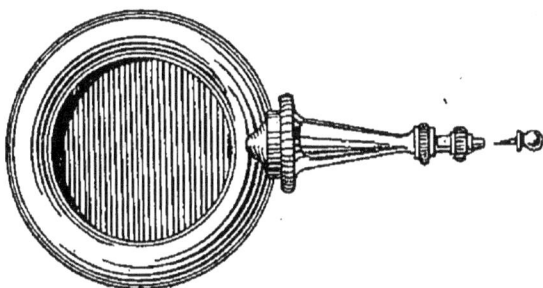

Fig. 54. — Burette à huile.

de route au cycliste, c'est-à-dire une clé à écrous (fig. 55),

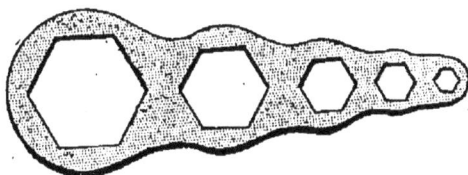

Fig. 55. — Clé à écrous découpée.

une clé anglaise à molette, un tournevis, une burette à huile (fig. 54) et un nécessaire pour la réparation des bandages ; (ce nécessaire est ordinairement vendu par le fabricant des bandages). Ces accessoires indispensables, fabriqués par quantités dans des usines spéciales, sont achetés en gros par les fabricants de cycles ; nous ne parlerons pas, par **conséquent,** de leur fabrication, pas plus que de celle des

Fig. 56. — Lanterne à huile.

avertisseurs : grelots, sonnettes, clochettes, trompettes, timbres, etc. qui sont dans le même cas.

L'éclairage de la route et de la machine est non seulement nécessaire mais obligatoire, et la lanterne la plus généralement usitée est la **lanterne à l'huile** ou au pétrole, montée sur un système de ressorts antivibrateurs (fig. 56), bien que certains cyclistes se contentent d'un vulgaire lampion en papier contenant un bout de bougie. On a fait aussi des lanternes électriques très légères, d'une puissance lumineuse de 5 ou 6 bougies, alimentées par une batterie de quelques accumulateurs ; la lanterne de M. Crosse notamment, qui ne pèse que 1.250 grammes, donne les meilleurs résultats. Mentionnons encore les lanternes à acétylène, toutes récentes, et que nous avons vues à quelques véloci- pèdes.

Fig. 57 et 58. — Marchepieds.

Tels sont, avec les quelques objets de quincaillerie dont le nom indique l'utilité : le marchepied (fig. 57 et 58), les re- pose-pieds et les cale-pieds, les accessoires complétant les vé- locipèdes, et que le constructeur ne fabrique pas lui-même, mais achète en gros dans des manufactures particulières.

CHAPITRE II

Fabrication des pièces des cycles.

La construction des vélocipèdes rentre dans la catégorie des ouvrages de mécanique de précision. Ce n'est pas tout à fait de l'horlogerie, mais l'exécution et l'ajustage des pièces d'un cycle ne nécessite pas moins, d'une part la connaissance des mathématiques, d'autre part une habileté professionnelle indiscutable. Après la tête qui conçoit et calcule, la main qui travaille et exécute. Voici donc comment se répartissent les opérations successives de l'édification d'une machine à pédaler : bicyclette, tandem ou tricycle :

Étude et dessin du modèle, calcul théorique des pièces.

Préparation des matériaux : étirage, fonte, estampage.

Travaux de construction, fabrication des différentes pièces.

Assemblage des pièces. Ajustage, montage, réglage de la machine.

Nous examinerons, dans le présent chapitre, les différentes phases de ce travail.

8. *Étude et dessin.*

De même que pour tout organe de mécanique, simple ou compliqué, un cycle ne peut être établi par à peu près ou au hasard ; ses dispositions doivent être calculées, au contraire, avec soin, au dixième de millimètre. C'est dire

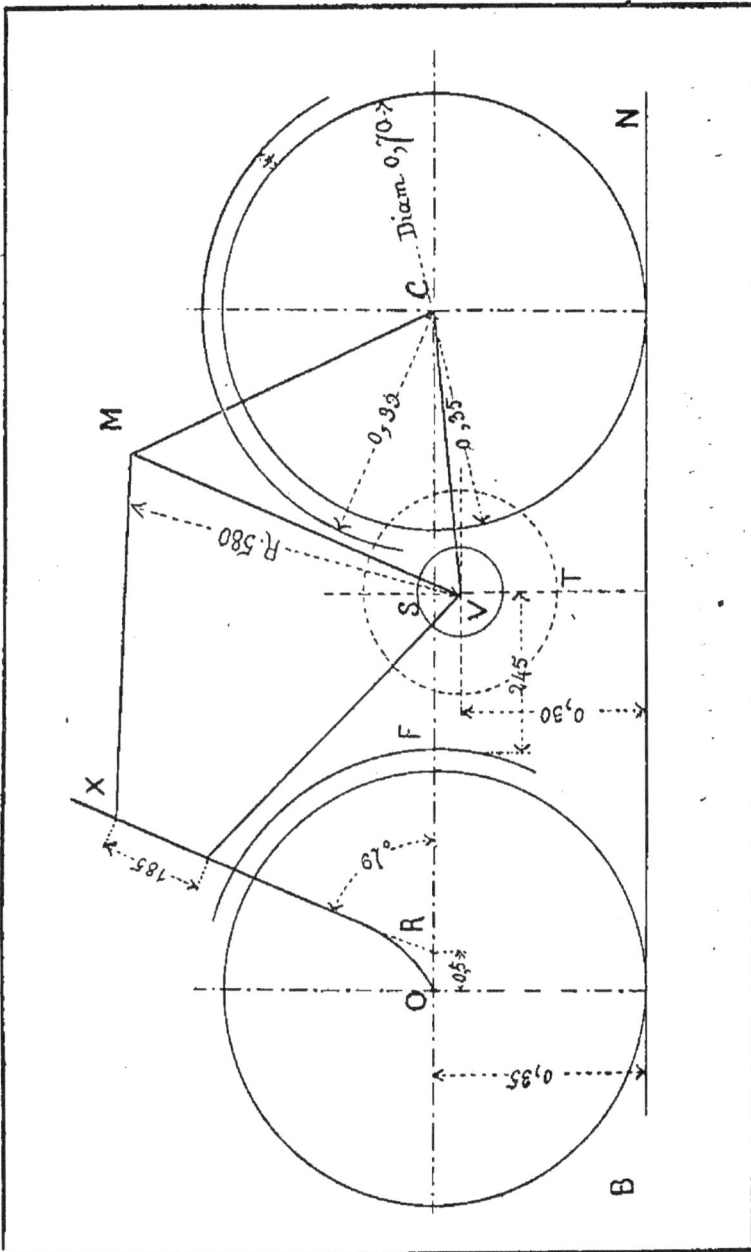

Fig. 59. — Dessin d'étude d'une bicyclette.

que l'intervention d'un ingénieur familiarisé avec les mathématiques est indispensable, pour l'étude du projet de

construction. Le dessinateur, qui travaille d'après des règles fixes et des formules établies par la pratique, et reçoit
de l'ingénieur le plan primitif, a le rôle de transformer ce
plan général en dessin d'exécution ne laissant rien au hasard. Voici donc comment s'effectue l'opération. Supposons
qu'il s'agisse d'une machine à cadre ordinaire.

Le dessin devant être fait, soit en grandeur d'exécution, soit à une échelle quelconque, et le diamètre des
roues étant connu, on commence par tracer deux lignes
parallèles A et B (fig. 59) distantes de la longueur du
rayon des roues. Si l'on a admis par exemple 70 centimètres pour ce diamètre, les deux lignes seront distantes de
0^m,35. Prenant ensuite sur la ligne A un point quelconque
comme centre, on trace une circonférence dont le rayon
est égal à celui des roues. Cette circonférence sera donc
tangente en son point inférieur, à la ligne B représentant
le sol. Pour déterminer ensuite la position de l'axe du
pédalier, il faut connaître d'abord la longueur des manivelles et la hauteur du pédalier au-dessus du sol. Or, l'expérience a démontré que cette hauteur doit être de 25 centimètres et la longueur des manivelles de 16 centimètres.
Quant à la distance de l'axe du pédalier à celui de la roue
d'avant, il est déterminé comme suit :

Le garde-boue doit être éloigné du bandage de la roue
de 4 centimètres, et pour que le pied ne vienne pas le toucher pendant un virage, il en doit être distant de 25 centimètres. La distance de l'axe O de la roue directrice à
l'axe du pédalier V sera donc de

$$0^m,35 + 0,04 + 0,25 = 0,64$$

et la hauteur de l'axe horizontal v de 25 centimètres; la pédale sera ainsi à 10 centimètres du sol, au point le plus bas de sa course.

L'emplacement de ces deux axes étant fixé, on établit ensuite la fourche de la roue directrice et la tête de la machine. Pour donner plus de stabilité à celle-ci et faciliter la direction, il faut que l'axe de rotation de la direction touche le sol à une distance de 5 à 6 centimètres en avant du point de contact de la roue sur le sol; le centre de gravité ainsi disposé tend alors à ramener constamment la direction dans sa position normale pour une faible déviation. L'expérience a montré que, pour obtenir ce résultat, la douille doit faire un angle de 67 degrés avec l'horizontale. Le prolongement de l'axe de cette douille et de la fourche située à la suite aboutit à 5 centimètres du centre de la roue, en P. De cette manière, la forme et l'inclinaison de la fourche sont déterminées; quant à la longueur de la douille, elle est ordinairement de 180 à 200 millimètres, le fond demeurant distant de la circonférence de la roue d'environ 40 millimètres, espace convenu pour la distance du garde-crotte.

Il est nécessaire que la distance séparant l'axe moteur de la selle soit invariable et calculée de façon que la force du cycliste soit bien utilisée et que des personnes de tailles différentes puissent monter la machine. La pratique encore a délimité les proportions à adopter en moyenne, car, suivant le cas, elles peuvent varier, de façon à ce qu'il ne soit pas besoin d'ajuster la selle et le guidon suivant la taille du cavalier. On peut ainsi construire les cycles sur mesure et en rapport avec la taille du cycliste, on obtient plus d'élégance.

Pour une longueur de jambes de 77 centimètres, il faut que la distance entre la selle et la pédale, dans la position où la jambe est tendue, soit au maximum de 86 centimètres, distance pouvant être réduite de 2 centimètres, ce qui correspond à une longueur de 69 centimètres environ entre le dessus de la selle et l'axe du pédalier. En tenant compte de la hauteur de la selle, on arrive donc à une cote de 55 centimètres environ entre le dessus du collier de serrage de la tige porte-selle et l'axe des pédales. Pour que la force du cavalier soit bien appliquée, il faut qu'il y ait une distance de 25 à 30 centimètres entre l'axe vertical de la selle et celui des pédales ; enfin le côté arrière ou diagonale du cadre doit être sensiblement parallèle à la douille de direction.

Pour déterminer ensuite l'emplacement de la roue d'arrière, et connaissant l'écartement devant exister entre la roue et le garde-boue, soit 5 centimètres, d'un point choisi sur la droite A, avec un rayon de $0^m,35 + 0,05 = 40$ centimètres, on trace une circonférence tangente à la diagonale du cadre : c'est le garde-boue. Puis, avec un rayon de $0^m,35$, et avec le mètre centre, on trace une seconde circonférence qui représente la roue motrice. On a donc, en définitive, les cotes suivantes :

Distance de l'axe de la roue d'avant à l'axe du pédalier....... $0^m,64$
       —   à l'axe de la roue d'arrière. $1^m,10$
       —   du pédalier à l'axe de la roue d'arrière. $0^m,46$
Longueur de la douille d'avant.................. $0^m,18$ moyenne.
  — de la diagonale du cadre.......................... $0^m,55$
  — de la traverse supérieure du cadre................ $0^m,56$

, Ces cotes permettent d'établir le tracé général d'une machine, tracé qui doit être rectifié ensuite, pour que la chaîne ait un nombre exact de maillons, et que la transmission s'effectue convenablement. Chaque pièce est ensuite étudiée et dessinée séparément dans tous ses détails, et nous dirons quelques mots des calculs que les principaux organes nécessitent.

9. Roulements. Transmission.

Pour obtenir un roulement aussi doux que possible, il faut qu'il n'y ait dans ce roulement aucun mouvement relatif des billes, de manière que la direction de l'effort transmis à la bille par le serrage soit toujours opposée à la réaction que donne la cuvette où courent ces billes. Il faut donc prendre, avec des cuvettes rectangulaires, la direction des efforts à 45 degrés.

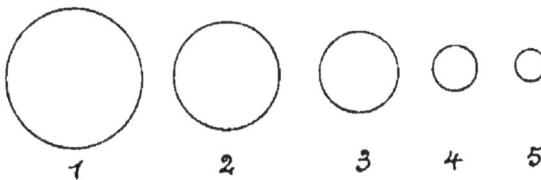

Fig. 60. — Billes grosseurs relatives.

Les billes ont, théoriquement, trois points de contact et deux mouvements, le premier s'opérant en commun avec la cuvette, le second étant un mouvement de rotation sur elles-mêmes. Le rayon du *congé*, ou arc de cercle des cuvettes, à l'intérieur, doit être un peu supérieur au rayon des billes et avoir son centre sur la ligne à 45 degrés dont il a

été question plus haut. Il en est de même pour le rayon de
la gorge de la bague, qui doit être, de plus, assez grand
pour que les billes ne tendent pas à sortir du coussinet.

Il est nécessaire de prendre la précaution de limiter autant que possible le jeu des billes entre elles, ce jeu causant

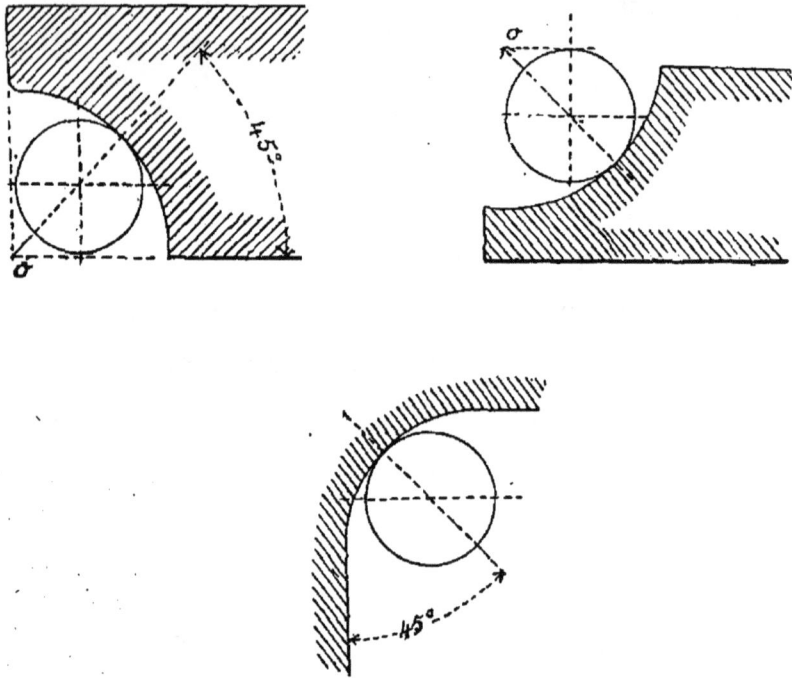

Fig. 61, 62, 63. — Positions de la bille dans la cuvette.

des chocs continuels qui détériorent et peuvent même
amener le bris de certaines d'entre elles. Un demi-milli-
mètre entre chaque bille paraît un chiffre convenable et qui
ne doit pas être dépassé. On doit donc calculer exactement
le rayon à donner à la circonférence sur laquelle se trouvent
les centres des billes, et afin que le jeu soit réduit au chiffre
voulu. Les formules suivantes permettent de déterminer
ces chiffres.

Nombre des billes (n) $= \dfrac{180}{K}$ (K exprimée en degrés

par la relation $\sin K = \sin \dfrac{180}{n} = \dfrac{r}{R} = \dfrac{d}{D}$

Calcul du jeu (j) $= \pi D \dfrac{180 - n'K}{180}$ (n' nombre de

billes donné à priori et différent de n.

Calcul du diamètre : $D = \dfrac{2\,r}{\sin K} + \dfrac{j}{2\,\pi}$

Le tracé des engrenages de la transmission varie suivant le genre de chaîne qui doit être employée. Il faut déterminer tout d'abord leur rapport, et par suite leur diamètre avant d'arriver au dessin de la denture.

On sait que l'on désigne sous le nom de *multiplication* le rapport existant entre la roue dentée et le pignon, et qui est tel qu'un tour de manivelle fasse accomplir un tour et demi, deux tours ou même davantage à la roue motrice. On a longtemps pris le grand bicycle (qui n'était pas multiplié) comme terme de comparaison, et on disait qu'une bicyclette était multipliée à 1^m,40, par exemple, lorsqu'elle *développait* autant qu'un bicycle ayant une roue de ce diamètre. Sachant que le rapport du diamètre à la circonférence est de 3.1416, on voit qu'une bicyclette multipliée par exemple à 1^m,20, ou un bicycle ayant une roue de 1^m,20, couvre une distance de 3^m,64, par tour de pédales dans le premier cas, par tour de pédales et de roues dans le second. Aujourd'hui, au lieu de prendre le bicycle comme comparaison, on exprime, ce qui est plus rationnel, la multiplication en énonçant la distance parcourue par tour de pédales, et on dit qu'une bicyclette est multipliée à 4^m,50, 5 mètres, 5^m,50 ou davantage. Cette multiplication est obtenue très simplement par l'inégal diamètre donné aux engrenages de transmission. En donnant au pignon fixé sur le moyeu moteur un diamètre 1/6, 1/4 ou moitié plus petit que celui de la roue dentée, pour un tour de cette roue, le pignon et par suite le moyeu fera 2, 4 ou 6 tours, et la multiplication sera plus ou moins grande. Suivant que la machine est destinée à une application particulière, la multiplication varie ; ainsi, s'il s'agit de machines de dames, ou de paisibles touristes, il suffit d'une multiplication de 3^m,60 à 4^m,40. Pour les machines de demi-course, on atteint 5^m,50, enfin pour les bicyclettes extra-légères de courses sur piste, certains coureurs ont exigé des multiplications de 8 et même 10 mètres, ce qui est simplement ridicule.

10. — *Multiplication.*

Voici un petit tableau résumant les divers rapports de multiplication.

Roues motrices de 0 m 70				Roues motrices de 0 m 75			
Roues dentées.	Pignons.	Multiplication.	Développement.	Roues dentées.	Pignons.	Multiplication.	Développement.
17	9	1 m 32	4 m 15	17	9	1 m 41	4 m 45
18	9	1 m 40	4 m 40	18	9	1 m 50	4 m 71
19	9	1 m 47	4 m 65	19	9	1 m 58	4 m 97
17	8	1 m 48	4 m 67	20	9	1 m 65	5 m 20
18	8	1 m 58	4 m 95	22	8	1 m 85	5 m 80
19	8	1 m 66	5 m 22	24	8	1 m 90	5 m 96
22	7	1 m 80	5 m 65	24	7	2 m 15	6 m 75

Quand on procède au tracé des engrenages, il est indispensable de donner le pas suivant la corde, et non
pas suivant l'arc, comme dans les engrenages ordinaires,
de façon à ce que la chaîne touche bien au fond des

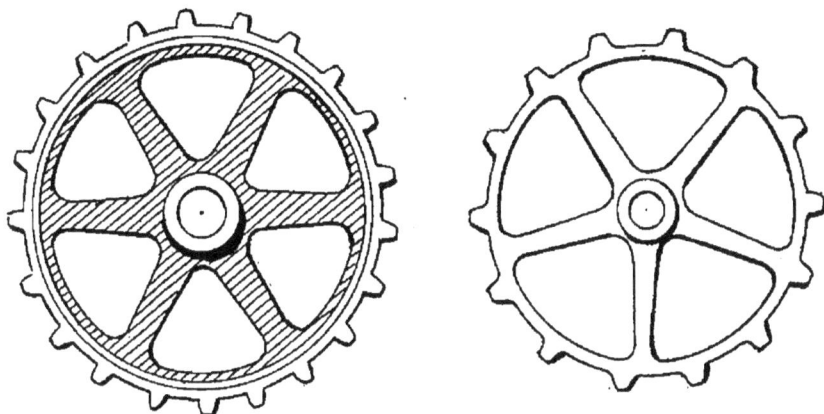

Fig. 64 et 65. — Roues dentées.

dents, celles-ci ne devant présenter d'ailleurs que peu de
hauteur afin de restreindre autant que possible l'espace
parcouru par les points en contact. Pour calculer le diamètre, le pas étant connu, on utilise la formule suivante :

$$\text{D (diamètre primitif} = \sin \frac{p}{\dfrac{180}{n}}$$

Le profil des dents est déterminé de la même façon
que les engrenages avec crémaillère à fuseau. Le diamètre primitif est celui de la circonférence passant par le
millieu du maillon.

L'épaisseur de la roue et de la denture est calculée ensuite d'après les formules ordinaires de mécanique relatives à la résistance des matériaux, et le constructeur a toute liberté pour la forme à donner à la couronne.

Fig. 66. — Pignon d'arrière.

L'appareil de tension de chaîne nécessite une étude particulière et il existe de nombreux dispositifs. Tantôt c'est

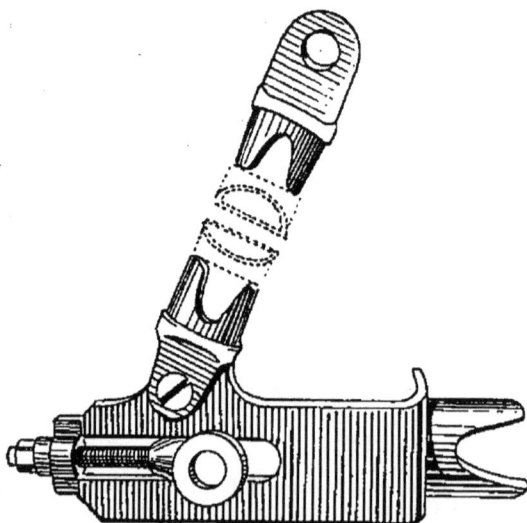

Fig. 67. — Patte d'arrière avec système B. S. A. de tension de chaîne.

une came, un excentrique, un limaçon sur lequel repose l'axe de la roue motrice, et à l'aide duquel on peut reculer cet axe, tantôt c'est une double griffe maintenant l'axe et permettant de l'avancer ou de le reculer à volonté. Enfin chaque fabricant a son système particulier qui lui donne satisfaction, et qu'il applique à ses machines.

Le cadre doit être étudié en détail, de même que toutes les autres parties de la bicyclette que nous avons successivement passées en revue. Les tubes, qui travaillent à la flexion et à la torsion, doivent présenter une épaisseur

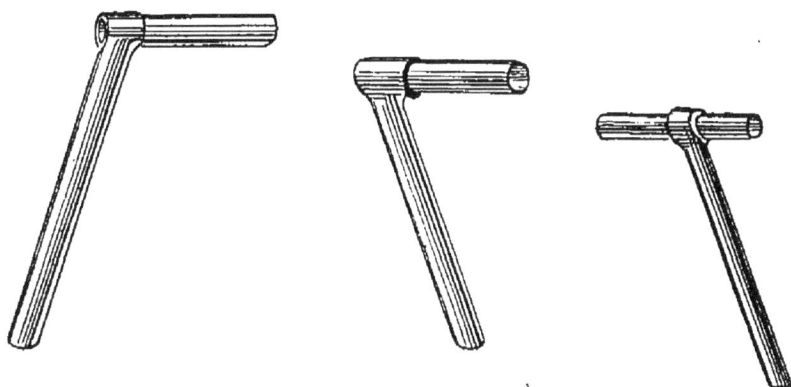

Fig. 68, 69, 70. — Tiges de selle arrière, avant et en *té*.

en rapport avec l'intensité des efforts qu'ils ont à subir, et les recueils de formules fournissent aux ingénieurs les moyens d'établir le calcul d'un tube de diamètre connu. Suivant l'impulsion donnée par la *Métropole,* et que la mode a sanctionnée, il n'est plus fait usage, pour la construction des cycles, que de « gros tubes », car on a reconnu que, plus le diamètre d'un tube est fort, moins il a besoin d'épaisseur pour résister à un effort de flexion ou de torsion. On peut ainsi gagner sur le poids sans enlever rien à la solidité, et c'est pourquoi on ne se sert

3.

plus de petits tubes très épais pour les cadres, comme cela se pratiquait au début.

La potence porte-selle et le guidon sont également fabriqués avec des tubes de faible épaisseur; ils doivent être calculés et dessinés à part, ainsi que toutes les pièces d'assemblage reliant les tubes et les diverses parties du frein et de la tête à douille assurant la direction. Le dessin des trois fourches est important pour le passage des roues, mais il ne constitue qu'une question de tracé, la grosseur des tubes étant bien déterminée. Il faut seulement tenir compte, dans la fourche d'arrière inférieure du passage des manivelles et de la chaîne, et la base du tracé est la distance de l'axe moteur à l'axe de la roue d'arrière déterminée dans l'étude générale du cycle.

L'étude détaillée et le dessin de la machine permettent d'être fixé, avant de commencer l'exécution, sur les conditions qu'elle présentera une fois construite : son poids, sa stabilité, sa vitesse, sa résistance, etc., comme si elle existait déjà et avait été essayée. Tel est le but de l'étude mathématique, indispensable si l'on veut créer un modèle aussi parfait que possible, et laissant le moins d'aléa, une fois réalisé. Aussi toutes les grandes manufactures de cycles comportent-elles un atelier de dessinateurs et un bureau des études chargés d'élaborer la partie théorique et de préparer la besogne aux ouvriers qui travaillent, non d'après les dessins originaux qui restent aux archives, mais d'après des *bleus*, tirés sur papier au ferrocyanure, ou d'après des copies.

11. — *Préparation des matériaux.* — *Pièces fondues.*

Toutes les pièces constituant un cycle de bonne qualité doivent être en acier, à part les écrous de serrage des rayons, qui sont en cuivre, et quelques parties accessoires n'ayant pas grande fatigue à subir. Cet acier, quel qu'ait été son mode de préparation, qu'il soit fondu, cémenté, puddlé, ou obtenu par la décarburation de la fonte par son passage dans un convertisseur Bessemer, qui est le procédé le plus économique pour obtenir de grandes quantités de métal, l'acier se trouve dans le commerce sous forme de baguettes, de prismes ou de lingots de dimensions variables et dont le prix dépend de la qualité.

Les organes d'un cycle sont préparés suivant trois procédés différents, d'après le rôle qu'ils doivent jouer : les uns sont fondus, les autres fabriqués par estampage ou emboutissage, les tubes sont étirés et les rayons tréfilés.

Les pièces fondues ne présentant pas une excessive solidité, on ne prépare, par cette méthode, que la roue dentée, la douille de serrage du frein et quelques autres accessoires. Quand il s'agit de machines à bon marché, on fond également le pignon d'arrière et les moyeux, en acier ou en fonte malléable, qui est peu coûteuse.

Pour réaliser le travail qui lui est demandé, le fondeur ne peut se contenter d'un dessin coté, il lui faut un modèle en grandeur d'exécution. Les grandes usines de vélocipèdes ont donc un atelier de modeleurs mécaniciens qui exécutent, d'après le dessin qui leur est donné, les pièces à reproduire. Ces modèles sont faits en bois, et on en tire plusieurs copies, ordinairement en bronze, qui sont données au fondeur après avoir été rectifiées suivant certaines données de métier : retrait du métal, démoulage, etc., et, par suite, tournées soigneusement, de manière à constituer des pièces étalons parfaites. Le modèle en

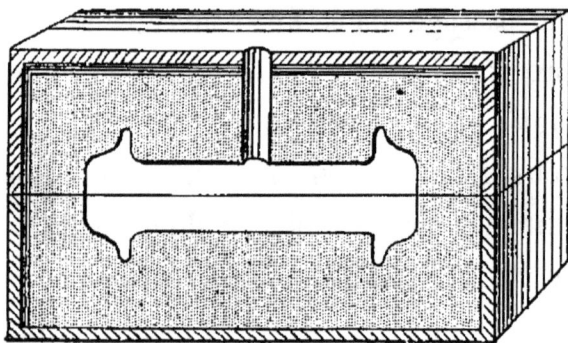

Fig. 71. — Moule pour fondre.

bois reste à l'usine, au bureau des études, avec les dessins oiginaux.

Certaines usines fondent elles-mêmes leurs pièces, d'autres envoient les modèles en fonderie. La première opération consiste dans la fabrication des moules, qui sont faits en terre à mouler mélangée de sable, et ordinairement en deux parties juxtaposées. Le moule terminé, le modèle est retiré de la caisse où le sable garde l'empreinte qu'il a reçue, puis l'ouvrier mouleur pratique les *évents,* s'ils sont nécessaires, et le trou de coulée, et il passe à la confection d'un second moule, car on coule à la fois plusieurs centaines de pièces exigeant chacune un moule particulier.

L'opération de la coulée s'exécute comme suit : l'acier fondu est chauffé dans un cubilot jusqu'à l'état pâteux, et il est conduit par une rigole de déversement que l'on introduit successivement dans chaque caisse, jusqu'à l'orifice du moule. Le vide intérieur une fois rempli de métal, on passe au moule suivant, et ainsi de suite jusqu'au dernier. On laisse refroidir quarante-huit heures environ avant de démouler. Les pièces sont alors nettoyées et expédiées à l'usine qui les a commandées.

12. *Pièces estampées.*

L'opération de l'estampage permet d'obtenir des pièces d'une solidité absolue, aussi, dans les cycles de marque, les pièces estampées sont-elles très nombreuses. Citons les manivelles, le collier de serrage de direction, le collier de serrage du guidon et celui de la tige de selle, les moyeux dans les cycles à bon marché, le pignon d'arrière, la tête de fourche de la direction, la chape d'articulation du levier du frein, etc.

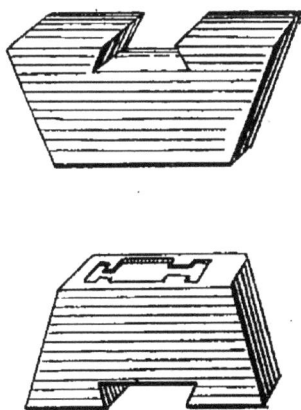

Fig. 72 et 73. — Moule et contre-moule pour estampage.

Pour les pièces estampées, le dessin coté suffit et il n'est pas besoin de fournir de modèles en bois. L'estampeur fait graver d'après ce dessin, et suivant des procédés particuliers, des moules burinés dans des blocs d'acier très résistant et que l'on trempe une fois la gravure terminée. De même que dans les timbres à sec, il faut un moule et un contre-moule ; le bloc inférieur ou matrice porte donc une contre-partie constituant le bloc supérieur, et ces deux pièces une fois mises en contact reproduisent en creux la forme de l'objet à obtenir.

Au sortir du cubilot où il est fondu, l'acier est ordinairement versé dans des lingotières où il se solidifie. L'ouvrier estampeur, après avoir choisi une provision de lingots de la dimension approximative des pièces à reproduire, les chauffe jusqu'au rouge cerise dans un four réchauffeur, puis, les saisissant à l'aide d'une pince il les pose sur la face du bloc gravé, lequel a été encastré dans l'enclume d'un marteau pilon à vapeur ou dans le plateau d'une presse hydraulique. Un coup du marteau qui porte à sa partie inférieur la contre-partie de la matrice gravée, ou un coup de piston de la pompe, et le lingot d'acier incandescent écrasé par une pression de plus de cent mille kilogrammes, se loge exactement dans les creux du moule. Lorsqu'il s'agit de pièces d'une forme compliquée, il faut se servir d'une série d'estampes se rapprochant graduellement de la forme définitive que doit avoir l'objet, et chaque estampage nécessite un réchauffement de la pièce pour éviter l'écrouissage.

Les pièces estampées sont extrêmement solides, comme nous l'avons dit, mais la gravure des moules coûte fort cher, et c'est pourquoi on les remplace souvent par des pièces fondues, dans les vélocipèdes vendus à bas prix.

13. *Pièces étirées.*

Les pièces obtenues par étirage, et que l'on rencontre dans une machine vélocipédique peuvent être énumérées dans l'ordre suivant :

Le cadre entier, composé de quatre tubes, le guidon et le tube qui l'enserre, les deux fourreaux constituant la fourche d'avant, les quatre tubes des fourches d'arrière, le tube de sabot du frein, la potence porte-selle, les jantes et les rayons des roues.

Les tubes, qui constituent la carcasse, l'ossature de la bicyclette, sont fabriqués sans soudure par *l'emboutissage* d'une plaque d'acier sur des mandrins de grosseur décroissante. Après avoir fait tomber le culot, l'étirage du cylindre permet de réduire son diamètre au chiffre voulu : de 30 à 60 millimètres, sur 5, 8, 12 ou 15 dixièmes de millimètres d'épaisseur. Afin d'éviter l'écrouissage du métal, les tubes sont recuits au rouge sombre, après deux ou trois étirages successifs.

Le *banc à étirer* se compose généralement de deux poutrelles en fer accolées et réunies parallèlement par des boulons et des cales. Une chaîne sans fin très puissante va d'un bout à l'autre de ce banc en passant sur deux engrenages disposés à chaque extrémité ; l'un de ces engrenages est actionné par une force motrice quelconque et produit l'avancement de la chaîne autour du banc. A une extrémité de ce banc est installé un étau dans lequel on place verticalement une plaque d'acier très dur, ou *filière*, percée de trous de taille décroissante et quelquefois de forme variable suivant le profil définitif à donner à la barre étirée.

Pour procéder à l'étirage, l'extrémité de la barre, préalablement façonnée à la main de manière à pénétrer dans l'orifice le plus large de la filière, est engagée dans la filière, et cette extrémité est serrée par une forte pince qui est accrochée ensuite à l'un des maillons de la chaîne sans fin. Cette chaîne, tendue et entraînée par la force motrice qui lui est appliquée, tire à sa suite la barre qui est obligée de s'allonger et de s'amincir pour passer à travers le trou de la filière. Cette compression du métal cause un échauffement considérable, résultant du frottement énergique de la barre sur la plaque, et on est obligé d'arroser constamment avec de l'eau de savon l'endroit où la barre est étranglée par la filière. Comme un seul étirage ne suffit pas toujours pour donner à une tige d'assez forte section, la forme définitive qu'elle doit avoir, on la fait repasser successivement à travers des trous de plus en plus petits et de formes plus accentuées jusqu'à ce qu'on arrive à obtenir le profil et les diamètres voulus.

C'est également sur le banc à étirer que l'on profile les rubans d'acier qui servent à fabriquer les jantes, et les baguettes quadrangulaires ou cylindriques dans lesquelles le constructeur débitera les petites pièces du cycle, cuvettes de roulement, écrous, boulons, bagues, etc.

Mentionnons encore, avant de terminer, les plaques de tôle d'acier obtenues au laminoir, et dans lesquelles on prendra, à l'aide du découpoir, toutes les pièces qu'il serait trop long ou trop onéreux de débiter dans une barre d'acier d'un profil souvent trop compliqué pour permettre l'étirage.

14. *Fabrication des billes.*

La fabrication des billes offre d'assez grandes difficultés, dont on peut se rendre compte par l'énumération des qualités qu'elles doivent présenter : les billes doivent être rigoureusement égales, parfaitement sphériques, et présenter une dureté énorme pour résister aux efforts et aux frottements qu'elles ont à subir. C'est même pourquoi on a préféré longtemps des cylindres de roulement dont la construction était bien plus facile, mais aujourd'hui ces difficultés sont vaincues et de nombreuses usines en Angleterre et en Amérique produisent des billes absolument parfaites, grâce à des procédés très perfectionnés. Voici ceux qui sont employés à Coventry par l'*Auto-machinery C*[b] :

Les billes sont fabriquées avec des tiges d'acier d'un diamètre un peu supérieur à celui des billes à obtenir. Cet acier est du meilleur acier au creuset à grain fin, connu sous le nom d'*acier diamant,* et dont le prix dépasse 200 francs les 100 kilogs. La machine à faire les billes est entièrement automatique dans son action; il suffit d'y introduire à la main de nouvelles tiges pour remplacer les tiges travaillées, la machine s'arrêtant d'elle-même dès que la matière ouvrable fait défaut. Cette première machine coupe les billes et les tourne sphériquement avec une précision de 3 millièmes de pouce (7 à 8 centièmes de millimètre). Après le dégrossissage, les billes sont apportées dans l'atelier de finissage où elles sont ajustées à un 2 millième de pouce.

Après le finissage vient la trempe, qui demande des soins tout particuliers, et s'opère sous les yeux d'un praticien expérimenté qui, placé dans une salle dont l'éclairage est uniforme et constant, juge de la température des billes avant de les plonger dans l'eau. La dernière opération est le polissage qui s'effectue au rouge d'Angleterre : cette opération donne aux billes une belle surface, qualité indispensable pour obtenir un roulement parfait et sans frottement. Pendant toute la fabrication, le diamètre des billes est soigneusement vérifié à l'aide de machines automatiques constituées en principe par deux barres d'acier trempé placées à une certaine distance, égale à celle du diamètre des billes à vérifier. On fait tomber les billes sur ces barres, et toutes celles qui sont trop grosses roulent jusqu'à l'extrémité et tombent dans une boîte spéciale. On élimine ainsi toutes les billes trop grosses. Les billes restantes passent dans une seconde machine dont l'écartement de barres est plus petit de 1 millième de pouce (0,025 millimètre). Cette machine retient ainsi les billes comprises entre les deux diamètres correspondant aux écartements normaux des règles des deux machines, et laisse tomber les billes les plus petites. Lorsque les billes sont ainsi classées, elles subissent un dernier examen microscopique, afin d'éliminer toutes celles qui présenteraient le moindre défaut que le polissage n'aurait pas révélé.

Cette fabrication est accessoirement accompagnée d'une

autre non moins importante, relative à l'outillage de précision considérable utilisé dans cette industrie. L'acier qui constitue les outils tranchants est identiquement le même que celui servant à la fabrication des billes. Certaines usines fabriquent jusqu'à 80.000 billes de tous diamètres par jour. Quant au prix, il varie depuis 3 francs la grosse pour les billes de 3 millimètres, jusqu'à 100 francs la grosse pour les billes de 25 millimètres.

En Amérique, les procédés de fabrication sont un peu différents ; on emploie de l'acier Bessemer renfermant 1 dixième pour 100 de carbone, au lieu d'acier à outils en renfermant de 3 à 15 dixièmes et coûtant 100 fr. les 100 kilogs. Il est vrai qu'il s'agit surtout de billes très petites destinées spécialement aux axes légers, et dont le diamètre ne dépasse pas 6 millimètres. C'est grâce à un procédé spécial de traitement que l'on peut utiliser de l'acier de qualité aussi médiocre.

Ainsi donc, avant de procéder à la fabrication des pièces et au montage des bicyclettes et tricycles, il est de toute nécessité que le constructeur traverse une longue période de préparation, que l'on évalue au minimum à quatre mois, et dont on peut résumer comme suit les phases successives :

1° Étude mathématique de toutes les pièces composant le cycle ;

2° Dessin de l'ensemble de la machine, et dessin coté de chaque pièce ;

3° Fabrication des modèles pour la fonte. Fonte des pièces ;

4° Gravure des matrices pour l'estampage. Estampage ;

5° Étirage des tubes, jantes, rayons, etc.

Lorsque ces opérations ont pris fin, le constructeur a reçu et possède toutes les pièces à l'état brut ; les tubes et les barres d'étirage ont quatre à cinq mètres de long, les rayons sont en bottes, les pièces fondues remplies de bavures et d'inégalités, enfin tout est encore à l'état de *matière première*. Il faut mettre en œuvre tout ce métal pour le transformer en pièces de mécanique, et ce sont les différentes phases de ce travail que nous étudierons maintenant.

Nous n'avons pas parlé encore des bandages, les constructeurs les achetant tout prêts à être mis sur les jantes, comme d'ailleurs aussi les selles et les accessoires : lanternes, avertisseurs, etc., qui sont fabriqués par des manufactures spéciales, mais nous nous réservons de revenir un peu plus loin sur cette importante question.

CHAPITRE III

Fabrication et montage des Cycles.

15. *Opérations diverses de la construction.*

Les matières premières, à l'état brut, sont donc arrivées à l'usine et il s'agit, avec toutes ces pièces disparates, de produire des bicyclettes. Pour arriver à un résultat avantageux, surtout au point de vue économique, il est nécessaire de produire beaucoup et de spécialiser les travaux, de manière que chaque équipe d'ouvriers soit chargée constamment de l'exécution des mêmes pièces. C'est ainsi que nous aurons l'atelier des cadres, l'atelier des tourneurs, l'atelier des monteurs de roues, l'atelier de polissage, le nickelage, l'étuve d'émaillage, enfin l'atelier d'ajustage et l'emballage. On voit combien de corps de métiers doivent être réunis pour arriver à établir cette machine si simple au premier abord : une bicyclette.

Il est rare que les ouvriers, dans les usines importantes, travaillent suivant des dessins cotés ; ils se reportent ordinairement à des calibres et des montages servant de types et permettant de reproduire rapidement et sans une erreur possible des pièces identiques au modèle. C'est dans la confection de ces calibres, qui simplifient le travail, que gît souvent la difficulté ; aussi, l'ajusteur chargé de combiner ces pièces, de façon à ce qu'elles soient appropriées à chaque circonstance, doit posséder à fond son métier et connaître toutes les ressources de la mécanique pour établir des calibres très simples assurant la rapidité et la bonne exécution des pièces.

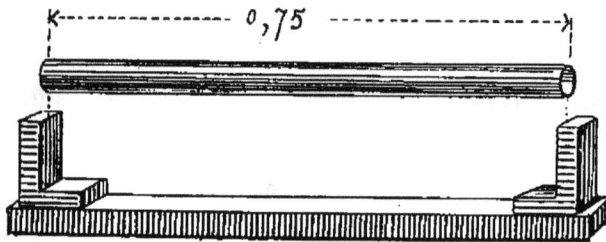

Fig. 74. — Calibre pour la mesure et la coupe des tubes.

Pour donner un exemple de ce mode de procéder, supposons un tube à couper ou à percer : L'ouvrier chargé de ces opérations ne prendra pas un mètre pour mesurer la longueur où le tube doit être coupé ; il le présente devant un calibre composé d'une tringle horizontale et de deux équerres verticales éloignées l'une de l'autre, juste de la longueur que doit avoir le tube. Quand le tube entre exactement à frottement dur entre les équerres, c'est qu'il a sa longueur réglementaire. S'il faut ensuite le percer de deux trous, pour ne pas chercher sur chaque tube l'emplacement de ces trous, ce qui serait toujours assez

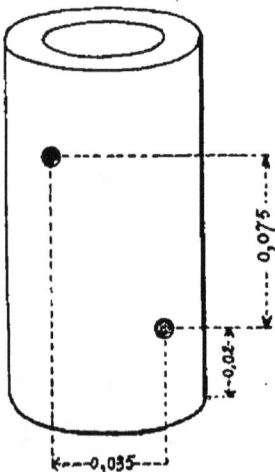

Fig. 75. — Montage type pour percer les trous.

long, on enferme le tube dans une gaîne, percée aux points voulus des deux trous. L'emplacement des trous sur le tube est donc déterminé en un instant, et il en est de même pour tous les autres montages.

L'ouvrier ordinaire n'a donc pas besoin de beaucoup d'intelligence, puisque sa besogne est ainsi simplifiée ; il ne lui faut déployer que du soin, de l'attention et de la promptitude, tandis que l'ajusteur qui combine les montages d'après les dessins cotés qui lui sont remis par le bureau des études, doit au contraire posséder une très grande ingéniosité et des connaissances pratiques étendues.

La plupart des grandes usines, outre les divers ateliers que nous avons énumérés et qui sont réservés à la fabrication proprement dite, comportent donc un atelier d'ajustage où l'on prépare l'outillage servant à l'exécution du travail. C'est là que se fabriquent tous les outils employés par les ouvriers, les calibres, montages et modèles de toute sorte, les fraises à profiler les pièces, les emporte-pièces servant au découpage, etc. Souvent ces outils sont si compliqués que les mécaniciens ajusteurs qui les construisent sont obligés d'avoir recours au bureau des études afin d'obtenir au préalable les cotés par le calcul et la trigonométrie.

Ainsi donc, si nous voulons résumer les opérations par lesquelles doivent passer les organes d'un vélocipède avant d'être emballé, expédié et vendu, nous aurons la liste suivante : *ébarbage* à la lime ou à la meule d'émeri des pièces arrivées à l'état brut de la fonderie ou de l'estam-

page, puis *dégauchissage, dressage, perçage* de ces mêmes
pièces. L'*emboutissage*, le *fraisage*, le *décolletage*, le *découpage*, le *taraudage*, l'*alésage*, le *fendage*, le *taillage* viennent
ensuite. A ces opérations succèdent l'*ajustage*, la *cémentation*, la *trempe*, le *polissage*, le *décapage*, le *nickelage* et l'é-
maillage. Enfin le travail est terminé par le *montage*, le
réglage, la *peinture*, le *vernissage* et la *décalcomanie*. Nous
passerons en revue, dans ce chapitre, ces multiples opérations.

16. *Fabrication des cadres.*

Les tubes sont sciés à la longueur voulue, et mesurés sur
calibre, au moyen d'une *roulette* ou à la scie circulaire,
constamment huilée, puis on les réunit à l'aide des pièces

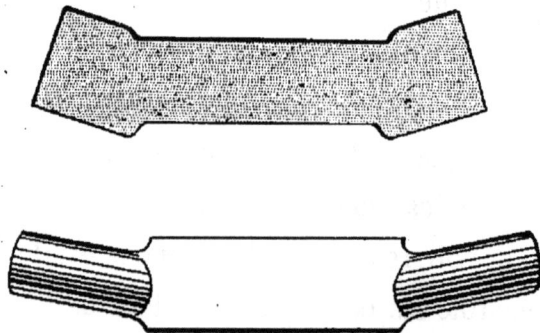

Fig. 76 et 77. — Préparation d'une plaque pour l'emboutissage.

d'assemblages ou *raccords*, fabriqués ordinairement par
emboutissage à l'aide de plaques de forme particulière découpées dans une plaque de tôle ou estampées. Disons
qu'on fabrique également ces raccords en acier et en fonte

malléable, ces pièces une fois fondues étant ensuite alésées au diamètre voulu, et dégrossies extérieurement à la fraise.

Pour réunir deux tubes, l'ouvrier met donc en place sur l'un, le raccord, et il enfonce l'au-
tre dans la partie tubulaire libre de la pièce. Puis à l'aide d'un porte-foret ou d'une machine à percer quelconque, il perce quatre trous à travers le raccord et les tubes qu'il enserre, ces trous recevant des goupilles en acier. Il vérifie ensuite, à l'aide du montage servant de mo-

Fig. 78. — Repliage de la plaque pour emboutissage.

dèle, si les trous sont bien percés et les goupilles serties aux points déterminés, et passe à un autre assemblage. Il

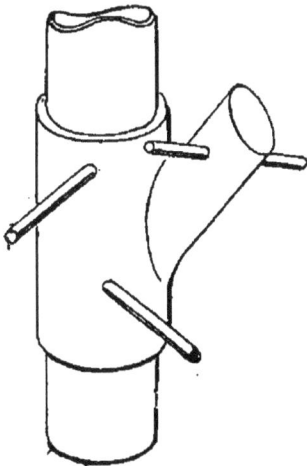

Fig. 79. — Tube goupillé.

monte ainsi la traverse supérieure à la douille de direction, l'entre-toise oblique inférieure et la dia-gonale d'arrière ; le raccord de-vant contenir le pédalier est ordi-nairement posé le dernier.

Mais les tubes ainsi rassemblés simplement à l'aide de deux gou-pilles à chaque insertion ne pré-senteraient aucune solidité ; aussi le but de ces goupilles n'est-il que de maintenir en place l'assemblage formant le cadre jusqu'à ce que le brasage ait réuni l'en-semble d'une façon inébranlable.

Lorsque les tubes doivent être courbés, ce qui est le cas

4

dans certaines machines de dames, les tricyles, pour le guidon, on les remplit d'abord de grès de préférence, ou de plomb, de résine ou de terre bien tassée pour éviter les déformations et l'aplatissement des parois. Le tube à cin-

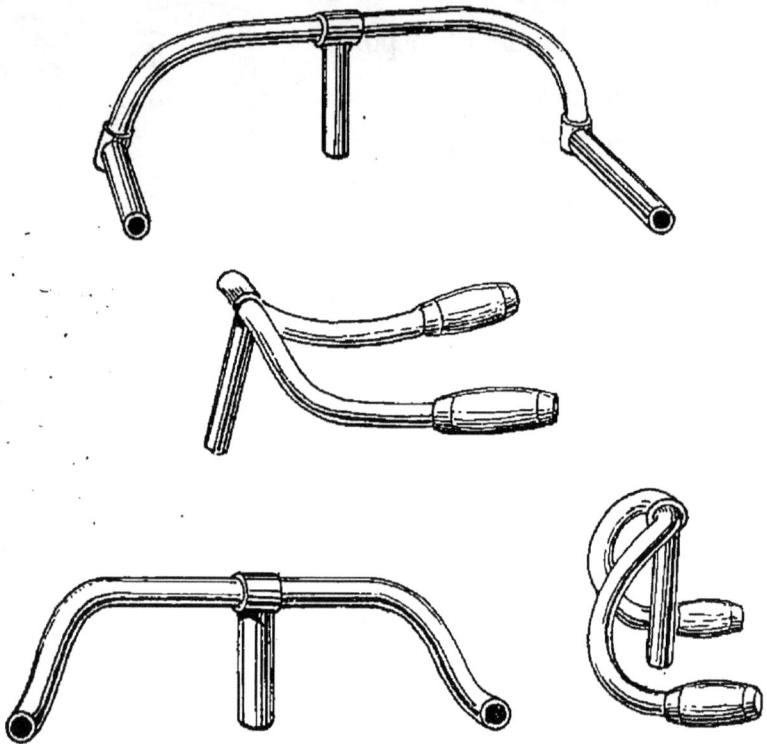

Fig. 80, 81, 82, 83. — Guidons formes diverses.

trer est porté ensuite sur un banc en fonte et empri-
sonné entre deux pièces munies d'une demi-gorge de forme appropriée. L'une est un bloc de fonte et l'autre un galet qu'un levier assez long permet d'actionner. Le galet tournant autour du bloc force le tube à épouser sa forme. Cette opération est donc purement mécanique et ne nécessite aucunes connaissances spéciales de la part de l'ou-
vrier qui en est chargé.

Mais revenons-en au *brasage,* qui constitue le point délicat de la fabrication, car c'est toujours par une brasure mal faite qu'un cadre périt, aussi est-il de la plus haute importance que ces soudures soient exécutées avec le plus grand soin, pour que la bicyclette ait la solidité voulue.

Le brasage s'exécute soit dans des fours recevant l'air d'une soufflerie ou d'un ventilateur, soit au moyen de forges maréchales au coke, soit enfin au chalumeau à gaz oxhydrique ou à essence. Le cadre, goupillé comme il vient d'être dit, est porté à la forge et soumis à une chaleur suffisante, pour que la soudure, composée de laiton ou de cuivre, fonde et pénètre dans les vides existant entre les tubes et les raccords. La soudure étant fondue, chaque raccord est posé à son tour au milieu des charbons ardents de la forge, dont le foyer est entretenu à l'incandescence par le jeu du soufflet, et le jet du chalumeau est dardé sur le point à braser, qui ne tarde pas à atteindre la température du rouge-cerise. Pendant que l'ouvrier manie d'une main le chalumeau, de l'autre il saupoudre de borax pulvérisé la brasure, qu'il étale ensuite à l'aide d'une spatule métallique de façon à la faire pénétrer dans les moindres interstices pouvant exister entre les pièces juxtaposées.

Certains ouvriers peu expérimentés assemblent, goupillent et brasent un seul tube à la fois, mais, dans les grands ateliers, les quatre tubes composant un cadre sont assemblés complètement et le braseur soude successivement les points de jonction, comme nous venons de le dire.

Le cadre sorti de la forge, une fois la brasure terminée,

est posé sur le sol ou sur une plaque de tôle où il refroidit peu à peu. Pour débarrasser ensuite chaque assemblage des concrétions de borax et des coulées de brasure sur les

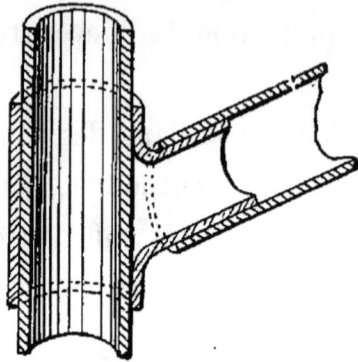

Fig. 84. — Coupe d'un raccord réunissant deux tubes.

tubes, on porte les cadres au dehors, et on les met à tremper dans des cuves contenant 10 p. 100 d'acide sulfurique étendu d'eau. Sous l'action de ce bain de décapage,

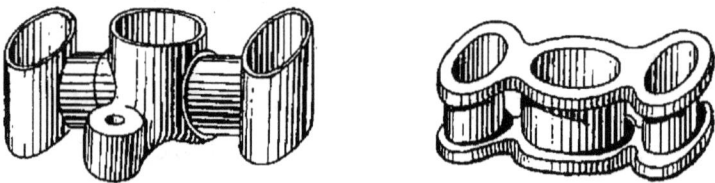

Fig. 85, 86. — Raccords de fourche d'avant.

les vitrifications qui entourent les raccords se dissolvent et le métal est bientôt nettoyé. Cette opération du décapage doit s'effectuer à l'air libre en raison des émanations désagréables dégagées par les bains. On préfère cependant employer aujourd'hui, pour cette opération, des machines à jet de sable, telles que le modèle Leadbeater que nous décrirons dans le chapitre suivant.

Les deux fourches d'arrière une fois brasées, de la même façon que les tubes, le cadre est ébarbé à la lime et à la meule d'émeri, ce qui doit être exécuté avec soin pour éviter de guillotiner un tube à son point d'insertion dans le raccord, puis il est poli à l'aide de buffles, de brosses et de lisières tournantes, animées d'un mouvement très rapide. Le polissage terminé, le cadre est envoyé à l'atelier de peinture : une femme le frotte soigneusement avec une peau de chamois, et un ouvrier trempe le cadre dans une cuve contenant 100 ou 200 litres d'émail liquide. Les peintures de couleur sont appliquées au pinceau, mais les tons changent quelquefois au feu. Le fixage indélébile de cet émail est assuré par le séjour du cadre à l'étuve, sorte de four chauffé à sec et où la température peut être poussée jusqu'à 200 degrés. Le cadre est suspendu par un fil de fer au plafond de cette étuve, et il y séjourne plusieurs heures. C'est ainsi que la peinture acquiert son éclat et sa solidité.

Une condition essentielle de la bonne exécution d'un cadre, c'est la rectitude de son plan qui exige plusieurs vérifications, avant et après le brasage. On conçoit, en effet, que la moindre déviation empêcherait les roues de se trouver dans le même plan, ce qui est une condition absolument exigée pour le roulement et l'apparence de toute bicyclette.

La condition de rectitude du cadre est la suivante : il faut que le milieu du pédalier, et l'axe de la roue d'arrière, le milieu des bords des godets de la tête à billes et le milieu des tubes soient dans le même plan. La vérification de cette condition est des plus simples. Imaginez une table,

4.

absolument horizontale ; à sa surface est fixé un pivot parfaitement perpendiculaire sur lequel vient s'emboîter la
boîte de pédalier ; le cadre est ainsi horizontal, s'il est bien
construit. Un décimètre fixé sur un pied sert de complément
à l'appareil ; lui aussi doit être absolument perpendiculaire.
Au moyen d'un repère, on marque la hauteur au-dessus
du niveau de la table d'un des points cités plus haut, qui
doivent se trouver dans le plan du cadre.

La hauteur ainsi trouvée doit être la même pour tous les
autres points. S'il en est ainsi, le cadre est bon. L'exacti-
tude d'un semblable appareil à vérifier est extrême. La to-
lérance peut descendre jusqu'au millième de pouce, soit
$0^m,000025$, mais l'on se contente généralement de $0^m,00025$.
C'est déjà fort beau. Il ne reste plus à vérifier que le paral-
lélisme du pédalier et de l'axe de la roue motrice. Ceci
peut se faire au moyen d'une règle tenue perpendiculaire-
ment à la surface de la table par un pied. Il est entendu
que les différentes vérifications ainsi faites n'ont comme
sujet que le cadre, les fourches devant être vérifiées spécialement.

On voit que la précision obtenue dans la construction
est assez simple à vérifier, mais aussi combien difficile à
obtenir !...

17. *Moyeux et axes.*

Les moyeux et les axes sont tournés dans une barre d'a-
cier sur le tour à décolleter, pour les machines de luxe ; ils
sont obtenus par estampage quand il s'agit de bicyclettes à

bon marché. Comme les moyeux sont livrés pleins il faut percer le trou central devant donner passage à l'axe, et ce travail se fait sur un tour, à l'extrémité duquel se trouve une *poupée,* mise en mouvement par une transmission. Sur cette poupée est fixé le moyeu, par le moyen d'un mandrin ou d'une pince de forme appropriée : il se trouve donc disposé parallèlement au banc du tour, et il tourne rapidement sur lui-même après avoir été exactement entré.

Le chariot porte-outil monté sur l'autre extrémité du tour est muni d'un ciseau taillé en biseau très aigu qui attaque le métal. Le moyeu est ainsi creusé peu à peu ; pour éviter l'échauffement considérable résultant du frottement de l'outil sur le métal, un filet d'eau tenant en dissolution parties égales de savon noir et d'huile de colza provenant d'un réservoir supérieur, arrose constamment la coupe. Lorsque le trou est percé avec une mèche assez fine, on l'agrandit dans une seconde passe avec un foret plus gros, et ainsi de suite jusqu'à ce qu'on soit arrivé au diamètre voulu.

Mais cette manière de procéder est onéreuse, car elle ne permet de creuser qu'une pièce à la fois, et encore en plusieurs opérations nécessitant chaque fois l'arrêt du tour et le changement de l'outil. Aussi la plupart des ateliers sont-ils pourvus de *tours-revolvers,* dans lesquels le chariot, au lieu de porter un outil unique, présente la forme d'un barillet cylindrique, mobile sur son axe, et percé de quatre ou six trous, de façon à recevoir quatre ou six outils. C'est par sa ressemblance avec le barillet des revolvers, que l'on a donné cette appellation à ce genre de tours qui permettent de percer et d'aléser à la fois plusieurs pièces.

Le moyeu, une fois percé et alésé comme il vient d'être

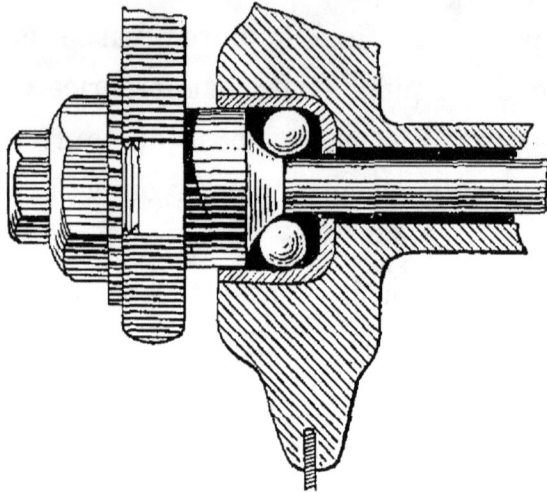

Fig. 87. — Coupe d'un coussinet à billes.

dit, est ensuite creusé sur ses deux faces, de façon à ménager une cavité assez large pour recevoir la cuvette en acier trempé du coussinet. Ce travail est fait, à l'aide de grosses

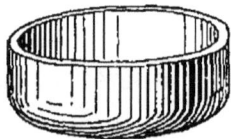

Fig. 88. — Cuvette forcée.   Fig. 89. — Cuvette vissée.

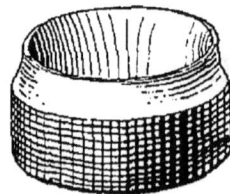

fraises, sur le tour-revolver ; une fois achevé, le moyeu est envoyé à l'atelier de perçage où un ouvrier fore dans les joues de cette pièce les trous nécessaires au passage des rayons. Ce forage est opéré à l'aide de perceuses spéciales ;

après cela la pièce est envoyée au polissage et au nickelage. Un axe de manivelles subit une préparation analogue.

Quelques fabricants n'ajoutent pas de cuvettes à leurs moyeux ; ils se contentent de tremper les joues de ces pièces. Ce procédé qui se comprend, seulement pour les machines à bas prix, est très défectueux ; la trempe partielle du moyeu étant la plupart du temps manquée, et les coussinets, ainsi taillés à même le métal, ne tardent pas à se déformer et à se détériorer. Des cuvettes en acier trempé, obtenues sur le tour à décolleter, sont donc indispensables, et c'est une économie mal entendue que les supprimer.

Les axes servant de points d'appui aux moyeux sont ordinairement débités dans de longues tiges d'acier de section circulaire ; ils se composent d'une tige bien droite portant un pas de vis à chaque extrémité, et sur laquelle peuvent glisser des bagues en forme de disque ou se visser des cônes servant au réglage des coussinets.

L'exécution des filets de la vis se fait sur un tour parallèle, différant des tours ordinaires par son chariot, qui, au lieu d'être mû par une manivelle ou un levier, est animé d'un mouvement automatique, par l'intermédiaire d'une longue vis sur laquelle il est monté, et qui le force à circuler d'une extrémité à l'autre du tour, rien qu'en tournant sur elle-même. Le chariot joue donc le rôle d'écrou tout le long de cette vis, et l'outil qu'il porte peut tracer sur les pièces des hélices en creux formant les filets de la vis. Nous décrirons d'ailleurs un peu plus en détail, dans le chapitre suivant, les différents modèles de tours employés par l'industrie vélocipédique, et dont les plus récents viennent d'Amérique.

Le filetage des axes opéré d'après les indications du dessin, les tiges sont dégraissées dans un bain de carbonate de soude et de savon, porté à l'ébullition par un jet de vapeur provenant de l'échappement de la machine motrice de l'atelier. Après ce nettoyage indispensable elles sont soumises à la *cémentation* qui a pour but de durcir leur surface. Cette opération s'effectue dans un four à trois compartiments superposés, l'étage du milieu renfermant le foyer et celui d'en bas le cendrier. Les pièces sont enfermées dans des coffrets en acier disposés les uns à côté des autres dans l'étage supérieur et enterrées dans du cuir brûlé ou *savate*, et sciure d'os en égale quantité qu'on appelle *cément*. Le tout est recouvert de terre à four et fermé, par un couvercle, lequel est à son tour recouvert de terre, car il est nécessaire que l'opération se fasse en vase clos et que le carbone ne s'échappe pas. Le feu étant bien allumé, les coffrets sont disposés dans le four et maintenus pendant une durée en rapport avec la nature des pièces à cémenter à la couleur du rouge cerise. A cette température, le métal des pièces se trouvant en contact avec le carbone et à l'abri de l'air, en absorbe quelques centièmes de son poids, mais la surface est beaucoup plus carburée que le centre, et se trouve, par suite, beaucoup plus aciéreuse. La cémentation achevée, les coffrets sont sortis du four, puis ouverts et les pièces qu'ils contiennent plongées dans un baquet d'eau fraîche. Le changement brusque de température fait contracter le métal et le carbone qu'il contient est cristallisé dans les pores ; la *trempe* donne ainsi aux axes une dureté telle que les limes n'ont plus de prise et que les frottements auxquels ils seront soumis n'auront aucune action sur eux.

Les bagues ou *cônes* de réglage qui doivent être vissés sur les axes sont fabriqués sur le tour-revolver, de même que toutes les autres pièces *décolletées :* cuvettes, boulons, etc. Le chariot du tour porte donc une série d'outils différents, et la barre d'acier étiré est montée sur la poupée du tour. Comme sa longueur dépasse quelquefois trois mètres, il est nécessaire de la faire supporter par deux ou trois chevalets. L'ouvrier présente le premier outil à la pièce engagée et forme à la fois le trou et le profil, puis, quand il juge le travail achevé avec cet outil, il recule la pièce, donne un tour au barillet porte-outil qui présente l'outil n° 2 qui agrandit le trou ; l'alésage est fait par l'outil n° 3 ; le n° 4 fait le dressage de la feuillure intérieure de la bague, le 5 fait le tour de la gorge, enfin le 6 termine le décolletage du moyeu.

Comme le métal s'échauffe considérablement pendant ces diverses opérations, en raison du frottement exercé par les outils tranchants sur la pièce, un réservoir pourvu d'un robinet déverse constamment un mélange d'eau de savon et d'huile à l'endroit de la coupe. Lorsque la pièce est achevée, le tourneur la détache par une *saignée,* opérée à l'aide d'un *grain d'orge,* de la barre d'acier à laquelle elle tient encore. Puis il fait avancer cette barre et procède au décolletage d'une autre pièce, et ainsi de suite jusqu'à ce que toute la barre ait été débitée. Les bagues, ainsi ébauchées, sont envoyées à un autre ouvrier qui creuse le pas de vis intérieur nécessaire à leur vissage sur l'axe, soit à l'aide d'un taraud à main, soit sur un tour ordinaire. Les écrous subissent les mêmes opérations; les boulons sont exécutés sur le tour-revolver dans une barre à six pans L'ouvrier tourne la partie cylindrique et détache la pièce de la barre en réservant l'épaisseur de la tête du boulon. Il n'y a plus qu'à fileter l'extrémité cylindrique sur le tour à fileter, et les envoyer, comme les bagues et écrous, au cémentage et à la trempe, après les avoir toutefois soigneusement dégraissés comme nous avons dit des axes. Les cuvettes, tournées aussi dans des baguettes cylindriques, sont, une fois terminées, soudées aux moyeux ou simplement enfoncées à force dans leur logement, car elles n'ont à craindre aucun effort qui les arrache de leur alvéole.

Fig. 90. — Godet graisseur à chapeau, pour axes de moyeu.

18. *Les roues.*

Les jantes sont livrées par l'étireur sous forme de bandelettes profilées suivant le dessin qui lui a été remis. Pour faire des cercles parfaits de ces bandes rigides, on les soumet à l'action d'une machine à cintrer, se composant en principe de deux galets fixes et d'un galet mobile pressant sur les autres par l'intermédiaire d'une vis actionnée par un volant. Lorsque les bandes sont plates, on les profile tout en les cintrant; en donnant aux gorges des poulies la forme exacte que doit avoir la jante. On n'arrive pas du premier coup à faire la jante, et on est obligé le plus souvent de s'y reprendre à plusieurs fois pour arriver à joindre exactement les deux extrémités de la bandelette d'acier.

Quand la bande est arrivée à la forme d'un cercle, les deux bouts en contact sont réunis par une petite pièce métallique goupillée et brasée ensuite de la même façon que le cadre. Elle est ensuite posée sur un marbre circulaire, autour duquel des divisions indiquant le **nombre** et

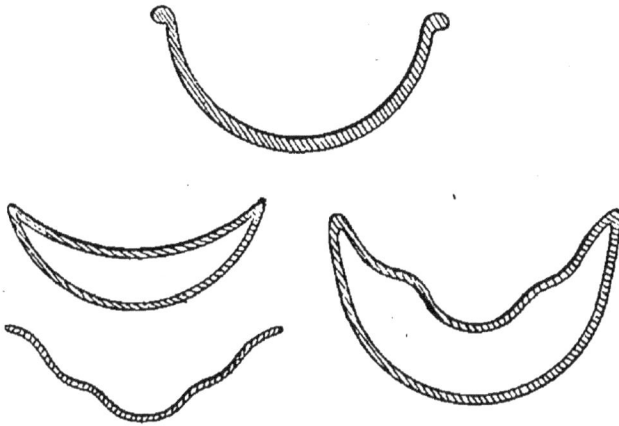

Fig. 91, 92, 93 et 94. — Jantes étirées formes diverses.

l'emplacement des rayons, sont marquées. Ces divisions sont reportées sur la jante et marquées d'un coup de pointeau ; ainsi déterminées, chacune d'elles devient l'emplacement d'un trou foré à la machine à percer ou au tour.

La jante, polie avec soin, est ensuite peinte et émaillée à l'étuve ; ce n'est qu'après que l'on pose les rayons qui, sans cette précaution, s'allongeraient inégalement et pourraient casser. Le montage du moyeu et des rayons est fait ensuite, suivant différentes méthodes, selon que les rayons sont directs ou tangents. Dans le premier cas, ils sont enfilés dans le trou de la jante où ils se trouvent arrêtés par leur tête, puis ils sont vissés dans les trous taraudés du moyeu ; dans le second cas, ils sont enfilés et arrêtés dans le moyeu, puis vissés dans la jante où ils sont serrés par de petits écrous. C'est par le serrage plus ou moins accentué de tel ou tel rayon que l'ouvrier monteur parvient à faire sa roue parfaitement circulaire. Un rayon trop serré met la roue de travers ; si on le détend un peu au moyen de l'outil appelé *serre-rayons,* le redressement est obtenu. Ce réglage est assez délicat ; aussi est-il souvent effectué par des femmes, qui, au son rendu par les rayons qu'elles font vibrer l'un après l'autre, reconnaissent celui qui a besoin d'être tendu ou desserré.

La roue, bien réglée et parfaitement ronde, est remise à un ouvrier, qui colle le bandage dans la jante, au moyen d'un ciment spécial, s'il s'agit d'un caoutchouc plein ou creux. Si c'est un pneumatique ; il encastre au fond de la jante une bande de toile assez épaisse, recouvrant la tête de tous les rayons avec leurs écrous, et qui a pour but de protéger la chambre à air du contact de ces tiges, puis les pneumatiques sont montés avec leurs attaches et la roue est enfin terminée.

19. *Parties accessoires.*

Le guidon, cintré sur la machine de la même manière que les tubes du corps, est brasé à angle droit sur un tube en forme de té, dans lequel il est préalablement serti. Il est ensuite décapé, nettoyé, poli et nickelé. Après le nickelage, il est pourvu de ses poignées qui, suivant leur nature, sont collées, vissées, goupillées ou serrées par des bagues métalliques. La fourche d'avant est faite de deux fourreaux incurvés et aplatis, de façon à présenter une section elliptique décroissante. Ces tubes sont réunis par un raccord brasé, ou encore soudés à leur partie supérieure, pour ne former qu'une pièce unique, présentant une plus grande sécurité. Après avoir été cintrées dans les deux sens, puis assemblées, les fourches sont décapées, peintes et émaillées. Il en est de même des fourches de la roue d'arrière.

Il existe enfin un certain nombre de pièces accessoires qui ne sont obtenues ni à la fonte ni sur le tour, ce sont les rondelles, les colliers de jonction, les flasques des maillons de la chaîne, les porte-lanterne, les repose-pieds et les garde-boue métalliques. Ces pièces sont découpées à l'emporte-pièce au moyen d'un balancier, dans des plaques de tôle brute ou d'acier laminé. La matrice est fixe et placée sur l'enclume, sa contre-partie étant adaptée à la partie inférieure de la vis du balancier. Les deux pièces sont en acier de qualité supérieure et trempées très dur par l'atelier d'outillage. Chaque coup du balancier, mû ordinairement à bras, détache une pièce ; celle-ci est montée telle que, ou, suivant sa destination, elle est repliée ou emboutie avant d'être polie et émaillée ou nickelée.

Les flasques des maillons de la chaîne, fabriqués dans des plaques brutes, manquent d'apparence, et leur polissage un à un serait difficile et onéreux; on a donc imaginé, pour résoudre la question, de les enfermer dans un

tonneau monté sur un axe horizontal, et mû par une manivelle ou une transmission quelconque. Le tonneau tournant sur lui-même, toutes ces petites pièces roulent dans
la sciure de bois humide et deviennent très claires. On
peut procéder ensuite au montage de la chaîne, les rouleaux étant préparés d'autre part avec des fragments de
tube de petit diamètre, débités à la scie et polis au tonneau.
Pour cela, un ouvrier, généralement un enfant ou une
femme, place un rivet à chaque extrémité de la flasque,
introduit un rouleau autour de ce rivet, et ferme le maillon
en entrant l'autre flasque, puis, sur l'extrémité du rivet
qui dépasse de chaque côté, il place un autre flasque de
chaque côté et rive le tout d'un coup de marteau. Ces deux
dernières flasques forment le maillon extérieur et rejoignent le maillon intérieur suivant, lequel donnera naissance à deux autres flasques extérieures, et ainsi de suite.

Toutes les pièces constituant la future machine sont
fabriquées, et il ne reste plus maintenant qu'à les réunir
pour en faire une bicyclette.

20. *Montage et réglage.*

Dans les usines importantes, et sauf dans les moments
de presse, toutes les pièces détachées, une fois terminées sont envoyées au magasin où elles sont rangées.
Les cadres, les guidons, les fourches, les roues, entourés
de papier d'emballage pour préserver l'émail et le nickel
de toute altération, sont suspendus au plafond. Les axes,
les cônes, les billes, les écrous, les vis sont empaquetés

chacun dans des tiroirs particuliers ; enfin les accessoires : freins, selles, pneumatiques, lanternes, sacoches, garde-boue sont rangés dans des armoires.

En échange d'un bon signé du contremaître, l'ouvrier monteur reçoit du magasinier le nombre de pièces de toute nature qu'il lui faut pour monter une ou plusieurs machines, et il les apporte à son atelier, qui est le dernier avant celui de l'emballage. La manière de procéder pour l'ajustage des pièces est ordinairement la suivante :

La roue de derrière est celle qui est montée la première, et, pour cette opération, le cadre est fixé dans l'étau par l'intermédiaire d'un morceau de bois enfoncé dans le tube diagonal d'arrière. La roue, pourvue de son axe et de ses coussinets à billes préalablement bien réglés, est engagée entre les fourches, son axe glissant entre les mâchoires de la *gueule de crocodile*. L'écrou de gauche est serré modérément, puis celui de droite, la roue étant mise à peu près droite, c'est-à-dire dans l'axe et dans le plan du cadre.

Le monteur met ensuite en place l'axe moteur. Pour cela, il couche le cadre sur le côté droit sur l'établi, et il verse les billes dans la cuvette de gauche, qui se trouve horizontale. Il visse la bague qui ferme le coussinet puis retourne la machine sur le côté gauche pour recommencer la même opération. Il règle le serrage des deux coussinets en faisant tourner l'axe entre ses doigts, ensuite quand il le croit convenable, il serre à bloc le contre-écrou, et monte les manivelles sur l'extrémité de l'axe. Il boulonne enfin les pédales sur les manivelles, et il met la chaîne sur les pignons, puis il règle avec soin la tension de cette chaîne et la rectitude de la position de la roue. Cette opération est celle qui exige le plus d'expérience et de patience de la part du monteur, c'est d'elle que dépend en grande partie la douceur du roulement et la durée de la machine. Quand ce réglage est bien fait. écrous et contre-écrous sont serrés à bloc, et il n'y a plus qu'à placer la roue d'avant. La fourche est d'abord mise en place. Pour cela, la machine est placée à l'envers dans l'étau, c'est-à-dire les roues en l'air. Après avoir réglé les coussinets du moyeu, l'axe de la roue est engagé à fond entre les mâchoires terminant chaque fourreau, puis les deux écrous sont vissés sur ses extrémités et serrés à bloc. Si la machine comporte un frein, la tige de manœuvre de celui-ci doit être placée dans son guide avant la mise en place de la roue, car autrement on ne pourrait pas la passer.

L'ouvrier passe ensuite les billes dans la cuvette inférieure de la tête. En laissant glisser la fourche par son poids, le coussinet se trouve fermé ; alors le monteur peut retourner la machine, tout en maintenant la fourche pour l'empêcher de se désunir du cadre et retenir les billes en place, puis il peut poser les roues à terre. Il peut alors mettre en place les billes de la cuvette supérieure et serrer par-dessus le cône de réglage et son écrou.

Le guidon est ensuite posé, son té enfoncé dans la douille de direction, et l'écrou de serrage vissé sur son boulon. La palette ou le sabot du frein est posé, ainsi que le levier de commande et le porte-lanterne. La *potence* est enfoncée dans le tube diagonal d'arrière et la selle montée, sur l'équerre de la potence, son écrou bien serré. Avant de serrer celui de la potence, il est bon de vérifier si celle-ci est bien mobile dans le tube, car si le frottement était trop dur, il faudrait aléser ce dernier. Enfin on attache les accessoires : la sacoche garnie à l'arrière de la selle, les repose-pieds et le marchepied, les garde-boue et le carter couvre-chaîne. En dernier lieu, on gonfle modérément les deux pneumatiques à l'aide d'une pompe *ad hoc*.

La machine est, cette fois terminée, et elle est envoyée au magasin. Si elle doit être expédiée, le guidon, desserré, est tourné dans le sens du cadre ou même enlevé, les pédales retournées vers l'intérieur, de manière à présenter le minimum de largeur. Le cadre, les roues, le guidon sont enveloppés de papier gris pour préserver l'émail de toute détérioration ; enfin la machine est emballée dans une caisse à claire-voie où elle est maintenue dans tous les sens par des tasseaux convenablement disposés, de façon à ce qu'aucun ballottement ne puisse se produire pendant le transport.

C'est seulement alors que prend fin la sollicitude de l'industriel ; la parole est maintenant au commerçant à qui incombe le soin de tirer le meilleur parti possible de cette petite mécanique si compliquée qu'est une bicyclette.

CHAPITRE IV

Outillage des ateliers de construction.

21. *Outillage des petits ateliers.*

Il y a deux manières d'envisager l'industrie de la construction des cycles, et qui sont mises en pratique toutes deux, en raison des capitaux sur lesquels s'appuie cette industrie.

Nous venons de voir comment l'on procède quand on dispose de sommes considérables, et il est facile de concevoir qu'une grande usine doit réaliser d'importants bénéfices en faisant tout le travail manuel dans ses ateliers et en n'achetant que les matières premières au dehors. Mais tout le monde ne possède pas un capital de roulement permettant de fabriquer les cycles par centaines d'après un modèle bien étudié, et cependant, avec des ressources plus modestes, on voudrait faire de la construction, avec un outillage restreint. La chose est possible, et en province surtout il s'est organisé de nombreux ateliers livrant à un prix raisonnable et laissant du bénéfice à l'ouvrier, des vélocipèdes de bonne qualité. Mais, dans ce cas, l'entrepreneur ne fabrique rien lui-même : il achète les pièces détachées à l'état brut; il les termine et se borne à faire le montage.

Il résulte donc que, suivant l'importance de la fabrication, l'outillage varie, et qu'il est possible, avec seulement quelques machines très simples, complétant celui employé précédemment par le mécanicien ou serrurier ou armurier qui veut devenir constructeur de cycles, d'obtenir de très bons résultats. Seul le bénéfice sera moindre, puisque toutes les pièces seront achetées fondues ou estampées.

Voici donc, à notre avis, l'énumération du matériel d'un petit atelier :

1° Un ou deux tours à métaux, aussi perfectionnés que possible,

2° Une machine à percer,

3° Une forge à braser,

4° Une cuve pour nickelage, avec quatre piles, et les accessoires.

Enfin un assortiment de tarauds, filières, alésoirs, crochets, grains d'orge, une meule de grès et une meule d'émeri, et les outils ordinaires du mécanicien, étaux, limes, clés, pieds à coulisse, équerres, etc. Avec ce petit outillage, on pourra tourner et percer les moyeux, monter des roues complètes, des fourches, fabriquer des guidons, des garde-boue, et même nickeler des petites pièces. On achètera les cadres terminés et émaillés, les jantes de roues profilées à l'étirage et l'on devra se borner à faire le montage.

Voici maintenant quel est l'outillage très compliqué des grandes usines :

4.

22. *Machines à fraiser.*

Ces machines sont les plus répandues, et aussi les plus né-

Fig. 95. — Machine à fraiser verticale et horizontale.

cessaires de tout atelier de construction de quelque importance. Pourvues des accessoires convenables, elles peuvent

exécuter rapidement toutes les pièces d'outillage : taille de fraises droites ou angulaires, tarauds, alésoirs, engrenages, fraisages circulaires, à pans etc. Suivant les cas, ces machines sont disposées avec axe vertical pour attaquer les pièces de haut en bas, ou avec axe horizontal pour travailler horizontalement. Certains modèles, dits universels sont pourvus de deux transmissions et peuvent fraiser dans les deux positions.

Dans le type de machine à fraiser verticale, le plus employé dans les ateliers de construction de vélocipèdes, l'axe de l'arbre étant rigoureusement perpendiculaire au plateau, on obtient des surfaces absolument planes et des pièces finies sans aucune retouche à la main. Le plateau, qui reçoit la pièce à fraiser, marche automatiquement, et, de même, débraye instantanément en tout point de sa course. Les trois mouvements perpendiculaires sont réglables jusqu'au centième de millimètre par le déplacement de la butée, enfin la commande se fait par cônes et trains d'engrenages héliçoïdaux.

Les machines à fraiser horizontales sont avantageuses parce qu'elles se prêtent facilement à l'exécution des pièces les plus variées, qu'elles soient cylindriques, coniques ou héliçoïdales. Le plateau peut décrire une très longue course dans tous les sens, la course est réglable au $1/50^e$ de millimètre par des butées micrométriques ; le mouvement du plateau, ainsi que les deux mouvements perpendiculaires, marchent et débrayent automatiquement. La transmission est opérée par cônes à quatre vitesses et engrenages taillés en hélice ; l'appareil diviseur monté sur le plateau tournant, permet, à l'aide des douze roues qu'il comporte, d'obtenir les divers pas d'hélice avec les divisions correspondantes. Enfin cet appareil est muni d'un *mandrin à trois mors,* centrant seuls, et assurant le montage rapide des pièces à fraiser sur la machine.

L'opération du fraisage ne s'exécute pas que dans l'industrie vélocipédique, la préparation d'une quantité d'autres pièces mécaniques de toutes dimensions nécessite également l'intervention des machines à fraiser, modifiées suivant le résultat que l'on veut obtenir. Pour ce qui concerne plus spécialement la fabrication des pièces détachées, les modèles les plus simples de machines à fraiser sont ordinairement employés, avec les accessoires suivants :

L'*étau,* qui permet de serrer rapidement des pièces de toutes formes et remplacer les montages spéciaux toujours coûteux. Cet étau se compose de deux parties : la *semelle* qui se fixe sur le plateau de la fraiseuse, et l'*étau* proprement dit, qui peut pivoter sur la semelle en prenant une inclinaison quelconque au moyen d'un cercle gradué. Les mordaches, qui doivent être appropriées au travail à accomplir, sont entaillées ou percées suivant le cas ; des chevalets de différente hauteur sont intercalés entre elles et permettent d'y appuyer les pièces à fraiser, enfin elles sont reliées par de longues vis disposées pour faciliter le démontage extérieur.

L'*appareil à levier,* pour fraiser circulairement, s'applique au fraisage des pièces qui ont des renflements ou des dégagements circulaires contigus à des parties droites ; on le munit souvent de butées micrométriques au 1/50e de millimètre permettant de raccorder d'une façon parfaite, par

Fig. 96. — Appareil pour fraiser circulairement.

deux arcs de cercle, deux parties droites faisant un angle quelconque.

L'appareil à fraiser les pans est destiné à fraiser des pièces à divisions régulières, telles que les carrés, les six

Fig. 99. — Appareil à fraiser les pans.

pans, etc. La pièce est serrée dans un manchon extensible, entre trois chiens rapportés, et qu'on peut changer suivant le diamètre à saisir. Les pièces taraudées ou lisses, telles que les écrous, s'adaptent sur un nez, dont la tige cylindrique, munie d'une manivelle, peut se mouvoir à friction dure dans le manchon, ce qui permet de placer toujours les faces ébauchées de la pièce brute parallèlement à la fraise. Un levier alidade s'engage dans les échancrures du plateau et permet de donner à la pièce les positions correspondant aux divisions.

L'appareil de commande des montages automatiques se compose d'une lyre portant une combinaison de roues réglables transmettant le mouvement à tous les montages spéciaux qui se fixent sur les machines à fraiser. Le mouvement est pris sur l'arbre supérieur du mouvement automatique des machines, et sa position est assurée par une équerre qui se fixe sur une rainure dans le bâti de la fraiseuse. La combinaison des pièces de cet appareil est faite ordinairement, de telle manière qu'une fois en place, les trois mouvements perpendiculaires de la machine sont libres et conservent toutes leurs propriétés de réglage en marche.

L'appareil à plateau, avec montage breveté de Bariquand et Marre, comporte un débrayage à main ou automatique, obtenu par le jeu d'une noix logée dans la bascule même, de sorte que la vis sans fin reste en prise après l'arrêt et assure l'immobilité du plateau. Le plateau est pourvu de deux butées micrométriques réglables, disposées le long de la couronne extérieure. Enfin l'arbre de la vis sans fin porte un tambour divisé qui permet de faire les centièmes de tour et de se servir de cet appareil comme d'un diviseur de précision. *L'appareil à double entraînement,* des mêmes constructeurs, est disposé pour fraiser les pièces circulaires profilées et qui exigent un entraînement à chaque extrémité. Les moyeux de cycles, par exemple, sont fraisés automatiquement et très économiquement avec cet appareil, au lieu d'être tournés. La pièce est supportée aux deux extrémités de son axe par des mandrins qui reçoivent un mouvement de rotation continu, une commande spéciale rend ce mouvement simultané du mouvement longitudinal de la plate-forme, de telle sorte que l'opération

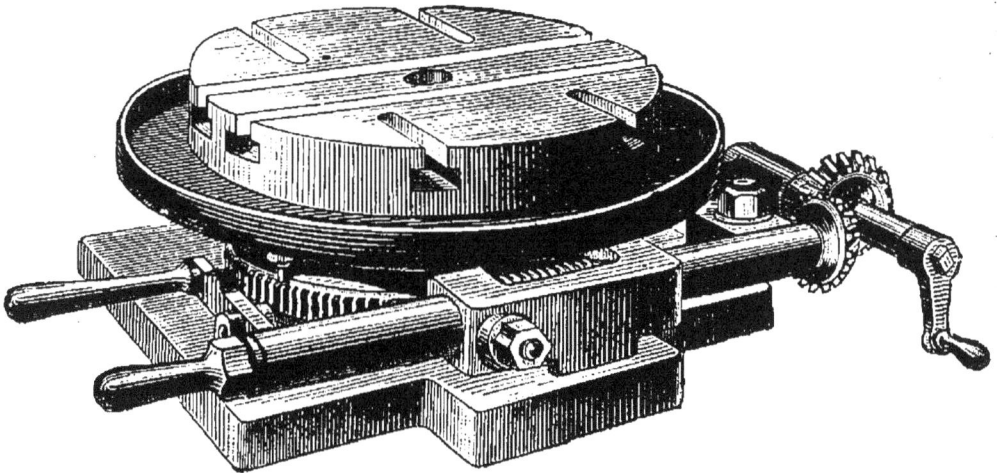

Fig. 98. — Appareil à plateau pour fraiser circulairement.

est automatique. L'appareil s'adapte ordinairement aux machines à fraiser horizontales.

Citons enfin l'appareil à tailler les roues dentées droites et les crémaillères, qui se monte sur le support de contre-pointe d'une machine à fraiser horizontale et reçoit son mouvement de l'arbre même de la machine ; la division est obtenue au moyen d'un plateau diviseur ou d'un barillet monté sur la vis de la plate-forme.

23. *Machines à tarauder.*

Le taraudage consiste à creuser des trous cylindriques, débouchant ou ne débouchant pas, dans des pièces de forme quelconque. Cette opération peut s'exécuter très rapidement au moyen de machines-outils particulières, dites

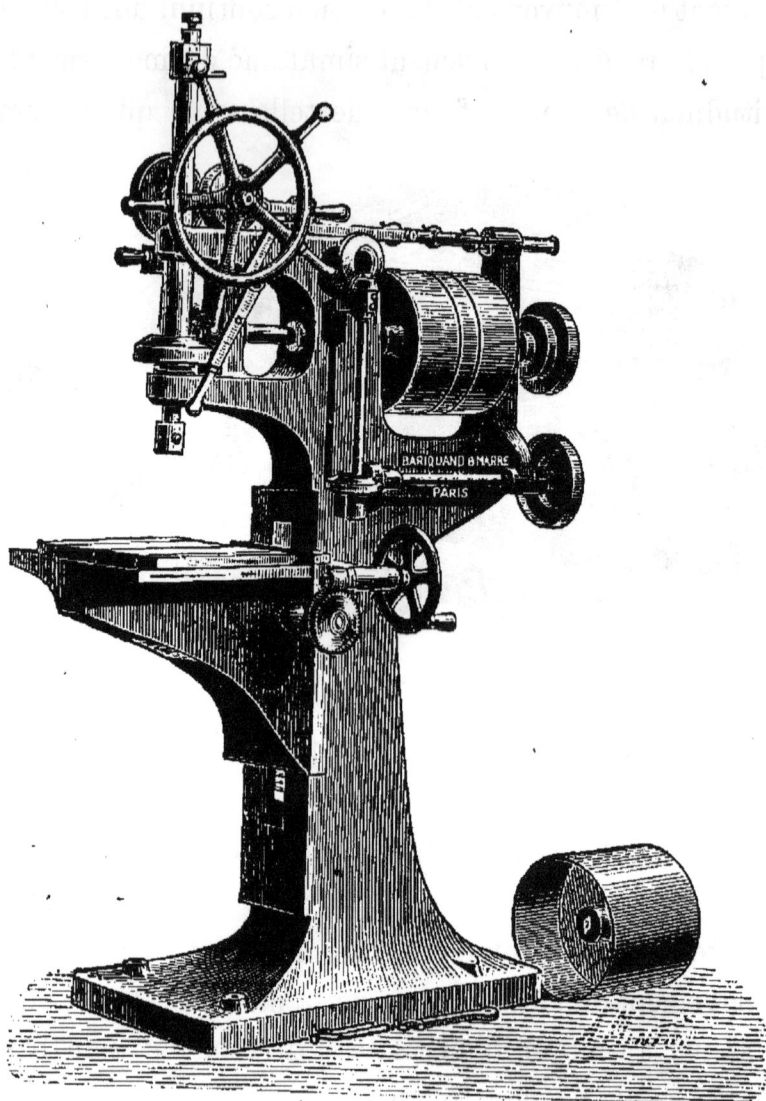

Fig. 99. — Machine à tarauder, de Bariquand et Marre.

machines à tarauder, et dont il existe de très nombreux systèmes. Dans les modèles de Bariquand, le porte-taraud, pour éviter l'usure, glisse dans un fourreau trempé et recifié après la trempe, tournant entre deux bagues également trempées et rectifiées. La commande de rotation est communiquée par deux engrenages d'angle et deux poulies marchant en sens inverse l'un de l'autre, au moyen de courroies ouverte et croisée. La course du taraud atteint 22 centimètres dans les grands modèles, pour un diamètre de trou allant jusqu'à 20 millimètres; elle est limitée par une butée réglable produisant un débrayage instantané avec retour en arrière, de sorte qu'avec cette disposition on peut tarauder sans craindre de casser aucun taraud, des trous de profondeur déterminée. Dans le modèle n° 4 de la maison citée, un dispositif complètement indépendant des organes de taraudage, permet de percer en faisant descendre le foret, soit à la main au moyen du volant de manœuvre, soit automatiquement par roue et vis sans fin agissant par un pignon sur la crémaillère du fourreau. Le débrayage automatique de ce mouvement est possible en tout point de la course et rend l'arbre absolument libre. Enfin la potence à rainure qui supporte la pièce peut être maintenue à toutes les hauteurs par une vis sans fin et un pignon avec crémaillère.

Dans d'autres modèles, où la course du taraud est plus réduite, le mouvement est limité par une butée réglable produisant le changement de marche instantané, au moyen de deux courroies ouverte et croisée. Ces machines sont très simples et d'une conduite facile.

24. *Machines à percer*.

Les machines à percer sont indispensables dans les ateliers
de construction de cycles, pour le perçage des jantes, des
pièces d'assemblage goupillées et des trous de graissage.

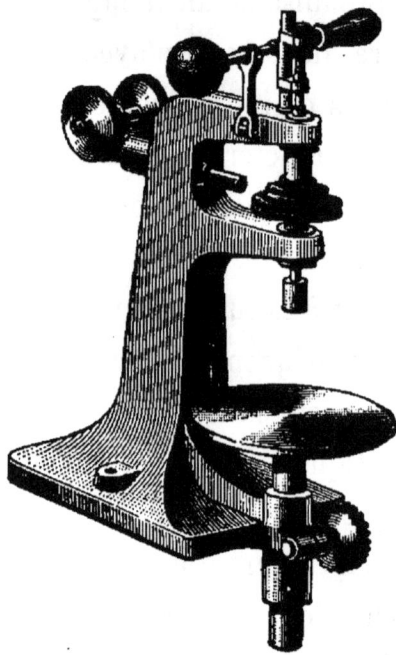

Fig. 100. — Petite machine à percer.

Les porte-forets ordinaires à engrenages et les drilles mus
à la main ne permettent que d'aller lentement en besogne
et de percer que des trous assez faibles ; les machines actionnées par une transmission mécanique donnent la pos-
sibilité d'exécuter très rapidement et avec précision ce
genre de travaux ; on conçoit donc leur supériorité et leur
utilité. Il existe différentes tailles de machines à percer,

parmi lesquelles nous citerons celles à foret unique et celles à forets multiples.

La machine n° 1 de Bariquand et Marre, pour trous de 1/10 à 5 millimètres de diamètre, a un foret dont la course est de 25 millimètres et la hauteur, entre le plateau au bas de sa course et le dessous du porte-foret, de 1 mètre. Ce modèle est surtout convenable pour les très petits trous ; le forage se fait avec une extrême vitesse et d'une façon précise. Sa disposition lui donne une grande sensibilité et permet de produire le maximum de travail sans casser de forets. Le plateau portant la pièce, mobile dans le sens vertical, peut se fixer à toutes les hauteurs. Afin d'éviter l'usure, qui ferait dévier le foret de sa position normale au plateau, le porte-foret glisse dans un fourreau en acier trempé et rectifié après la trempe, tournant entre deux bagues préparées de la même manière. La commande du foret est effectuée par un cône à deux ou trois gorges angulaires recevant la courroie, à laquelle la tension nécessaire est donnée par un système tendeur qui est fixe pendant le travail pour éviter les oscillations. La descente du foret est obtenue par un levier équilibré avec une butée réglable pour limiter d'une façon précise la profondeur des trous.

Dans d'autres modèles plus puissants, la potence supportant le plateau a une course assez longue et elle est éloignée de plus de 30 centimètres du bâti ; on a ainsi toute facilité pour forer des trous dans des pièces d'assez grandes dimensions. La sensibilité est très grande ; le levier qui commande le porte-foret est équilibré et l'ouvrier sent par-

faitement à la main le travail de l'outil pendant la coupe,
ce qui permet d'augmenter la production et de la porter à
son maximum sans risquer de briser des forets.

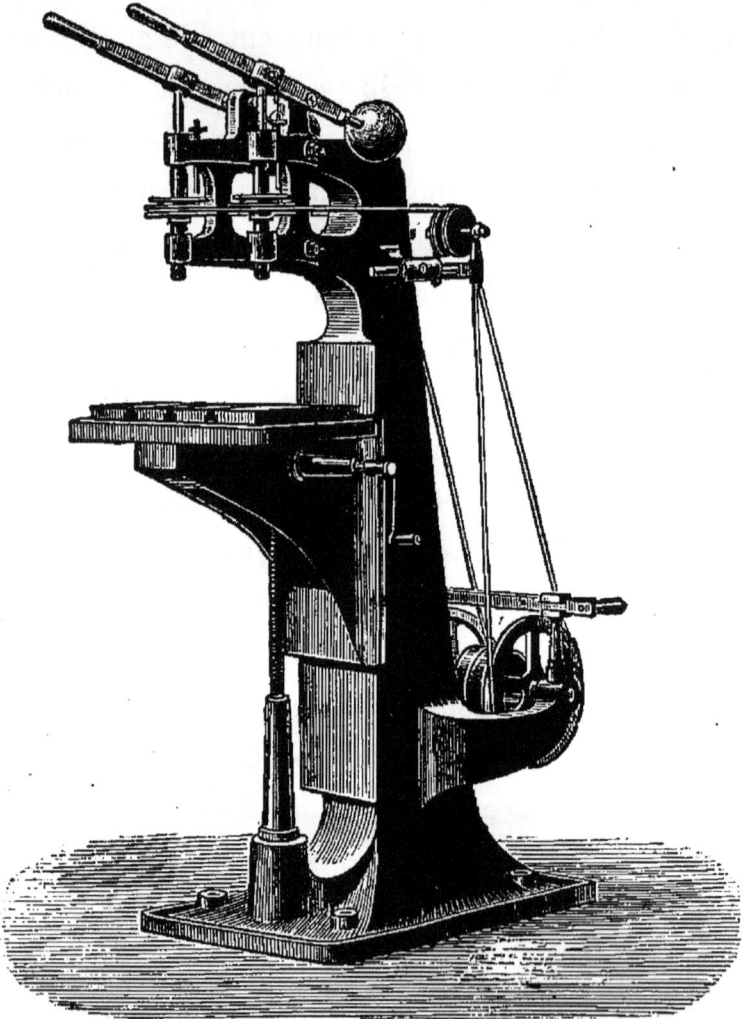

Fig. 101. — Machine à percer à deux forets.

Certaines machines peuvent également bien percer des
trous et les aléser, elles sont très utiles pour les travaux de
construction dans lesquels on a à pratiquer des trous de

diamètres très différents ; la disposition de la commande par cône et engrenages taillés en hélice donne six vitesses de rotation différente. En remplaçant le foret par un alésoir, on peut amener les trous au diamètre exact.

Les premières machines à percer multiples nous sont venues d'Amérique, et les grandes usines de construction de vélocipèdes, telles que Clément, Gladiator, Hurtu, la Française, s'en sont immédiatement emparées. Ces machines sont indispensables pour les fabrications importantes de pièces portant des trous de plusieurs diamètres et qu'il importe de percer dans un gabarit sans démonter la pièce. A cet effet, chacun des forets est commandé séparément avec une vitesse correspondant à son diamètre. Les forets ne varient pas de hauteur ; le plateau portant la pièce est seul mobile verticalement, actionné à la main ou au pied par un levier et une pédale. La course est, en moyenne, de $0^m,12$. Indépendamment de cette course, le plateau peut se mettre à toutes les hauteurs à l'aide d'une console de support coulissant dans le bâti. Les arbres porte-forets sont munis de butées et montés dans des bagues permettant de régler le jeu concentriquement, afin que l'axe ne s'écarte pas de la verticale.

Suivant les constructeurs, les dispositions du mécanisme varient quelque peu ; celles que nous venons de décrire, sont très bien comprises et facilitent la rapidité et la précision du travail, aussi ces machines sont-elles très appréciées.

25. *Tours parallèles.*

Les formes données aux tours sont variables, suivant le résultat cherché et le travail qu'ils doivent accomplir. Nous ne décrirons ici que les types dont il est fait emploi dans la construction des pièces de vélocipèdes, et dont le principal est le tour parallèle. Le modèle le plus simple est entièrement métallique ; le mécanisme étant monté sur un banc en fonte. L'arbre de la poupée est percé dans toute sa longueur et pourvu de collets en acier trempé, la commande est donnée par un cône à trois ou quatre poulies de diamètres décroissants. La vis-mère porte à son extrémité un volant pour le déplacement du chariot à la main. Le mouvement longitudinal de ce chariot peut être débrayé automatiquement en tout point de la course ; le tablier repose sur le banc, d'un côté par un guide angulaire, et de l'autre par une surface plane, son coulisseau reçoit par une base pivotante graduée, le chariot porte-outil. Dans un modèle de Bariquand le dégagement de l'outil s'effectue automatiquement, à l'aide d'un dispositif particulier qui fait reculer brusquement, en tout point de la course, le coulisseau du tablier servant de support à deux chariots perpendiculaires avec barillets divisés. En combinant le déclanchement avec le débrayage automatique du mouvement longitudinal, l'outil s'arrête en dehors de l'encoche ou du filet, après l'exécution d'un filetage de longueur déterminée. L'ouvrier peut ainsi conduire plusieurs tours à la fois. Ce recul constant est, d'autre part, indépendant du réglage de l'outil.

Les tours parallèles peuvent être actionnés, suivant le cas, tantôt par une pédale avec renvoi de transmission par corde à boyau, tantôt au moteur par des cônes à poulies de diamètres décroissants pouvant donner quatre,

Fig. 102. — Tour universel de précision.

cinq et même jusqu'à dix rapports de vitesses différents. La vis-mère est ordinairement pourvue d'un volant de rappel pour déplacer à la main le chariot, la poupée mobile a un réglage transversal, et la poupée fixe, dans certains modèles, porte à l'arrière un changement de marche permettant de commander la vis dans les deux sens et de la débrayer. Le tablier, pourvu d'un empatte-

ment assez large, glisse sur le banc, et le support du
chariot est fixé sur les rainures de ce tablier. Ce support
est composé d'une coulisse transversale servant de base à
une coulisse pivotante graduée, surmontée de deux chariots perpendiculaires ; cette disposition donne la possibi-
lité d'utiliser le tour pour réaliser certains alésages.

Les tours *universels* sont étudiés et construits pour exécuter rapidement des pièces de haute précision, et ils peuvent être employés diversement, pour charioter, fileter,
fraiser, percer, diviser, etc. La commande s'y fait par un
cône avec double engrenage à denture taillée en hélice
avec changement de marche pour faire tourner la vis
dans les deux sens et débrayer. La poupée mobile est montée sur coulisse transversale, le tablier du chariot glisse
sur le banc, d'un côté par un ajustement angulaire, de
l'autre par une surface plane. La vis du coulisseau du
tablier comporte un recul rapide pour dégager l'outil ;
ce coulisseau reçoit, par une base pivotante graduée,
l'ensemble de deux chariots perpendiculaires qui portent
l'outil. Les barillets des vis sont divisés pour permettre
le réglage parfait de l'outil, mais on peut également
adapter sur ce coulisseau différents autres appareils accessoires que nous décrirons dans un instant.

Certains modèles de ces tours présentent encore d'autres dispositions importantes qui permettent de réaliser
les opérations suivantes : 1° obtenir la marche automatique transversale des chariots sans que l'on puisse em-
brayer ce mouvement en même temps que le mouvement longitudinal ; 2° de commander le tour automati-

quement ou à la main par les vis-mères au moyen d'une bascule placée devant la poupée fixe et qui porte une poulie de commande et un débrayage par vis et roue dentée. Ces dispositions sont complétées par l'addition sur l'arbre de la poupée d'une roue commandée par une vis sans fin, de sorte que l'on peut faire automatiquement, avec l'appareil à fraiser, les pas très allongés et la taille des roues à denture héliçoïdale.

Parmi les appareils accessoires se montant sur les tours, citons :

L'appareil universel à fraiser et à percer, qui se monte sur le coulisseau du tablier des tours de précision. Avec la combinaison des chariots, des coulisses pivotantes horizontales et verticales, et les réglages convenablement disposés, l'arbre porte-outil peut prendre, par rapport à l'axe du tour, une direction quelconque pour les opérations de fraisage et de perçage les plus variées. L'arbre porte-fraise doit avoir ses collets trempés et rectifiés ; il reçoit son mouvement d'un cône à trois gorges avec engrenages héliçoïdaux. Cet appareil peut être avantageusement employé pour tailler les roues dentées de toute espèce et préparer des fraises, des tarauds, des forets en hélice, des plateaux diviseurs et toutes sortes de pièces fraisées et percées.

Pour des travaux très simples, les rectifications et affûtages sur le tour, l'appareil précédent peut être remplacé par *l'appareil rotatif simple,* commandé par un renvoi auxiliaire à tambour à grande vitesse, et monté comme un porte-meule à la place de l'outil.

Parmi les accessoires indispensables, et dont l'usage est trop connu pour que nous les décrivions ici, citons les

Fig. 103. — Appareil rotatif simple.

nombreux systèmes de plateaux sur lesquels se montent

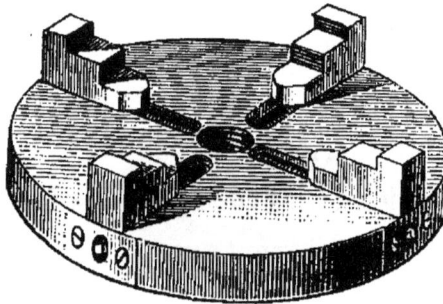

Fig. 104. — Plateau à griffes.

les pièces à travailler : le *plateau à toc*, le *plateau à trous*,

Fig. 105. — Plateau à coussinets.   Fig. 106. — Plateau centrant seul.

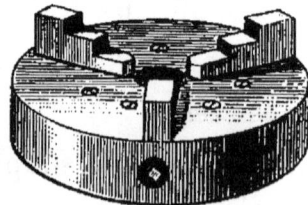

le *plateau universel à griffes*, le *plateau à coussinets*, le *plateau diviseur*, le *plateau centrant seul*, enfin les *mandrins*

de toutes formes et dimensions. Un volume entier serait nécessaire pour décrire en détail tous ces appareils
secondaires dont le principe et le fonctionnement sont
connus de tous les mécaniciens. Nous passerons donc à
une autre catégorie, non moins importante, de tours indispensables aux manufacturiers de pièces décolletées.

26. *Tours-revolvers.*

La partie principale, essentielle, des tours-revolvers
est une *tourelle* porte-outils, semblable à celle représentée

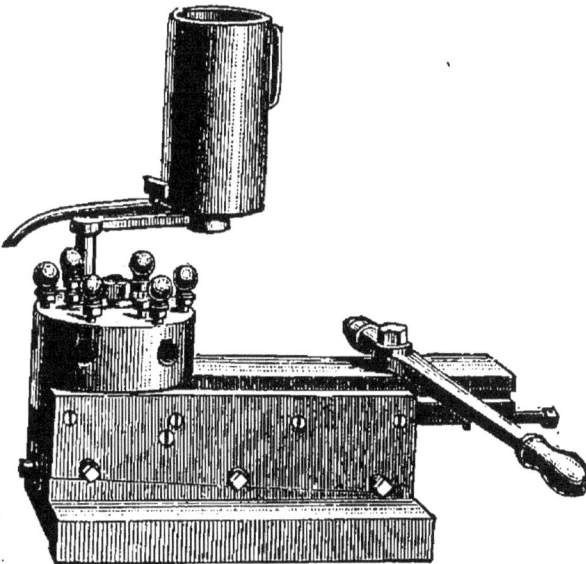

Fig. 107. — Tourelle porte-outils.

sur la figure 107. Cette tourelle, montée sur deux chariots
perpendiculaires, sert ordinairement à l'usinage des pièces
façonnées sur les tours universels, de 160 mm. de hauteur
de pointes. Des butées réglables, convenablement pla-

cées sur les chariots, permettent de faire des formes de différents diamètres avec le même outil. Outre le taquet d'arrêt manœuvré par une manette pour le réparage de chaque outil, la tourelle porte un bloquage par vis qui assure sa stabilité pendant le travail. Enfin, cette tourelle peut être montée sur un chariot, s'adaptant à la place de la contre-pointe; tout l'ensemble est alors monté sur un socle qui se fixe sur le banc du tour et qui, d'autre part, possède des réglages dans tous les sens pour assurer la concordance rigoureuse de l'axe des outils et de l'arbre du tour.

Les tours-revolvers ont pour but d'exécuter rapidement, avec une grande précision et économiquement, les vis, écrous, pièces détachées percées ou taraudées, taillées dans des barres métalliques dont le diamètre peut atteindre jusqu'à $50^{m}/^{m}$. Les barres passent à l'intérieur même de l'arbre du tour et sont supportées sur toute leur longueur, qui peut atteindre 5 mètres, sur des chevalets en fer. La commande est donnée, dans ces tours, par des cônes à trois ou quatre vitesses; par la simple manœuvre d'un levier, d'un volant ou d'un cabestan, sans arrêter le tour, on produit le desserrage, l'avance automatique et le serrage de la barre. La tourelle en acier peut recevoir, suivant le modèle du tour, six, sept, huit ou dix outils travaillant successivement. Le déplacement longitudinal de la coulisse de la tourelle se fait à la main au moyen d'un levier, et le recul produit automatiquement le mouvement du revolver. La coupe des outils est réglée par une butée à l'arrière de la coulisse; un chariot transversal à deux porte-outils est commandé par une vis et il sert surtout à couper les pièces façonnées. Le renvoi de mouvement est à renversement de marche par poulies à friction.

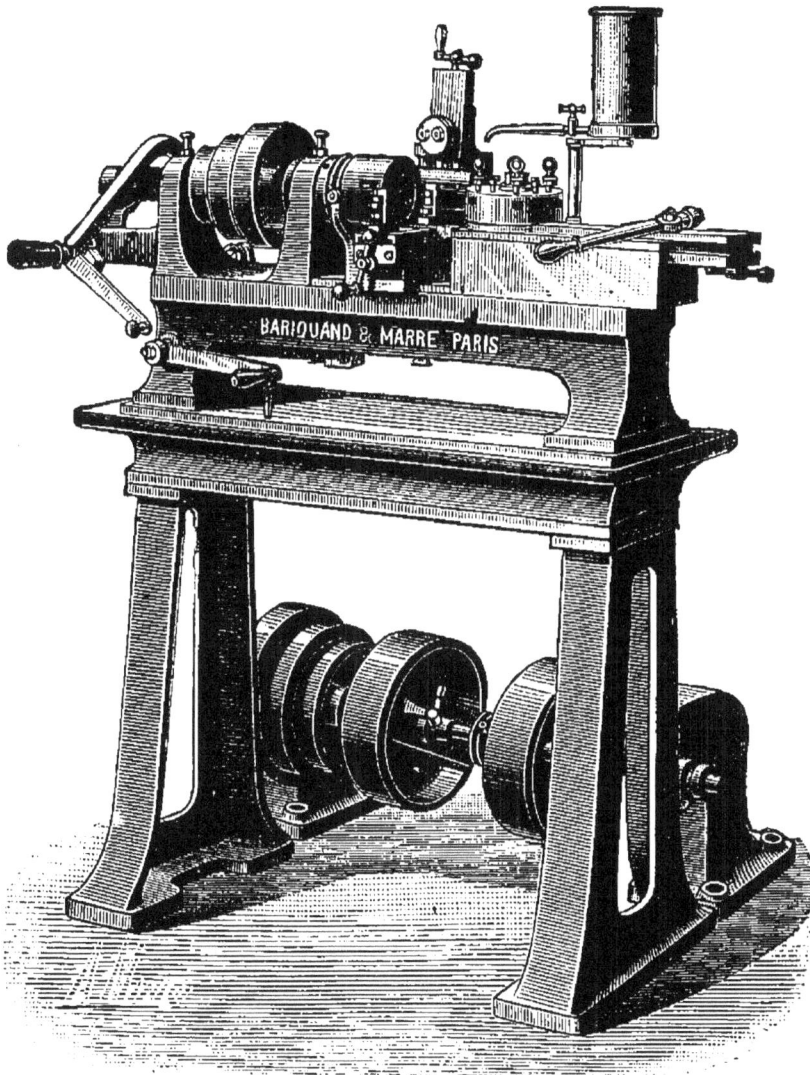

Fig. 108. — Tour-revolver à 9 outils.

Avec le tour à façonner à 9 outils, de Bariquand, on peut fabriquer rapidement et avec une grande perfection

6.

toutes sortes de pièces jusqu'à 50^{m}/^{m} de diamètre prises dans la barre, ou des pièces mécaniques quelconques serrées dans un montage approprié remplaçant le mandrin à coussinets. Le chariot de ce tour marche automatiquement ou à la main et permet de tourner de grands diamètres avec des outils droits ; il est constitué par cinq coulisses, dont deux circulaires. La coulisse supérieure, perpendiculaire au banc, porte la tourelle pivotante, la course de cette coulisse est réglable pour chaque outil de la tourelle, en avant et en arrière, au moyen de butées micrométriques au 1/50e de ^{m}/^{m}, permettant de faire avec le même outil des pièces de diamètre variable. Entre les deux coulisses pivotantes, est disposée une coulisse parallèle dont la vis se débraye pour permettre d'effectuer librement les taraudages, et elle est munie d'un mouvement rapide par pignon et crémaillère. Cette coulisse peut prendre, pour la façon des pièces coniques, une inclinaison quelconque sans rien changer aux positions des autres parties du chariot. Le mouvement automatique de ce chariot est commandé par une molette à main, et le tour comporte en sus un chariot spécial pour couper droit ou de forme les pièces dans la barre.

Parmi les outils accessoires des tours-revolvers, mentionnons encore les porte-filières, porte-tarauds, porte-forets, butées-pointes, manchons pour filetage, etc. dont le nom seul indique le but.

27. *Machines diverses.*

Nous venons de passer en revue les principales machines-outils d'un atelier de construction, mais cette énumération ne serait pas complète si nous omettions les appareils de seconde importance, tels que les machines à mortaiser, les machines à affûter les fraises, les meules, les machines à rectifier les pièces trempées, les machines à dresser les barres, à rétreindre les tubes, etc.

Les *machines à mortaiser*, destinées à creuser les cannelures de clavetage dans les engrenages de petit diamètre, ont un chariot mû à la main ou automatiquement avec une butée réglable ; elles sont montées sur établi ou sur socle en fonte et disposées pour tourner à grande vitesse. Dans les modèles de grandes dimensions à deux chariots perpendiculaires, la disposition de ces chariots est telle que l'on peut centrer autour d'un point quelconque le mouvement de rotation d'une pièce fixée sur le plateau, et faire ainsi, sans démontage, les différentes courbes de la pièce. Pour faciliter cette opération, la vis sans fin qui commande le mouvement circulaire peut se désengrener en rendant ainsi la liberté aux deux chariots.

Quand il s'agit d'affûter une fraise, il est nécessaire que cette pièce reste sur son mandrin, pour que le résultat soit bon. Avec les machines à affûter cette condition est remplie quand la fraise est montée exactement comme sur la fraiseuse, aussi l'affûtage est-il mieux fait que lorsque la fraise et le porte-fraise sont montés en pointe. Les deux dispositions existent d'ailleurs, mais la première seule est convenable et donne de bons résultats.

Les meules d'émeri employées pour le dégrossissage des pièces brutes ou travaillées sont de deux sortes : les unes tournent dans un plan vertical, les autres, connues sous le nom de *lapidaires* tournent horizontalement et ser-

Fig. 109. — Meule lapidaire.

vent surtout à dresser et à polir les surfaces planes. L'arbre qui porte le plateau est à cône avec partie cylindrique reposant sur une crapaudine en acier ; la meule est maintenue sur le plateau par un évidement central et au moyen de trois chiens rappelés par des vis. Les lapidaires doivent avoir une vitesse considérable, 1.500 tours environ à la minute; la transmission peut s'effectuer, suivant le cas, soit par courroie directe avec poulie sur l'arbre, soit par engrenages d'angle, soit enfin par deux poulies de renvoi (fig. 109).

La machine à rétreindre (fig. 110) sert à produire des

Fig. 110. — Machine à rétreindre les tubes de cycles.

tubes coniques d'une façon rapide et précise. Le tube cylindrique est introduit par opérations successives sur une butée entre quatre des galets de la machine en marche. Par leur rotation, ces galets arrivent à serrer et à comprimer le tube dans tous les sens, de telle sorte que la matière est refoulée dans le sens de l'axe. A chaque passe, on engage

plus profondément le tube entre les galets jusqu'à ce qu'il
soit conique à la longueur voulue.

28. *Outillage pour braser.*

L'opération du brasage exige, pour être convenablement
faite, une forge maréchale, mais les forges portatives, dont

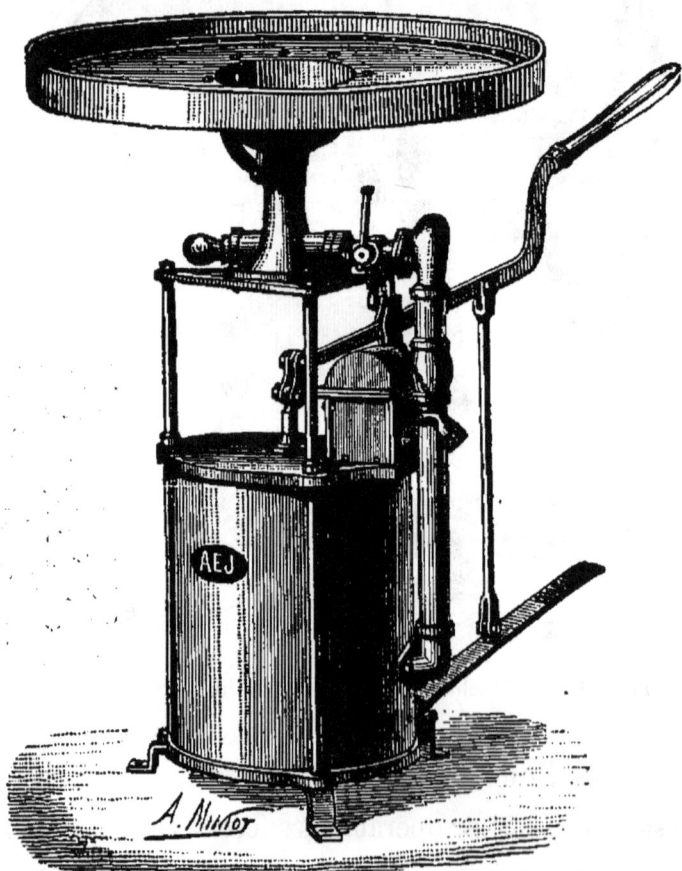

Fig. 111. — Forge portative pour braser, d'Enfer jeune.

il existe de nombreux systèmes conviennent également
bien. La forge fixe nécessite un plus grand emplacement et

son prix est élevé ; la forge portative s'installe partout et permet d'obtenir des températures tout aussi hautes, aussi ce dispositif est très apprécié et très répandu en raison de son peu d'encombrement et de la facilité de la manœuvre, qui ne réclame que l'usage de la main gauche pour le soufflet.

Cependant, les forges ont des inconvénients ; il faut les alimenter de charbon, même pendant les arrêts du travail, et elles produisent de la fumée, de la poussière et de la cendre. Si le charbon employé n'est pas de bonne qualité, il encrasse le métal des pièces chauffées, aussi a-t-on songé à les remplacer par des appareils à braser utilisant la gazoline ou essence de pétrole.

Ces appareils ne sont en réalité que des carburateurs à air comprimé. La gazoline emmagasinée dans un réservoir en acier est traversée par un puissant jet d'air comprimé par une pompe à main. Cet air chargé de vapeurs combustibles est brûlé à sa sortie dans des becs se faisant face. La pièce à chauffer est plongée dans les flammes ainsi dardées et ne tarde pas à être portée au rouge blanc.

Il est nécessaire, pour fondre la soudure, que la flamme soit dirigée successivement sur différents points. Ce résultat est obtenu à l'aide d'un chalumeau à gaz oxygène. Le gaz combustible est amené par un tuyau de caoutchouc de la canalisation urbaine, et l'oxygène remplacé le plus souvent par de l'air ordinaire comprimé dans un réservoir ou pris, à une canalisation, de même que le gaz d'éclairage. La longueur du dard se règle par la manœuvre des robinets d'arrivée ; l'ouvrier tient l'appareil de la main droite et dirige la flamme sur le point précis qu'il veut chauffer. Le chalumeau est le complément indispensable de la forge à braser.

Quand le métal ne peut fondre sous l'action seule de l'air, on est obligé d'employer le gaz oxygène pur, produit par la décomposition, sous l'action de la chaleur, d'un mélange

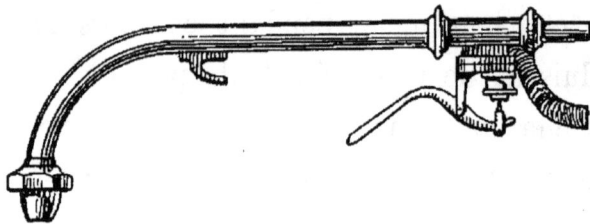

Fig. 112. — Chalumeau à gaz.

de chlorate de potasse et de bioxyde de manganèse. Pour souder directement l'aluminium à lui-même sans interposition d'un fondant ou d'une soudure, Clément avait

Fig. 112 *bis*. — Chalumeau d'Enfer jeune.

adopté en 1892 les procédés de Thomson-Houston basés sur l'emploi de l'électricité.

Le courant électrique produit par une puissante dynamo à courants alternatifs, actionnée par le moteur de l'usine, acquérait une intensité considérable par son passage dans un transformateur. La pièce à souder était serrée dans les mordaches d'un étau formant le pôle négatif. Le fer à souder infusible étant appliqué sur les parties à réunir, le circuit se trouvait fermé, et la résistance du joint au passage du courant amenait, vu l'intensité de celui-ci, un échauffement instantané et une élévation de température telle que les parties en contact ne tardaient pas à entrer en fusion et à se souder l'une à l'autre directement. La soudure électrique autogène exécutée d'abord sur l'aluminium, a été essayée ensuite mais sans succès, sur l'acier ; elle est peu pratiquée encore malgré ses avantages, en raison du matériel coûteux et compliqué qu'elle exige.

29. *Machine à limer et à ébarber les métaux*, de Mathewson.

Cette machine employée par la maison Leadbeater et Scott de Sheffield mérite d'attirer l'attention des constructeurs de vélocipèdes ayant de nombreuses brasures à exécuter, car elle présente d'incontestables avantages pour ce genre d'opérations. On pourrait dire que tous les ateliers en devraient être munis, car elle travaille rapidement et permet de réaliser une importante économie sur les procédés habituels. Les services rendus par ces machines sont les suivants : Elles préparent toutes les surfaces métalliques au tournage, au fraisage, au bronzage et à l'étamage, et nettoient à fond les tubes brasés ou émaillés et les jantes de vélocipèdes, en enlevant toutes les matières qui doivent disparaître après le passage à la meule ou à la lime. C'est-à dire que le travail de finissage et de polissage est réduit de plus des quatre cinquièmes en quelques secondes.

Le procédé est basé sur l'emploi d'un jet de vapeur mélangé de grès pilé, ayant une pression de 5 kilogs par centimètre carré. Le jet de vapeur a paru plus économique que l'air comprimé, vu la puissance à obtenir et la vitesse à communiquer au jet de sable, mais le grand inconvénient de ce dispositif réside dans la difficulté de manipuler une pièce au sein d'un nuage de vapeur. De plus, au contact de cette vapeur, le sable devient humide et adhérent ce qui oblige à sécher soigneusement les pièces avant de les achever.

Dans l'appareil de Mathewson, ces défauts ont été évités, et toutes les objections qu'on eût pu élever contre ce dispositif ont disparu, par suite des perfectionnements apportés à ce principe dont les avantages seuls demeurent constants. C'est-à-dire que la vitesse du jet de sable, quoique obtenue encore par la pression de la vapeur, est conservée, mais avant que le mélange de vapeur et de grès pulvérisé ait touché l'objet à dégrossir ou à limer, un courant d'air contraire emporte la vapeur en laissant passer seulement le sable qui, seul et bien sec, arrive à l'objet à travailler. Le séchage est donc évité, et ce procédé est bien supérieur à celui par l'air comprimé seul : la même dépense de force produit un travail bien meilleur comme fini, et plus rapidement exécuté. Le sable n'est plus éparpillé dans l'air de la pièce et respiré par les ouvriers, ce qui est très pernicieux pour leur santé ; au contraire, la plus grande proportion de la poussière produite par l'émiettement du sable est emportée dans le courant d'épuisement de vapeur.

Pour donner une idée de la puissance de ce jet de sable, nous dirons que l'on peut percer une forte plaque de tôle en moins de quelques minutes. On conçoit que l'ébarbage des brasures d'un cadre par ce procédé, est opéré ainsi en moins d'un instant.

30. *Emploi de l'air comprimé.*

Une canalisation d'air comprimé peut rendre les plus grands services dans une usine de fabrication et de montage de vélocipèdes. Nous n'en donnerons comme preuve que l'installation qui a été faite à la Société *la Française*.

L'air comprimé à une pression de 6 kilogs dans un réservoir, circule dans une canalisation et il dessert en premier lieu l'atelier de brasage où il actionne les chalumeaux, puis il arrive dans une pièce où est installée une *sablière* à décaper. Les pièces arrivant de la forge, au lieu d'être plongées dans un bain d'eau acidulée pour le décrassage, sont soumises à l'action d'un jet de sable qui détache toutes les concrétions pierreuses entourant les soudures. Le nettoyage est opéré à sec en quelques minutes à peine.

La canalisation d'air comprimé peut encore être utilisée pour le gonflement des pneumatiques, mais il est bon d'intercaler sur le robinet de prise un détendeur, avec un manomètre, car il ne faut pas pousser à plus de 3 kilogs la pression de l'air dans les bandages.

Nous arrêterons ici la description du matériel perfectionné des grands ateliers modernes de construction de cycles ; nous en avons dit assez pour qu'on puisse se ren-

dre compte de la variété de machines-outils et de l'importance du matériel nécessaire pour obtenir une production
intensive économique et permettant de lutter avantageusement sur le marché avec les objets similaires provenant
des manufactures étrangères. Nos usines sont d'ailleurs bien
outillées, et elles peuvent soutenir avantageusement le
choc de la concurrence anglaise et américaine.

CHAPITRE V

Le polissage, le nickelage et l'émaillage.

Notre travail n'eût pas été complet si, à la suite du chapitre traitant de l'outillage mécanique des ateliers de construction, nous avions omis de consacrer quelques pages à l'examen des procédés employés dans une industrie accessoire dont le but est de donner aux machines leur aspect coquet et élégant, qui les transforme en véritables bijoux. Le nickelage, de même que l'émaillage, est d'ailleurs souvent pratiqué dans l'usine même de construction ; les bains électrochimiques sont peu éloignés de l'étuve d'émaillage, et l'atelier de polissage les alimente de pièces prêtes à être recouvertes de métal ou d'émail. Il est donc utile d'indiquer ici l'outillage nécessaire pour la pratique de ces opérations, et de rappeler les diverses manipulations qu'elles nécessitent.

31. *Matériel d'un petit atelier de nickelage.*

Quand on ne doit opérer que sur un petit nombre de pièces d'une surface totale relativement minime, et que l'on ne peut emprunter le courant électrique à aucune canalisation de distribution, il faut faire usage, comme source d'électricité, des piles primaires, en choisissant des modèles pouvant développer un courant aussi intense et aussi constant que possible.

Or, ce choix est assez difficile, car on peut dire qu'il n'y a pas de piles absolument constantes, à part les modèles au sulfate de cuivre, dont le courant est alors très faible et nécessite un grand nombre d'éléments groupés ensemble. Les piles à acide azotique genre Bunsen sont très énergiques, en même temps que très économiques, mais elles dégagent des vapeurs nitreuses désagréables ; enfin les piles au bichromate, particulièrement les modèles à vase poreux, sont assez constantes ; seulement le courant coûte cher à obtenir. Enfin les piles au sel ammoniac (type Leclanché), sont inapplicables, en raison de leur faible capacité électrique qui amène une polarisation rapide.

La pile à oxyde de cuivre de Lalande et Chaperon présente de grands avantages pour les dépôts électrochimiques et est particulièrement recommandable pour cette application, en raison de la constance de son débit, et du peu de manipulations qu'elle exige. Aussi peut-on la mettre au premier rang de ce genre de générateurs électriques.

Le modèle le plus simple de pile au sulfate de cuivre se compose d'un vase de verre contenant une lame de zinc amalgamé, roulée en cylindre, et un vase poreux, lequel renferme une dissolution concentrée de sulfate de cuivre. Ce vase poreux et le zinc sont plongés dans de l'eau acidulée ; le pôle positif est formé par une lame de cuivre plongeant dans la solution de sulfate du vase poreux ; le zinc est le pôle négatif.

Cette pile présente de graves inconvénients : elle use les produits qu'elle renferme, aussi bien au repos qu'en travaillant; une portion du cuivre réduit se dépose à l'état de boue, c'est là encore une perte sèche; enfin, la formation de sels grimpants peut amener des communications insolites de même que les dépôts de cuivre sur les parois du vase poreux. La pile de Daniell entre en action dès que les deux électrodes ou conducteurs, l'un fixé au zinc, l'autre qui n'est que le prolongement de la lame de cuivre, se rattachent l'un à l'autre, soit directement, soit par l'intermédiaire de fils conducteurs. Mais à partir du moment où le courant se dégage, la solution de sulfate de zinc contenue dans le vase poreux s'appauvrit, le sel se décompose en cuivre métallique et acide sulfurique, qui passe à travers le vase poreux pour aller attaquer le sel. Pour éviter l'affaiblissement rapide de la solution, et, par suite de courant, on dispose dans le bain un récipient quelconque, en matières inattaquables aux acides et contenant une provision de cristaux de sulfate pour remplacer la quantité de sel disparue.

Une disposition assez répandue de la pile Daniell, en raison de sa simplicité et de la grande quantité de sulfate qu'elle permet d'emmagasiner, est celle de M. Vérité. Dans ce système, un ballon de verre, à col très court et à demi fermé par un bouchon, contient une provision de cristaux; il est renversé le col en bas sur l'ouverture du vase poreux dont il maintient la concentration, au fur et à mesure que la solution de ce vase s'appauvrit par le fonctionnement, d'autant plus que la durée d'activité de la pile est plus prolongée.

La pile de Bunsen se compose de vases concentriques :
un vase extérieur en poterie vernissée et un vase intérieur
en terre poreuse. Le vase extérieur renferme le zinc circulaire et un mélange d'eau et d'acide sulfurique ainsi formé :

Eau.................................... 90 parties.
Acide sulfurique....................... 10   —

mélange préparé avec les précautions indiquées plus haut.

Dans le vase poreux, un charbon de cornue, constituant
le pôle positif de la pile, plonge dans l'acide nitrique mar-
quant à l'aréomètre de Baumé 36 à 40°.

A l'acide nitrique du vase poreux on peut substituer le
mélange suivant :

Acide sulfurique......................... 5 parties
Acide nitrique........................... 2   —

Alors qu'une pile Daniell donne une force électromotrice
de un volt environ, une pile Bunsen permet d'obtenir tout
près de deux volts [1].

Mais, comme la précédente, cette pile n'est pas exempte
d'inconvénients, dont quelques-uns sont beaucoup plus désagréables. L'acide nitrique, qui est le dépolarisant, se
trouve réduit et, en fin de réactions, il se dégage du vase
poreux des vapeurs rouges d'acide hypoazotique d'une odeur
pénétrante, provoquant la toux. Aussi est-on obligé de
placer les piles Bunsen en dehors de l'atelier où l'on opère
les dépôts galvanoplastiques.

1. Pour l'explication des termes techniques employés en électricité,
voy. notre ouvrage l'*Ingénieur-Électricien*, 1 vol. de la Bibliothèque
des Professions (10ᵉ édition). J. Hetzel et Cⁱᵉ, 18, rue Jacob.

L'acide nitrique, dès l'instant où il marque au-dessous de 30° à l'aréomètre de Baumé, est trop faible pour agir, il faut le jeter ; c'est une perte sèche très importante quand on n'a pas l'emploi de cet acide, dont la valeur commerciale est encore assez grande. En revendant à moitié prix l'acide azotique qui coûte 60 centimes le kilogramme à 40 degrés,

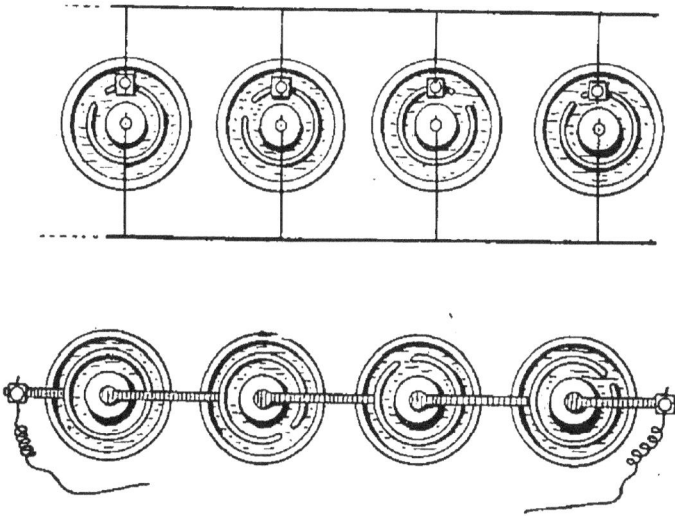

Fig. 113. — Groupage d'une batterie de piles *en quantité* ou *surface*.
Fig. 114. — Groupage des éléments *en tension*.

la pile Bunsen (disposition renversée) devient le plus économique de tous les générateurs chimiques d'électricité.

Une pile Bunsen peut fonctionner pendant cinq ou six jours sans être démontée, à la condition de verser, toutes les vingt heures environ, deux cuillerées à café de sel à amalgamer dans l'eau acidulée où baigne le zinc, et deux cuillerées à soupe d'acide sulfurique, en agitant avec une baguette de verre. On remplace, en même temps, dans ie vase poreux, l'acide nitrique qui a disparu, et, la dernière

7.

fois, on verse un vingtième d'acide sulfurique. Après le
cinquième jour de marche, il faut démonter les éléments,
jeter les acides épuisés, nettoyer les récipients, réamalgamer
les zincs, puis charger à nouveau.

Quand on veut procéder rapidement, il faut prendre de
préférence des piles Bunsen ; en quatre ou cinq heures le
dépôt métallique a acquis une épaisseur et une solidité suf-
fisantes, et ces piles doivent être recommandées quand on
opère des dépôts épais. Le seul inconvénient est que si l'intensité est trop grande pour les surfaces à électrolyser, le
dépôt métallique devient défectueux et présente un aspect
granuleux et pulvérulent. Il faut modérer alors cette rapidité de dépôt, ce que l'on obtient, soit en diminuant le nombre d'éléments composant la batterie, soit en faisant usage,
de préférence aux Bunsen, des piles à sulfate de cuivre
dont le débit est plus lent et permet des dépôts plus délicats.

On peut encore faire usage des divers systèmes de piles
au bichromate à un ou deux liquides, à circulation, etc.,
pour la production du courant nécessaire à l'électrolyse.
L'amateur et le praticien n'ont que l'embarras du choix
entre d'innombrables modèles, mais nous pouvons leur
conseiller de préférence les piles à deux liquides de Radiguet ; ces piles donnant un courant à la fois énergique,
constant, et relativement bon marché, car elles peuvent
fonctionner avec des déchets de zinc, dont le prix est assez
réduit.

Quand on ne doit opérer que sur de petites quantités, la
cuve électrolytique peut être en verre ou en grès, bien que
ces matières présentent l'inconvénient d'une grande fra-

gilité, mais leur usage devient impossible dès qu'on doit travailler avec des bains assez puissants. On prend donc des cuves en bois, doublées intérieurement d'un revêtement en gutta-percha inattaquable aux acides, et appliqué à chaud ; cette matière est excellente et les récipients ainsi

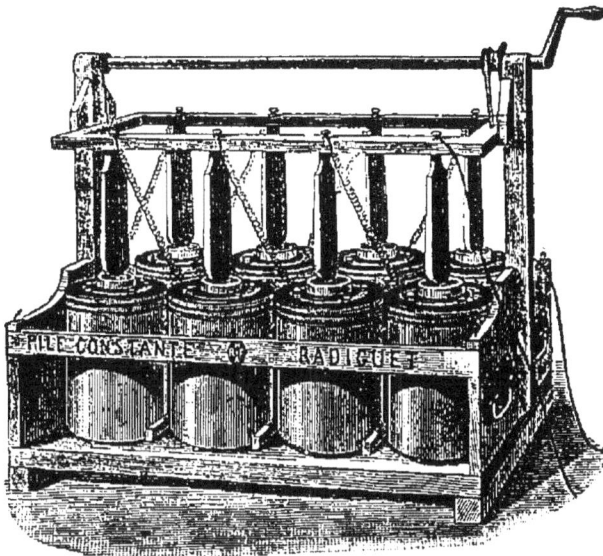

Fig. 115. — Batterie au bichromate de Radiguet.

garnis n'ont contre eux que leur cherté, car ils peuvent rendre les services les plus prolongés sans détérioration.

Il est possible, cependant, de construire soi-même des cuves pour le nickelage en garnissant les parois intérieures d'une caisse de sapin soigneusement ajustée pour avoir une étanchéité absolue, de la composition suivante.

Cire jaune............	une partie en poids.
Résine...............	cinq —
Ocre rouge...........	une —
Plâtre très fin........	un quart — (250 gr. par kil.)

Les trois premières substances sont fondues ensemble à feu doux, dans un vase de terre ou de métal, puis la fusion étant achevée, on saupoudre de plâtre en tournant pour éviter les grumeaux.

Le mélange, bien homogène et encore liquide, est versé dans les coins et les rainures de la cuve, que l'on incline à droite ou à gauche afin de faire couler le jet de cire, et quand ces parties sont recouvertes, on achève de couler la cire toujours chaude et fluide sur les parois internes, de telle sorte que l'on obtient bientôt une cuve de bois revêtue intérieurement d'une couche de cire plus épaisse dans le fond et aux angles.

Cette épaisseur de la couche de cire doit nécessairement varier suivant les dimensions données à la cuve. Pour un appareil mesurant par exemple, trente centimètres de hauteur sur quarante de longueur et autant de largeur, cette couche sera suffisante si son épaisseur est de trois millimètres sur les parties planes latérales, de cinq pour le fond et de dix aux angles horizontaux et verticaux.

Pour les cuves circulaires, on peut se servir d'un simple baquet ou d'un seau revêtu intérieurement de cire comme les cuves rectangulaires.

Les anodes et les pièces à recouvrir de métal sont immergées dans le bain chimique contenu dans la cuve, et elles sont accrochées, par des fils métalliques à des tringles ou des barres de laiton reposant sur les bords de la cuve. L'anode est suspendue à la tringle reliée au pôle positif du générateur d'électricité ; les objets à recouvrir sont en rapport avec la barre réunie au pôle négatif. Les fils conducteurs sont attachés aux tringles du bain soit avec des bornes serre-fils, soit par des soudures.

32. *Machines électriques pour ateliers importants.*

Les piles ne sont applicables que tant qu'il s'agit de petits travaux. Dès que ces opérations forment un détail d'une fabrication industrielle quelconque, les générateurs chimiques deviennent d'un usage coûteux, car ils exigent des manipulations dangereuses souvent renouvelées, et le courant produit revient à un prix excessif. Il est donc beaucoup plus pratique et plus économique à la fois de faire usage de générateurs mécaniques, de dynamos disposées spécialement pour l'électrochimie, et tous les établissements industriels faisant la galvanoplastie et l'électro-métallurgie ne se servent plus que de dynamos pour développer les courants de grande intensité indispensables à ce genre d'opérations.

Avec les dynamos, il n'est plus besoin de consommer ni zinc ni acide sulfurique ; il n'y a plus d'entretien spécial exigeant un personnel exercé et soigneux, il suffit d'avoir une transmission de force motrice quelconque : moteur à gaz, à pétrole ou à vapeur ; on met la courroie sur la poulie de la dynamo et aussitôt on obtient le courant voulu. Nous connaissons même un galvanoplaste qui fait usage d'un transformateur tournant. Le courant primaire à 110 volts que lui fournit le secteur électrique d'éclairage sur lequel il est abonné, est utilisé à faire tourner un petit moteur à courant continu qui commande par courroie une dynamo à grande intensité dont le courant est envoyé aux bains électrolytiques sous une tension de 4 à 6 volts.

Les dynamos pour galvanoplastie diffèrent de celles destinées à l'éclairage en ce qu'elles présentent une très faible résistance intérieure, le conducteur enroulé sur les électros

Fig. 113. — Dynamo Gramme type à galvanoplastie.

étant formé d'une lame unique, en cuivre, dont la largeur occupe toute la hauteur de l'électro et fait plusieurs tours sur le noyau. L'induit, ordinairement un anneau Gramme, a reçu également quelques modifications : sur deux rondelles de cuivre pourvues de plusieurs entailles et clavetées à l'arbre de couche, est placée une série de barres de cuivre isolées entre elles et formant un cylindre complet dont les

LE NICKELAGE ET L'ÉMAILLAGE. 123

deux bouts servent de collecteurs. Le fil de fer qui forme le noyau est enroulé sur ce cylindre : il est lui-même recouvert par une seconde série de barres de cuivre. Les barres intérieures et extérieures sont reliées entre elles par des traverses rayonnantes, de façon à constituer un conducteur sans fin.

La maison Gramme a établi plusieurs types de ce genre de machines. Le numéro 1, en usage dans les usines de dorure et argenture galvaniques, dépose, à l'heure, de 600 à 700 grammes d'argent avec une dépense de force motrice de 1 cheval-vapeur au plus. Utilisé pour l'affinage du cuivre, il précipite 250 kilogrammes de ce métal par jour avec une dépense de 5 chevaux. Les constantes de cette machine sont :

Ampères.	Volts.	Vitesse.
300	4	500 tours-minute.
—	7	750 —
—	10	1000 —

La machine à galvanoplastie n° 2, qui débite 65 ampères à 800 tours, sous 6 volts de tension, peut déposer par heure de 150 à 200 grammes d'argent, ou 50 à 80 grammes de nickel avec une dépense de force variant entre 25 kilogrammètres et 1 cheval. Enfin la machine n° 4, spéciale pour l'affinage du cuivre, peut produire une tonne de métal électrolytique par jour. A la vitesse de 500 tours, on obtient, suivant les besoins, 4 volts et 3.500 ampères ou 8 volts et 1.750 ampères. Le prix de cette machine est de 12.000 francs.

Plusieurs constructeurs : MM. Lemaître, Launois, Lépine, Gérard et Radiguet, entre autres, se sont fait une spécialité des petits modèles de dynamos pour électro-chimie. Le petit tableau ci-dessous résume les conditions d'établissement de ces machines :

NUMÉRO de la machine.	POIDS en kilogrammes.	DIMENSIONS.			VITESSE en tours par minute.	FORCE absorbée en kilogrammes.	INTENSITÉ du courant.	FORCE électromotrice.	PRIX.
		long.	larg.	haut.					
3 bis	35	20	22	34	1800	35	35	5	180 fr.
4	40	35	22	38	1900	50	50	5	210
5	50	37	26	42	1800	75	80	5	310
6	75	43	27	50	1700	85	100	5	370
7	125	30	30	63	—	2 chev.	150	5	480
15	275	48	48	58	1200	id.	190	5	750
16	280	48	48	58	1100	id.	240	5	900
17	350	56	58	70	—	2 ch. 1/2	285	5	1000
18	400	66	50	58	2000	2 ch. 3/4	300	5	1080

Pour les opérations électrolytiques, on emploie de préférence des machines enroulées en dérivation, car il se produit dans les bains, de même que dans le chargement des accumulateurs, une force contre-électromotrice, qui peut, dans des circonstances données, devenir supérieure à celle de la machine, dont les pôles se trouvent, par suite, renversés. Ce phénomène, fréquent avec les machines excitées en série ne se produit pas avec les dynamos enroulées en dérivation.

Toutes les machines employées en galvanoplastie fournissent des courants très intenses, mais avec des forces électromotrices très faibles ; aussi les enroulements et les conducteurs sont-ils faits avec des fils très gros. C'est pourquoi les machines doivent être placées le plus près possible des bains.

Pour mettre les bains en action, c'est-à-dire les intercaler dans le circuit de la machine, on attend que la machine, mise en marche préalablement, ait atteint sa vitesse normale. On arrête également pendant que la dynamo est en marche normale.

33. Accumulateurs.

Les accumulateurs peuvent encore être employés à la

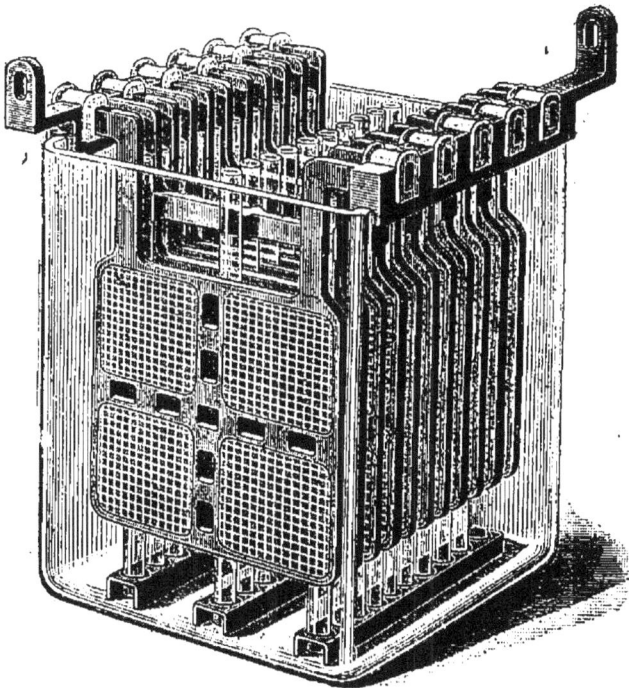

Fig. 117. — Accumulateur système Faure-Sellon-Volkmar.

production de l'électrolyse ; mais nous ne les mentionnerons que pour mémoire, car leur emploi exige tout d'abord

la présence d'une source primaire de courant : batterie de
piles ou dynamo, et alors il est souvent préférable d'appliquer directement le courant venant de cette source à l'ob-
tention du dépôt métallique.

Ce n'est donc que dans quelques cas spéciaux que l'on

Fig. 118. — Coupe-circuit à plomb fusible pour le nickelage.

fait usage des accumulateurs, dont le débit est très régulier
et permet de conduire le travail d'une façon absolument
parfaite, avec la plus grande commodité. Tous les systèmes
d'accumulateurs peuvent être employés dans ce but; mais
il est bon d'avoir un groupeur particulier pour donner au
courant de charge et au courant de décharge les constantes les plus convenables, l'intensité et la tension nécessaires pour assurer la qualité et l'adhérence du dépôt.

Quand on se sert de machines dynamos enroulées en tension, il faut veiller avec soin à ce que la force électromotrice ne s'abaisse pas au-dessous de la limite exigée pour le fonctionnement normal des bains. Il est donc prudent d'intercaler un *coupe-circuit* formé d'un plomb fusible, qui interrompt automatiquement le circuit dès que la force électromotrice de la machine s'abaisse au-dessous de cette limite (fig. 118).

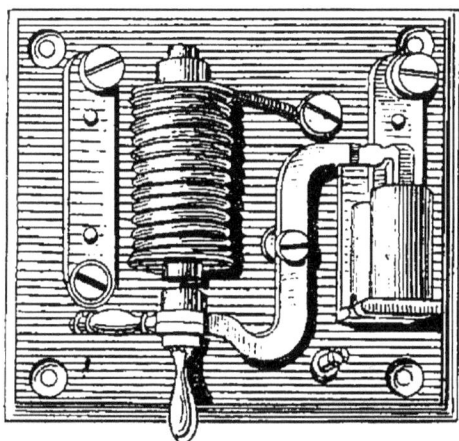

Fig. 119. — Coupe-circuit automatique à électro.

Ces coupe-circuits sont alors identiques à ceux dont on se sert pour les réseaux d'éclairage électrique, mais ils exigent le remplacement de la bande de plomb fusible, aussi préfère-t-on employer des disjoncteurs automatiques qui fonctionnent dès que l'intensité descend au-dessous de la normale. A l'état ordinaire, une dérivation du courant principal passe dans un électro dont la palette est attirée et ferme le circuit ; c'est le ressort antagoniste de cette palette qui rompt le circuit lorsque l'électro n'a plus la force de maintenir l'armature (fig. 119).

Il est bon de disposer la dynamo aussi près que possible des cuves, afin de restreindre au minimum la perte due aux conducteurs. La quantité d'électricité à dépenser pour opérer un dépôt électrolytique étant en raison directe de la surface à recouvrir, le générateur électrique doit pouvoir développer un courant d'une intensité en rapport avec le nombre et la grandeur des objets à nickeler. L'expé-

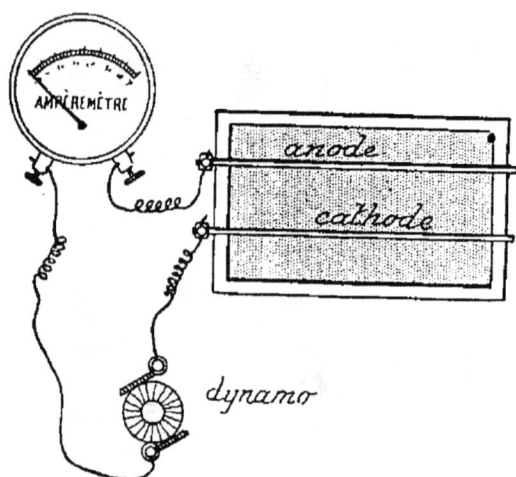

Fig. 120. — Montage de l'ampèremètre.

rience apprend bien à reconnaître quelle est, pour un bain déterminé, la tension nécessaire à sa décomposition, mais pour savoir à tout instant quelles sont les variations de la force électromotrice et de l'intensité, il est utile de brancher des appareils de mesure sur les fils amenant le courant. Le voltmètre se monte en dérivation aux bornes des bains, et l'ampèremètre est placé dans le circuit même, comme l'indique la figure 120. En général, on se borne à prendre des indicateurs très simples comme construction, et l'on sait par expérience, à quel degré l'aiguille de l'ampère-mètre doit se placer pour que le dépôt métallique soit de bonne qualité.

On dispose quelquefois aux bains des régulateurs de courant formés de résistances en ferro-nickel, constituant

Fig. 121. — Rhéostat à curseur.

de véritables rhéostats (fig. 121). Cette précaution est nécessaire quand on a plusieurs bains montés en série et contenant des objets de dimensions inégales, ou lorsqu'on dispose en quantité des bains qui n'ont pas la même composition. Ils servent enfin à graduer le courant suivant le dépôt que l'on veut obtenir.

34. *Conducteurs.*

Les conducteurs amenant le courant de la **dynamo** aux appareils électriques sont ordinairement composés de barres de cuivre ou de tresses de fils de cuivre nu de grande

section, les dépôts électriques exigeant des courants de
basse tension, mais de forte intensité. Ces conducteurs
coûtent donc assez cher ; mais, dans la plupart des cas,
c'est un inconvénient de faible importance, car la distance
séparant la machine des bains est très restreinte et ne dépasse pas quelques mètres. On n'a donc aucun intérêt à
lésiner sur le prix de ces câbles, car la dépense première
est bien vite couverte par l'économie de courant réalisée
en diminuant autant que possible la résistance de ces conducteurs.

35. *Les anodes.*

Les anodes jouent un rôle très important variant avec
leur nature. Les anodes solubles, composées avec le métal
du bain, présentent non seulement le grand avantage
d'entretenir constante la richesse du bain, mais aussi de
n'exiger de la source d'électricité que le travail nécessaire
pour vaincre la résistance du bain, le travail de décomposition étant compensé par la combinaison de l'anode soluble
avec l'acide libéré.

La disposition des anodes dans le bain influe beaucoup
sur la nature des dépôts. Le bain étant toujours plus dense
à la partie inférieure, la partie basse de la cathode ainsi
que les angles, se recouvrent d'une couche métallique plus
épaisse. Pour éviter cette inégalité de dépôt, on retourne
la cathode de temps à autre et on assure la circulation et
le brassage du liquide en établissant un siphon d'écoulement et une arrivée constante du liquide renfermé dans
un récipient placé au-dessous du bain.

Lorsque l'objet sur lequel on veut effectuer le dépôt présente des creux et des saillies prononcées, il est nécessaire, si l'on veut obtenir un dépôt régulier, d'augmenter considérablement la distance séparant les électrodes, de manière à diminuer l'influence que les distances relatives exercent sur la résistance du bain. Selon la nature de ces bains, d'ailleurs, les surfaces relatives des anodes et des cathodes varient.

36. *Groupement des bains.*

Quelle que soit l'opération que l'on veut exécuter, nic-

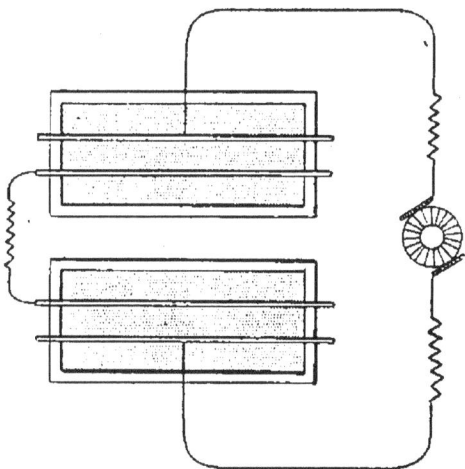

Fig. 122. — Bains en série.

kelage, dorure, galvanoplastie, etc., lorsqu'il faut conduire plusieurs bains à la fois, il faut les accoupler de façon à ce qu'ils soient traversés tous par la quantité d'électricité voulue, sous la tension la plus convenable. Le groupement des bains, de même que les piles, les accumulateurs et autres appareils électriques, peut s'effectuer de trois manières différentes, que nous allons successivement examiner :

Les bains sont montés *en série* (ou en tension) ; lorsqu'on réunit la cathode de l'un d'eux à l'anode du suivant, et ainsi de suite, de manière que les fils venant de la dynamo sont attachés, l'un à l'anode du premier bain, l'autre à la cathode du dernier (fig. 122). Pour que ce montage donne de bons résultats, il faut nécessairement que les bains soient composés de la même façon et que les surfaces à recouvrir soient identiques, sinon on y suppléerait par des rhéostats de résistance appropriés et placés en dérivation aux bornes des bains. L'intensité du courant, dans ce montage, est la même dans tous les bains ; la tension, aux bornes de la dynamo, est égale à la somme des tensions nécessaires pour vaincre la résistance de tous les bains augmentée de la perte de charge due aux conducteurs. Lorsque la surface des objets plongeant dans un bain est inférieure à celle des objets plongeant dans un autre bain, il faut faire passer dans le rhéostat régulateur une partie du courant traversant la cuve la moins remplie.

Le montage *en dérivation* est le plus commode et le plus usité. Dans ce système, les fils partant des bornes de la dynamo sont tendus côte à côte et, sur leur trajet, on opère des saignées en nombre égal à celui des bains. Toutes les anodes se trouvent donc branchées sur le fil négatif et toutes les cathodes sur le fil positif. Cette disposition est la plus généralement adoptée parce que l'intensité, dans chaque bain, varie avec la surface des objets qui y sont immergés et chacun d'eux est indépendant des autres. Au lieu que la dynamo donne autant de fois 2 ou 3 volts qu'il y a de bains, comme dans le montage en tension, la force électromotrice demeure constante, quel que soit le nombre de bains en fonctionnement : l'intensité dans chaque bain baissera seulement suivant qu'on en ajoutera des nouveaux ; mais comme le courant est mieux réparti, ce dispositif

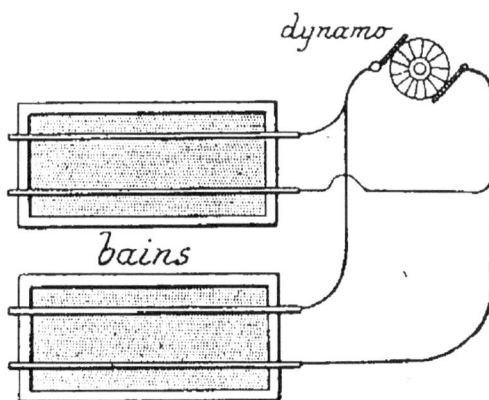

Fig. 123. — Bains en dérivation.

est, en définitive, le plus avantageux. Lorsque la résistance de chaque bain n'est pas exactement la même, on intercale des résistances auxiliaires sur le bain le moins chargé, comme dans le montage en série.

Il existe enfin une troisième manière d'accoupler les bains électro-chimiques, qui tient à la fois de l'une et l'autre des précédentes. Dans cette méthode mixte, on combine les deux montages qui viennent d'être décrits : on relie les bains en série l'un avec l'autre, puis chaque série en quantité ou en dérivation, ou inversement les bains en quantité et chaque groupe en tension suivant le résultat

8

qu'on veut obtenir. Dans ce dernier dispositif, la force
électromotrice que doit développer la dynamo, s'obtient en
multipliant la force électromotrice nécessaire à chaque

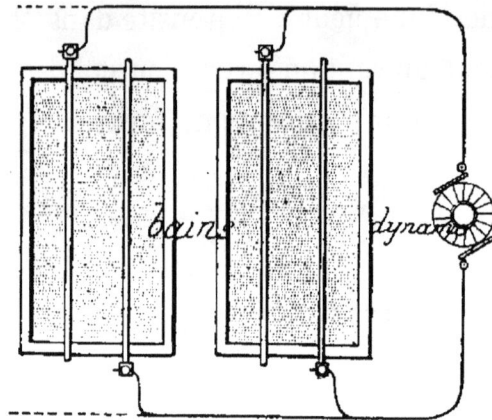

Fig. 124. — Montage des bains en tension et en quantité.

bain par le nombre de bains montés en série ; l'intensité
totale est égale à la somme des intensités traversant chacune des séries. Cette intensité sera proportionnelle au
nombre de bains en fonctions.

37. Outillage accessoire.

Les cuves électrolytiques et le générateur de courant
sont les parties essentielles de tout atelier de galvanoplastie, cuivrage, argenture ou nickelage. Il faut ajouter à la
nomenclature de l'outillage nécessaire à la pratique de
cette catégorie de travaux, les meules et appareils divers
servant à exécuter le polissage.

Il arrive fréquemment qu'une pièce arrivant de la fonderie passe sans être terminée à l'atelier d'électrochimie. On fait disparaître alors toutes les imperfections, les bavures qui restent toujours dans les pièces venues de fonte au moyen d'une meule d'émeri tournant à une très grande vitesse.

Quand les pièces ne sont pas compliquées, on les polit en les faisant frotter les unes contre les autres dans des tonneaux tournant à une vitesse d'environ 20 tours par minute. Ces tonneaux, dont la capacité varie entre 150 et 500 litres, sont en chêne ou quelquefois en tôle.

L'opération du *décapage*, qui consiste à plonger les pièces à recouvrir dans un bain d'acide sulfurique étendu d'eau, une fois achevée, on met les pièces dans le tonneau à polir, pêle-mêle avec du sable, des lanières de cuir, de la sciure de bois et des fragments de ferraille. Une fois le polissage effectué, on évacue le liquide boueux et l'on rince à l'eau claire, puis on termine l'opération par un séchage à la sciure de bois dans un tonneau tournant. Ce procédé n'est pas employé pour les objets présentant des détails trop fins ; on les polit plutôt à l'aide du *buffle* ou du *gratte-bosses*.

On donne le nom de buffle à un disque de bois dont la circonférence est recouverte d'une lanière de cuir sur laquelle on a fixé, au moyen de colle-forte, un enduit formé de pierre ponce pulvérisée. Ce disque, en tournant à une très grande vitesse, permet d'enlever les aspérités et les piqûres de rouille.

Le *gratte-bosses* est composé d'une brosse cylindrique en fil d'acier fin, qui tourne également, par l'intermédiaire d'une courroie de transmission, à une très grande vitesse.

Un robinet disposé au-dessus de cette brosse métallique permet de faire couler, sur la pièce que l'on gratte, un filet d'eau ayant pour but de compenser l'échauffement considé-

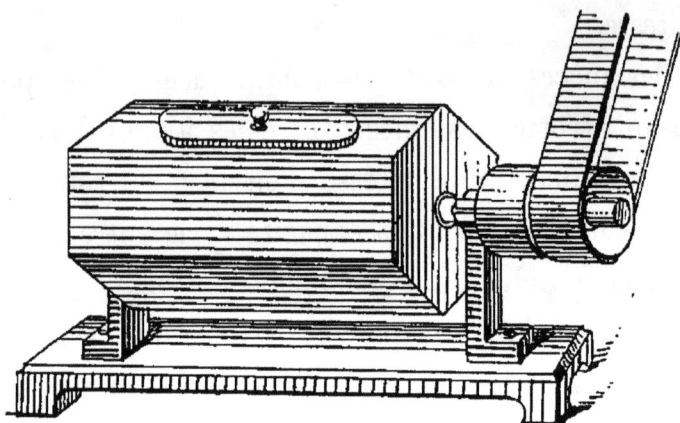

Fig. 125. — Tonneau pour polir les petits objets avant la mise au bain.

rable qui ne manquerait pas de se produire sans cette précaution. Le mélange employé pour le polissage est composé de grès fin et de pierre ponce pulvérisée, en solution dans l'eau. Enfin, pour certaines pièces, on emploie des meules en tôle dont la tranche est taillée de telle sorte qu'elle épouse exactement la forme extérieure de la pièce à polir.

38. *Opérations préliminaires.*

Le polissage une fois terminé, et avant de commencer les opérations chimiques que les objets doivent subir, il est bon de s'entourer de certaines précautions afin d'éviter l'oxydation et le graissage de tous ces objets. Le moyen le plus pratique et le plus usité consiste à ne manier les pièces qu'à l'aide de crochets en cuivre, maintenus bien propres et qui serviront ensuite à suspendre les pièces dans le bain, assurant ainsi une communication parfaite avec les tringles amenant le courant.

Dans le but d'éviter l'oxydation, les pièces à traiter sont plongées dans un baquet d'eau de chaux légère d'où on ne les tire qu'au moment de les travailler. La première opération chimique consiste alors à les nettoyer soigneuse-

Fig. 126. — Passoire en grès pour transvaser et retirer des bains les petits objets.

ment et à les dégraisser, les *décaper,* suivant le terme technique. Ce décapage s'exécute de différentes manières, selon la nature de l'objet. Si l'on ne craint pas de déformations, le cuivre et le bronze peuvent être chauffés au rouge sombre pour brûler les matières grasses qui les recouvrent, mais, en général, on préfère saponifier ces matières au moyen d'une solution bouillante et concentrée de potasse. Le fer peut subir pendant un quart d'heure l'action de cette lessive, mais les objets en métal tendre ne peuvent pas rester plus de trois à quatre minutes dans ce bain. On peut, dans certains cas, faire suivre le décapage d'un pas-

sage à la chaux et d'un ponçage. Cette opération s'exécute
en trempant dans une bouillie assez épaisse de chaux bien
pure, les objets que l'on frotte énergiquement ensuite, en
se servant d'une brosse en crin dur munie d'un long
manche. On peut aussi remplacer ce passage à la chaux
par ce que l'on appelle le passage au bain de dérochage.
Les pièces décapées et rincées à l'eau claire, sont plongées
pendant quelques minutes dans de l'eau acidulée à raison
de 100 à 200 grammes d'acide sulfurique pour un litre
d'eau. On lave encore, puis on passe successivement les
pièces dans trois bains dont voici la composition.

Premier bain, dit *bain d'eau-forte vieille*, formé d'acide
nitrique ayant déjà servi, et par conséquent très affaibli
par le mélange des sels métalliques contenus en dissolution.

Deuxième bain, dit *bain d'eau-forte*, renfermant du sel
marin et de la suie calcinée dissous dans de l'acide nitrique. Ce bain est suivi d'un lavage à grande eau, puis on
passe au *bain à brillanter*, composé d'un mélange de 4 kilogrammes d'acide sulfurique à 66 degrés et de 3 kilogrammes d'acide azotique à 36° additionnés de 200 grammes
de chlorure de sodium (sel marin). On passe les pièces
rapidement dans ce mélange, sans les laisser y séjourner,
puis on les lave encore une fois à grande eau.

Le *ponçage*, qui termine les opérations chimiques, consiste à frotter les pièces décapées avec une brosse dure enduite d'une bouillie légère de ponce pulvérisée.

Le ponçage peut présenter le grave inconvénient de
rayer les pièces, quand la ponce n'est pas pulvérisée assez

finement. Aussi, a-t-on recommandé de remplacer le ponçage par un passage aux bains suivants : *bain de blanc* pour les métaux durs, *bain de cuivre* pour les métaux tendres.

Dans ce cas, il est inutile de soumettre les pièces à l'opération du dérochage, mais il est avantageux de leur faire subir le traitement à la chaux.

Composition du bain de cuivre.

Acide nitrique.........................	2 litres.
— sulfurique......................	1 —
Sel gris	1 poignée.
Suie calcinée........................	1 poignée.

Composition du bain de blanc.

Acide nitrique........................	1 litre.
— sulfurique........................	2 —
Sel gris.............................	1 —
Suie calcinée........................	1 —

Tels sont les traitements préalables auxquels doivent être soumis les métaux, le fer et l'acier notamment, avant de les mettre au bain. En ce qui concerne le dépôt de nickel, quand on veut obtenir un résultat supérieur, il est préférable de déposer d'abord une couche de cuivre avant de nickeler ; on a plus d'adhérence et de solidité. Pour cela, il faut employer des bains à base de cyanure de potassium, et l'électrolyte doit être composée d'une solution acide de sulfate de cuivre à 10 p. 100 d'acide sulfurique.

La solution ne doit pas être saturée complètement : elle doit marquer 15° à l'aréomètre Baumé, et on maintient ce titre en plongeant dans le bain une réserve de sulfate sous forme de cristaux. Pour obtenir un dépôt convenable, il ne faut pas faire passer plus de 236 ampères par décimètre carré de surface à recouvrir, et les deux électrodes doivent se trouver écartées d'au moins 15 centimètres. Le bain acide ne peut être employé pour le cuivrage des objets en métal attaquable par l'acide sulfurique, et c'est pourquoi on préfère prendre des bains à base d'acétate ou de carbonate de cuivre, à froid ou à chaud, préparés suivant l'une des formules ci-dessous :

1° Carbonate de cuivre récemment préparé   40 gr.
Cyanure de potassium à 70 %.........   120 —
Eau distillée......................   1 litre.
2° Acétate de cuivre....................   500 gr.
Carbonate de soude..................   500 —
Sulfite de soude....................   500
Cyanure de potassium................   750 —
Eau.............................   15 litres.
3° Cyanure double de potassium et de cuivre.   80 gr.
Cyanure de potassium...............   4 —
Chlorhydrate d'ammoniaque..........   2 —
Ammoniaque.......................   10 —
Eau.............................   1 litre.

Cuivrage du fer et de l'acier (formules de Roseleur) :

	1° Bain à froid.	2° Bain à chaud.
Acétate de cuivre..........	20 gr.	20 gr.
Bisulfite de soude.........	20 —	8 —
Carbonate de soude........	40 —	20 —
Cyanure de potassium......	20 —	28 —
Ammoniaque..............	15 —	12 —
Eau....................	1 litre.	
Sulfite double de nickel et d'ammoniaque.	400 gr.	

Quand on procède au dépôt direct du nickel sur le fer

ou l'acier, il est indispensable, avant de mettre au bain, de leur faire subir les opérations préliminaires du dégraissage, du ponçage, du décapage et du dérochage comme nous l'avons indiqué plus haut; on termine par un rinçage à l'eau claire et on met sécher dans de la sciure.

Le produit le plus généralement usité pour la préparation des bains de nickelage est le sulfate double de nickel et d'ammoniaque. Adams a indiqué la formule de nickelage, la plus simple que l'on connaisse. Dans 1 litre d'eau distillée, on fait dissoudre 100 grammes de sulfate double de nickel et d'ammoniaque. La dissolution faite à chaud est filtrée après refroidissement.

Formule de Roseleur. M. Roseleur emploie une autre préparation ainsi composée :

On dissout à chaud.

On frotte les pièces à nickeler avec une brosse trempée dans une bouillie chaude de blanc d'Espagne, d'eau et de carbonate de soude. Le dégraissage est parfait lorsque les pièces sont facilement mouillées par l'eau. Placer les anodes de chaque côté et bien en face de la pièce mise au bain et agiter doucement cette pièce pour faire commencer le dépôt aussitôt après l'immersion. Au sortir du bain, rincer les pièces à grande eau et les sécher dans la sciure de bois. Enfin, pour les polir, on les frotte rapidement sur une mèche en lisière de drap enduite d'une bouillie claire de poudre à polir et d'huile. La lisière doit être accrochée à un clou à la muraille.

Pour la rapidité du dépôt, M. Delval indique comme moyenne, pour un bain renfermant 10 grammes de nickel

par litre, un dépôt de 1,8 gramme par heure et par décimètre carré. Il ne faut pas s'éloigner sensiblement de ce chiffre pour obtenir un bon dépôt avec un bain présentant cette
richesse. Si le courant est trop intense, le nickel se dépose
sous forme de poudre noire ou grise. Une heure ou deux
suffisent pour une couche moyenne, cinq ou six heures
pour une couche très épaisse.

Au sortir du bain, laver dans l'eau ordinaire et sécher
dans de la sciure de bois chaude.

Dépôt dur et adhérent, sans employer l'acide on prépare le bain avec les produits suivants :

Carbonate d'ammoniaque................	300 —
Eau distillée.........................	10 litres.
Acétate de nickel......................	20^{gr},5
Citrate de nickel.....................	20^{gr},5
Phosphate de nickel...................	7 gr.
Phosphate de soude....................	14 —
Bisulfite de soude....................	7 —
Ammoniaque à 16 %..................	25^{gr},5
Eau distillée.........................	1 litre.

D'après M. Weston, l'acide borique ajouté au bain de
sulfate de nickel empêche la formation de dépôts sur la cathode, évite l'altération du bain et permet d'obtenir un dépôt d'un blanc parfait, très fin et très malléable. Le bain
est composé de :

Sulfate de nickel......................	50 gr.
Acide borique........................	17 —
Eau distillée.........................	1 litre.

Le sulfate de nickel peut être remplacé par le chlorure,
dans des proportions à peu près analogues :

Chlorure de nickel........................ 50 gr.
Acide borique............................ 20 —
Eau distillée............................ 1 litre.

Autre formule.

Sulfate de nickel........................ 50 gr.
Tartrate d'ammoniaque.................. 37 — 5
Tannin à l'éther........................ 0 — 25
Eau distillée............................ 200 —

Lorsque la dissolution dans l'eau distillée est opérée, on ajoute une quantité d'eau ordinaire suffisante pour faire un litre de bain *Procédé Raymond*. Le nickel pouvant se combiner avec l'oxyde de carbone pour former une substance liquide, soluble dans le pétrole, appelée *nickel tétracarbonyle*. M. Raymond a imaginé de recouvrir de nickel les pièces métalliques en les enduisant simplement de ce composé, qui chauffé ensuite à 100 degrés se décompose en gaz et métal adhérent. Cependant ce procédé est encore peu employé jusqu'à présent.

Formules de Powel.

a. — Chlorure de nickel................. 14 gr.
      Citrate de nickel.................. 14 —
      Acétate de nickel.................. 14 —
      Phosphate de nickel................ 14 —
      Acide benzoïque.................... 7 —
      Eau distillée...................... 1 litre.

b. — Sulfate de nickel.................. 27 gr.
      Citrate de nickel.................. 20 —
      Acide benzoïque.................... 7 —
      Eau distillée...................... 1 litre.

On a prétendu également que l'emploi de l'acide benzoïque permettait de faire usage de sels de nickel impurs. Les dépôts obtenus sont durs et adhérents. Dans le cas où l'on veut un dépôt dur et adhérent sans employer l'acide benzoïque, le bain doit être préparé de la façon suivante :

Acétate de nickel............................	20 gr. 5
Citrate de nickel............................	20 — 5
Phosphate de nickel........................	7 —
Phophate de soude..........................	14 —
Bisulfite de soude..........................	7 —
Ammoniaque à 16 p. %.....................	25 — 5
Eau distillée...............................	1 litre.

39. *Pratique du nickelage électrique.*

Si nous voulons résumer l'énumération du matériel d'un atelier de nickelage, nous rappellerons qu'il consiste

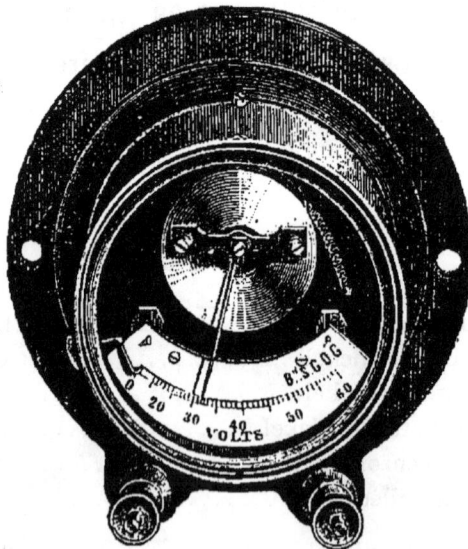

Fig. 127. — Voltmètre à cadran.

d'abord en un générateur de courant électrique : batteries de piles, accumulateurs, dynamo ou transformateur tournant, avec les accessoires inhérents à toute installation d'électricité : *ampèremètre* et *voltmètre* pour la mesure des courants, *coupe-circuits* de sûreté, *rhéostats de réglage*, etc.

Les bains électrochimiques sont renfermés dans des cuves en verre, en grès, ou en bois doublé de gutta-percha, suivant leur importance. Mais les caisses en bois présentent d'assez graves inconvénients, en raison du jeu qu'elles ne tardent pas à prendre sous l'influence de l'humidité ; aussi les auges en fonte émaillée ou en tôle rivée, doublées de gutta, font-elles un meilleur et plus durable service.

Quand on n'a pas à sa disposition d'eau distillée pour la préparation des bains, on peut se contenter d'eau de pluie bien propre. Le point sur lequel il faut surtout porter son attention, si l'on veut éviter un échec, est la propreté des pièces à mettre au bain. Le fer, l'acier, la fonte brute réclament des soins spéciaux ; les pièces doivent être bien lisses si l'on veut obtenir un beau poli une fois le dépôt effectué, et elles doivent être décapées et poncées à plusieurs reprises, jusqu'à complète disparition des taches de rouille ou d'oxyde qu'elles peuvent porter à leur surface.

Une remarque : lorsqu'on fait usage d'un bain neuf de nickel, c'est que ce bain a besoin d'être, pour ainsi dire, amorcé, car il ne donne pas de bons résultats au début. Il ne faut pas se hâter de corriger ce défaut en ajoutant des acides ou des alcalis au bain ; il est préférable, comme le conseille M. Roseleur, de laisser plonger dans le bain, pendant vingt-quatre heures consécutives, une plaque de cuivre que l'on sacrifie. Après ce temps, le bain est mûr; il s'est électrolysé, et il peut fournir des dépôts réguliers, blancs et brillants.

Les pièces à nickeler, une fois bien préparées, sont conservées dans l'eau de lavage, où on les *laisse* séjourner jusqu'au moment de les mettre au bain, ce qui s'exécute rapidement. On les accroche par des fils de nickel à une tringle posée sur les rebords de la cuve, dans le sens de la longueur. A droite et à gauche de cette tringle de support, qui est reliée au pôle négatif de la source d'électricité, pile ou dynamo, se trouvent deux autres barreaux, auxquels sont suspendues les anodes, qui sont formées d'une plaque de nickel pur. Ces tringles sont reliées au pôle positif de la source. Un galvanoscope ou un ampèremètre est intercalé dans le circuit pour faire connaître à tout instant l'intensité du courant. Il est, en effet, prudent de surveiller avec attention la marche de l'opération et de bien régler l'intensité du courant de la pile ou de la dynamo. Sous l'influence d'un courant trop faible, le nickel se dépose sous forme de poudre grise et les pièces se recouvrent mal; lorsque le courant est trop fort, l'objet à nickeler se couvre de bulles de gaz, le dépôt devient noirâtre, surtout sur les bords de l'objet : la pièce est alors manquée ou brûlée, et les opérations la concernant sont à recommencer.

Après un quart d'heure de fonctionnement, on retire les pièces du bain pour les examiner. Quand le dépôt se fait bien, les pièces sont d'un blanc brillant ou mat. La couleur noire indique un courant trop intense et nécessite un ponçage avant la remise au bain. On peut diminuer l'intensité du courant en reculant les anodes, ce qui augmente la résistance du bain.

Une heure de marche suffit pour obtenir un beau dépôt, mais on peut augmenter cette durée si l'on désire obtenir un dépôt épais. Après interruption du courant, on retire rapidement les pièces. Si elles deviennent jaunes, c'est que le bain est alcalin ; on le neutralise avec un acide faible. On maintient, d'autre part, sa saturation constante par l'emploi de petits sacs plongeant dans le bain et contenant du sulfate de nickel pur.

Les objets sortis du bain sont lavés à l'eau chaude et séchés dans une cuve contenant de la sciure de bois, et tout cela dans le moins de temps possible. Les pièces séchées sont polies au tour ; on emploie d'abord une brosse circulaire en soie de cochon, animée d'une grande vitesse, sur laquelle viennent frotter les pièces trempées dans une bouillie de craie ; on passe ensuite au disque entouré de feutre avec du rouge d'Angleterre et l'on termine sur un disque de laine qui donne l'éclat miroitant.

La force électromotrice nécessaire pour obtenir de bons dépôts est assez variable. Elle est comprise entre 1 et 8 volts. On recommande de commencer avec 5 volts et de terminer avec 2 volts au plus. L'intensité du courant qui est, au début, de 1 ampère à 5 par décimètre carré, s'abaisse à la fin à 0,2 ou 0,3 ampère.

40. *Dénickelage, procédé Elmore.*

Lorsqu'une pièce n'a reçu qu'un très léger dépôt de nickel, il arrive fréquemment que cette couche disparaît par l'usage, laissant ainsi à nu le métal sous-jacent. Avant de remettre au bain pour renickeler, il est nécessaire d'enlever le nickel restant par endroits, et ce décapage est opéré en trempant la pièce dans un bain dont la formule a été donnée par MM. Elmore et Watt.

Acide sulfurique.......................	4 litres.
Acide azotique.......................	500 gr.
Azotate de potasse...................	50 —
Eau...............................	1/2 litre.

Les précautions habituelles sont recommandées pour l'emploi des acides, qui doivent être contenus dans des vases de grès, de verre ou de porcelaine et placés sous le manteau du tirage d'un fourneau de laboratoire ou de cuisine.

Les deux acides sont d'abord mélangés, puis on ajoute peu à peu l'eau, dans laquelle on a fait dissoudre préalablement le salpêtre.

La pièce à dénickeler, suspendue à l'extrémité d'un fil de cuivre, est d'abord plongée dans l'eau bouillante, vivement retirée et plongée dans le bain acide, où elle séjourne pendant vingt-cinq ou trente secondes. La pièce est retirée, examinée, et l'opération se continue jusqu'à disparition complète ou dissolution du nickel.

A chaque retrait du bain de décapage, la pièce est

plongée dans l'eau froide d'un récipient placé à portée de l'opérateur. Les pièces dénickelées, rincées à l'eau chaude, séchées, polies avec soin, sont remises au bain de nickel.

41. *Émaillage.*

Ce que l'on appelle communément et improprement l'*émail* d'un cycle, n'est autre chose, en réalité, qu'un vernis au four. L'émail noir s'obtient à l'aide de plusieurs couches d'un vernis gras de couleur brune au moment de l'application. L'émail en couleur, qui a été un moment très à la mode, s'obtient également à l'aide d'un vernis ordinaire, mais *incolore* et mélangé, soit avec du véritable émail broyé, soit encore avec une substance colorante en poudre, une terre à couleur quelconque.

L'émaillage, en noir ou en couleur, des cadres et fourches, doit être effectué dans une étuve ou un four, chauffé à une température de 120 à 150 degrés environ par une rampe de gaz. La cuisson demande environ deux heures.

Toutefois, nombre de petits fabricants, monteurs et réparateurs, font ce que l'on appelle de l'*émail à froid,* beaucoup moins solide que celui fixé par la chaleur, par une simple application au pinceau d'un vernis noir foncé (vernis du Japon), très siccatif et séchant à l'air. L'émail en couleur, posé à froid, s'obtient par l'application d'une première couche d'une couleur quelconque, (il s'en fait de toutes nuances), sur laquelle on étend, après toutefois un ponçage au papier émeri double zéro, une couche de vernis incolore à l'alcool, qui joue ici le rôle de fixatif. Mais il est inutile d'ajouter que l'émail à froid, offrant moins de résistance à l'usage, ne convient que pour la réparation de machines très ordinaires, dégradées ou écaillées par places.

CHAPITRE VI

Les bandages de roues.

42. *Historique.*

Les premiers vélocipèdes, de 1858 à 1870 avaient des roues en bois simplement cerclées d'une bande de fer comme les roues de charrettes. La trépidation de ces machines ru-

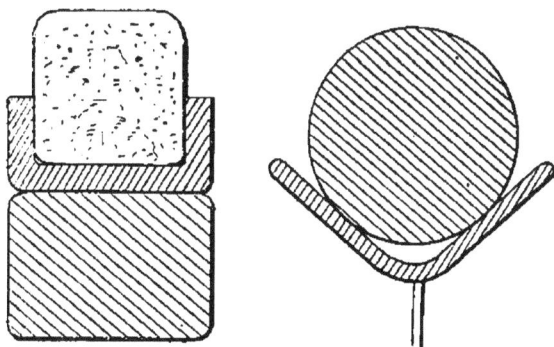

Fig. 128 et 129. — Premiers caoutchoucs de cycles.

dimentaires était telle qu'on les avait dénommées, en Angleterre, *boneshakers* ou brise-os, dénomination d'une éloquence brutale. Pour améliorer cette impitoyable rigidité, on songea à remplacer le cercle de fer serrant la jante par une bande de cuir, puis, ce cuir se détériorant rapidement, par un cercle de caoutchouc, d'abord de section quadrangulaire, puis circulaire (fig. 128 et 129).

Les bandages en caoutchouc étaient inventés, et quand

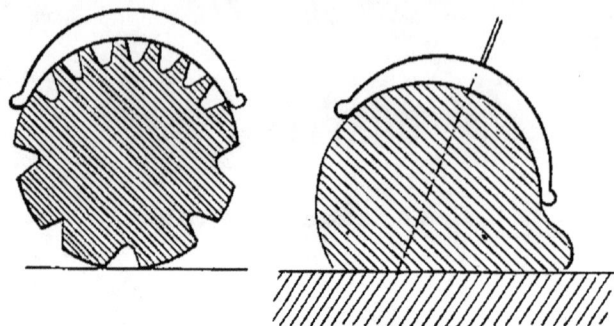

Fig. 130. — Caoutchouc cannelé.　　Fig. 131. — Caoutchouc plein ordinaire.
section représentant sa déformation dans un virage.

Truffault eut imaginé de construire les jantes en métal creux, en forme de croissant ou de demi-cercle, les an-

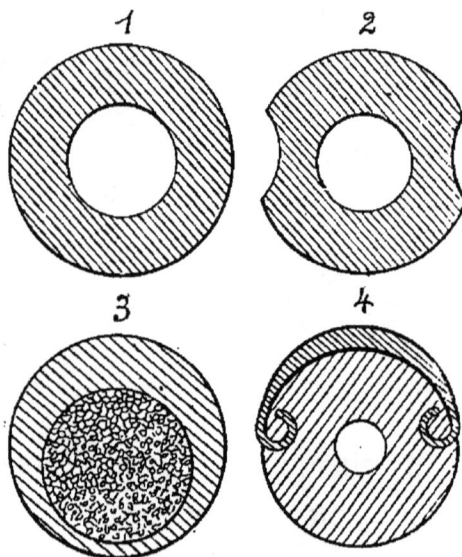

Fig. 132 à 135.

1. Caoutchouc creux ordinaire. — 2. Creux allégé. — 3. Caoutchouc spongieux —
4. Creux système Warwick.

neaux furent collés dans la jante par un ciment spécial posé à chaud.

Mais les caoutchoucs pleins, bien que supérieurs pour l'é-
lasticité au bandage de fer, étaient encore loin de présenter
la souplesse cherchée, aussi essaya-t-on, de 1875 à 1889,

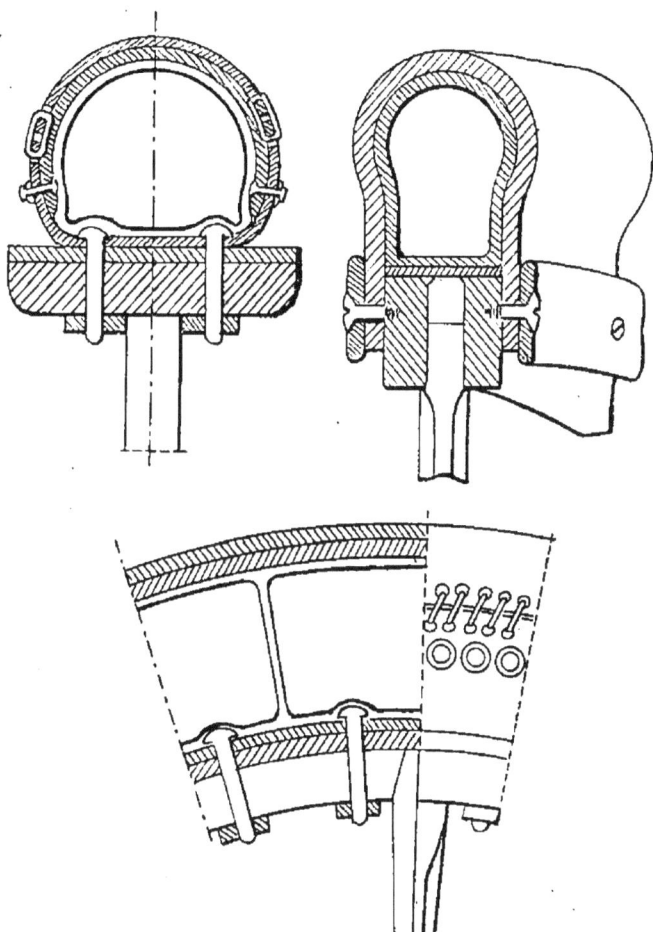

Fig. 136, 137 et 138. — Premiers pneumatiques de W. Thomson, d'après
les dessins de son brevet (1845).

de modifier ces bandages pour augmenter leur élasticité.
C'est ainsi que l'on fit les caoutchoucs *cannelés* (fig. 130),
spongieux (fig. 135 [3]), *composés* etc., et que l'on arriva aux
caoutchoucs contenant une cavité intérieure ou caoutchoucs

9.

creux. On crut un moment avoir découvert l'idéal, et de 1888 à 1892, surgit une véritable armée de modèles de bandages creux, tous meilleurs les uns que les autres à en croire leurs inventeurs, mais il fallut bien reconnaître finalement que ces espèces de tuyaux de caoutchouc, non seulement n'étaient pas beaucoup plus élastiques que les pleins, mais qu'ils se coupaient et s'arrachaient plus souvent. D'ailleurs le bandage à air comprimé, ou *pneumatique*, qui venait d'apparaître, envahissait le marché et faisait table rase de tous les autres systèmes.

La première idée du pneumatique moderne a été décrite tout au long dans son brevet datant de 1845, par l'Anglais W. Thomson, mais c'est un Irlandais, M. Dunlop qui a songé le premier à munir de ce dispositif les roues des vélocipèdes. Cette application n'a pas tardé à faire le tour du monde, et depuis six ans, tous les cycles sont pourvus de ce bandage absolument supérieur à tous ses devanciers. Nous ne dirons donc qu'un mot des caoutchoucs creux pour nous occuper plus particulièrement des pneumatiques.

43. *Caoutchoucs creux.*

Les caoutchoucs creux sont formés d'un cercle possédant à l'intérieur une ou plusieurs cavités de formes et de diamètres variés, contenant de l'air à l'état libre.

Leur mode d'attache sur la jante est le même que pour les caoutchoucs pleins. Comme ces derniers, ils sont simplement collés dans la jante.

Au point de vue de la qualité, on peut leur appliquer

les mêmes règles qu'aux caoutchoucs pleins et même avec plus de rigueur.

Les caoutchoucs creux étant, en effet, d'un prix bien plus élevé, il ne faut pas s'arrêter à une question d'économie minime et il est de toute nécessité de n'employer que des caoutchoucs de première qualité, si l'on veut en retirer tous les avantages qu'ils comportent. L'élasticité est alors la première des conditions à rechercher, et il n'y a

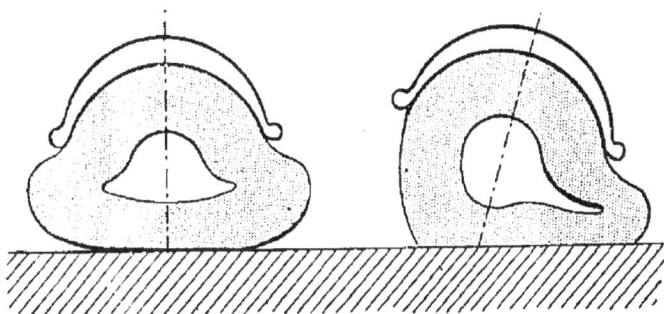

Fig. 139. — Coupe d'un caoutchouc creux aplati sous le poids de la bicyclette.
Fig. 140. — Le même dans un virage.

que dans les caoutchoucs de qualité supérieure qu'on peut la rencontrer d'une manière suffisante.

Au point de vue du diamètre, les caoutchoucs creux peuvent être gradués selon le poids des vélocipédistes : 26, 28, 30, 32 millimètres sont les grosseurs ordinairement employées, correspondant aux grosseurs des caoutchoucs pleins de 16, 18, 20 et 22 millimètres, pour des hommes dont le poids varie entre 60 et 100 kilogrammes.

On peut, pour une bicyclette, se servir d'un bandage de plus fort diamètre à la roue d'arrière, qui supporte la presque totalité du poids du cavalier et d'un bandage plus faible à la roue d'avant. Mais l'élément le plus important pour l'élasticité consiste dans la forme du vide intérieur ; aussi est-ce pourquoi plus de deux cents dispositifs de caoutchoucs creux ont vu le jour en quatre ans. Parmi les plus inté-ressants, nous citerons le Clincher, le Maxim, le Havelock Hartford (fig. 141), le Thompson cord tyre et l'Achille cord tyre.

D'ailleurs, les caoutchoucs creux n'étant presque plus

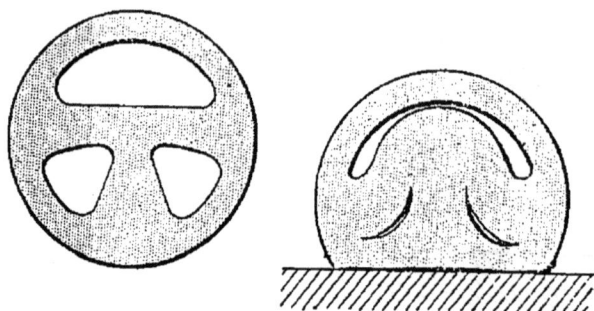

Fig. 141. — Creux Havelock Hartford.
Fig. 142. — Le même sous le poids du cycliste.

employés maintenant, n'ont qu'un intérêt purement his-torique. La pratique n'a pas tardé à démontrer qu'ils ne constituaient qu'un mauvais intermédiaire entre le plein et le pneumatique. Souvent aussi lourd qu'un plein de même diamètre, il n'en a jamais la solidité. Que de fois deux ou trois coups de frein ont déchiré le creux jusqu'à l'âme !... Car le canal intérieur est fréquemment percé d'une façon irrégulière ; ici il affleure la surface extérieure, là il plonge au contraire dans le caoutchouc, de sorte que, ou l'épiderme du bandage est trop mince et le moindre clou le perfore, ou elle est trop épaisse et alors l'élasticité est nulle.

Mentionnons encore, en terminant, le creux le « Touriste »
(fig. 143) fabriqué par la maison Torilhon, et qui peut être
considéré comme intermédiaire entre le creux et le pneuma-

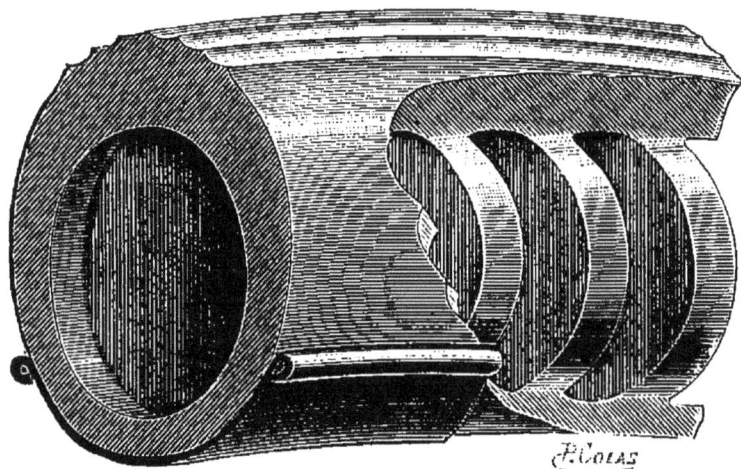

Fig. 143. — Bandage le « Touriste ».

tique, grâce à son cloisonnement vertical, limitant l'écrasement et annulant les résultats ennuyeux de la perforation
de la chambre à air d'un pneumatique ordinaire. Le « Touriste » est simplement collé dans la jante.

44. *Avantages et qualités du pneumatique.*

« Le bandage pneumatique, » dit notre confrère Fanor,
dans une intéressante étude qu'il a publiée en 1894, « a pour
but et pour effet d'annuler complètement la trépidation,
cette maladie inhérente à tous les véhicules et particulièrement au vélocipède, qu'elle finit, à la longue, par altérer
au point que le meilleur des métaux ne peut y résister. »

Un vélocipède roulant sur un plan inégal, couvert d'aspérités de toutes grosseurs, subit, en effet, une sorte d'état vibratoire continuel qui provoque, selon sa qualité, une désagrégation plus ou moins lente du métal employé dans sa fabrication.

Avez-vous remarqué, par exemple, les deux tronçons d'une fourche brisée? A l'endroit où la section s'est pro-

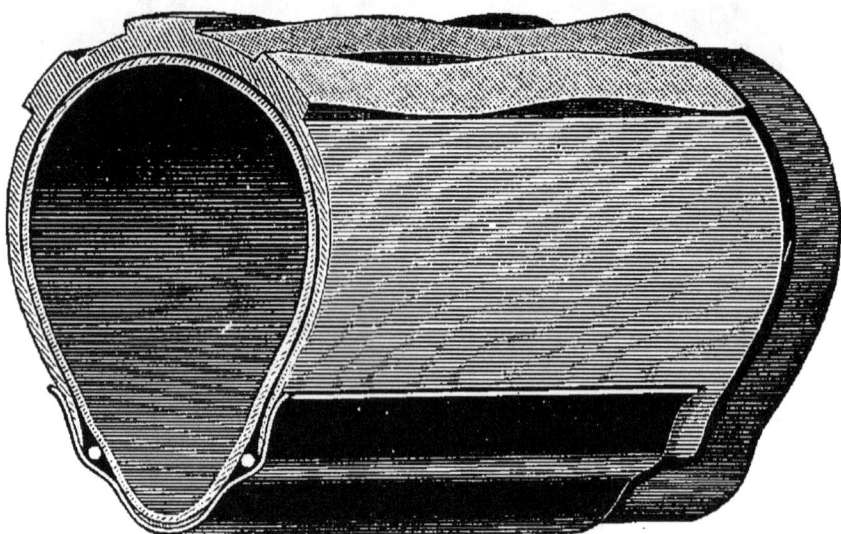

Fig. 144. — Pneumatique ordinaire.

duite, dans la majeure partie des cas, le métal présente un aspect brillant, formé de petits prismes, comme s'il était cristallisé. C'est la trépidation qui a fait le coup. Mais ce n'est pas seulement la seule influence qu'exerce la trépidation. Indépendamment de l'altération qu'elle cause à la constitution moléculaire du métal et à toute la structure d'un cycle, elle oppose encore des résistances absorbant en partie son travail mécanique, inconvénient qui, conséquemment, a pour effet, un effort du moteur, c'est-à-dire du vélocipédiste. Or, les vibrations se succédant continuellement pendant la marche, il s'ensuit qu'à la rencontre des obstacles une force est nécessaire à la machine pour les surmonter et qu'une succession d'efforts est prise constamment aux dépens de la force motrice.

Pour combattre ces effets, on a donc recherché le diagnostic de cette perfide maladie physique et messieurs les ingénieurs n'ont pas tardé à en déterminer les causes qui proviennent du poids, c'est-à-dire de la masse, de la portée horizontale de cette masse, ou si vous le préférez, de l'étendue du contact de la roue sur le sol ; et enfin, ils ont également tenu compte de la fréquence des vibrations.

Ces intéressantes observations ont donc amené les constructeurs à un établissement graphique normal du vélocipède et elles ont déterminé scientifiquement les modifications suivantes dans sa construction :

1° Diminution du poids de la machine et de ses accessoires ;

2° Exigence absolue de la rigidité ;

3° Détermination exacte du point où doit être fixé le pédalier, c'est-à-dire l'arbre des manivelles, de manière à reporter sur ce point, où les trépidations sont plus faibles, tout le poids de la masse.

Cette dernière remarque prouve donc suffisamment que l'amplitude des trépidations est plus grande dans les parties de la machine les plus voisines des aspérités, c'est-à-dire dans les roues.

Le jour où l'on a fait cette découverte on a prononcé du même coup la condamnation des machines suspendues.

au moyen de ressorts qui avaient, en outre, plusieurs autres défauts : d'être très lourdes, fort compliquées et délicates.

En somme, des tentatives différentes qui ont été entreprises, il en est résulté que le meilleur mode de suspension d'un vélocipède doit être placé à la circonférence même de la roue et la seule solution valable du problème a été donnée par le bandage dit « pneumatique ».

Ce bandage, on le sait, est un tube en caoutchouc concentrique dans lequel on introduit une colonne d'air à un degré de compression suffisant pour que le tube ne s'aplatisse pas sous le poids du cavalier. On limite cette compression par l'application à l'intérieur de la paroi du tube d'une toile résistante, et l'on rend ce tube étanche au moyen d'une soupape appelée *valve*.

Quels sont maintenant : 1° la fonction mécanique de ce bandage, 2° la somme de résistance qu'il a au contact d'une rugosité, 3° ses avantages ? Autant de questions auxquelles nous répondrons par la bouche de M. Michelin, dont on connaît la compétence en ces matières :

« Qu'une roue, munie d'un caoutchouc plein ou d'un caoutchouc creux, rencontre un caillou de 2 à 3 centimètres, le choc, bien qu'amorti, n'en reste pas moins très sensible : c'est que le contact brusque du caoutchouc avec le caillou amène forcément une sorte d'écoulement des molécules du caoutchouc ; en effet, quoique élastique, le caoutchouc est un solide ; et il faut un effort sérieux pour déplacer ses molécules.

« Qu'arrive-t-il, au contraire, quand le pneumatique

vient au contact du caillou ? Le caillou tendra à déformer le pneumatique, à s'y trouver un logement. Quelle résistance rencontrera-t-il ? La paroi très mince, par suite très souple, et l'effort nécessaire pour qu'elle se plie et s'applique sur le caillou sera faible. L'effort nécessaire pour déplacer les molécules d'air est insignifiant aussi ; — l'air est un gaz, il est facile de le déplacer ; — mais le caillou, en déformant le pneumatique, va diminuer le volume

Fig. 145. — Un caillou sous une roue à pneumatique.

occupé par l'air et, par suite, augmenter la pression. Voilà le seul effort qui reste à vaincre.

« Admettez un caillou de 2 centimètres cubes, le volume intérieur d'un pneumatique ordinaire est d'environ 4.000 centimètres cubes. Calculez, si vous le jugez utile, l'augmentation de pression qui en résulte. Voilà en quels éléments se décompose l'effort *produit* par le choc sur un caillou. Voilà pourquoi le pneumatique enveloppe l'obstacle qu'il rencontre. C'est ce que l'on exprime en disant : « le pneumatique boit l'obstacle. » Le bandage pneumatique surélève la jante de 3 à 4 centimètres au-dessus du sol. Il en résulte que le véhicule, suspendu sur pneumatiques, pourra passer sur des obstacles de 2 à 3 centimètres sans que ceux-ci viennent au contact d'autre chose que de l'air qui gonfle le pneumatique, et sans même qu'il y ait soulèvement du véhicule. On comprend le confortable, on comprend l'économie de force qui résultent d'une suspension aussi parfaite. »

En somme, on peut donner une idée assez juste de l'élasticité du pneumatique, en disant que « le cycliste roule « sur de l'air à 2 centimètres au-dessus des obstacles de la « route ».

Les résultats de cette élasticité merveilleuse sont les suivants : la vibration continue produite par les mille aspérités de la route, qui éreintait le cycliste, en même temps qu'elle abîmait la machine, est supprimée. Les chocs, au lieu d'être brutaux, sont atténués ; les ruptures de machines sont devenues très rares et le pavé est devenu accessible.

Mais l'avantage décisif a été une augmentation énorme de la vitesse, due à plusieurs causes ; d'abord le pneumatique, en se moulant sur la route, a une *adhérence* énorme ; par suite, la roue motrice n'a plus aucun glissement et pas une partie de la force de propulsion n'est perdue. La plupart des chocs sont supprimés et, en même temps, les pertes de force vive. Enfin le cycliste est infiniment moins exposé aux chutes avec le pneumatique, puisqu'il peut franchir sans danger tous les obstacles qu'on est exposé à rencontrer sur une route, il donne donc sans crainte son maximum de vitesse.

On comprendra donc que la révélation subite de tant d'avantages précieux dus au pneumatique ait ouvert un

vaste champ d'études aux inventeurs, car dans ces conditions mêmes le pneumatique n'était pas parfait et présentait, notamment, en outre de sa facile perforabilité, de
graves ennuis dans son application sur une jante et aussi
dans les moyens employés pour sa fabrication.

45. *Fixation du bandage sur la jante.*

Du fait que l'économie de force, par conséquent du confortable, réside dans une suspension parfaite, le point le plus
important pour l'établissement d'un pneumatique était de
lui approprier une jante convenable : Ce n'est pas parce
qu'un pneumatique est constitué par un anneau en caoutchouc à paroi mince qu'il est forcément élastique et qu'il
évitera beaucoup la trépidation.

L'introduction obligée de la toile dans ce ballon lui enlève déjà de son élasticité, et cette même toile a un travail
tellement important au roulement, qu'on l'emploie de plus
en plus forte, ce qui supprime dans une proportion plus
grande encore l'élasticité.

Le plus grand nombre des pneumatiques est constitué
aujourd'hui par les éléments suivants :

1° D'une jante appropriée à chacun d'eux ;

2° D'un tube en caoutchouc pur et très élastique (chambre à air), dont les bouts sont soudés ;

3° D'une enveloppe en gomme, également pure, mais qui
n'est plus très élastique dans le sens latéral et concentrique par suite de l'application d'une bande de toile, de coton, de lin ou de chanvre à fil biais. Cette enveloppe ainsi

faite joue le rôle suivant : elle limite la pression et protège le bandage contre les parasites du sol. Elle a une épaisseur en gomme plus ou moins forte au *plafond* selon que le bandage est destiné à la piste ou à la route;

4° D'un système d'attache (variant aujourd'hui presque à l'infini) se composant de tringles carrées ou rondes, de bourrelets, de ficelles, de fils d'acier réunis, etc. Bref, quel

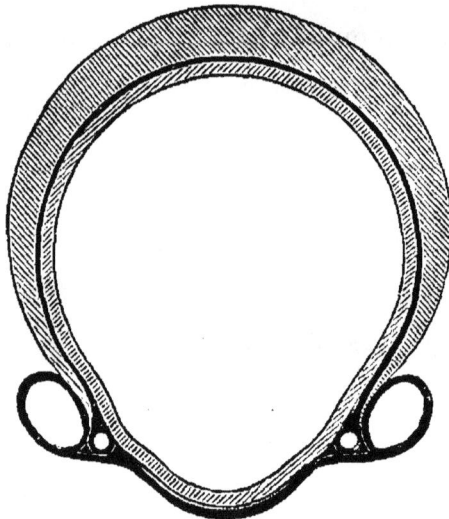

Fig. 146. — Coupe d'un pneumatique Dunlop.

que soit le système, pour tout le monde c'est une *cale* qui permet précisément de fixer, de maintenir le pneumatique sur la jante;

5° D'une valve assurant l'étanchéité à l'air.

Or, du quatrième point surtout dépend la souplesse réelle du pneumatique et nous allons essayer de le démontrer :

Le pneumatique est perforable. — Quand il est crevé il faut le réparer, mais pour le réparer, comment faire ? Le démonter. Il a donc fallu rendre le pneumatique démontable et c'est là, du reste, la première des transformations à laquelle il a été soumis.

Le premier pneumatique, le Dunlop de 1890, n'était pas démontable, aussi l'a-t-on abandonné.

Le cercle pneumatique est un corps cylindrique que l'on a gonflé d'air et que l'on a placé sur la jante, c'est-à-

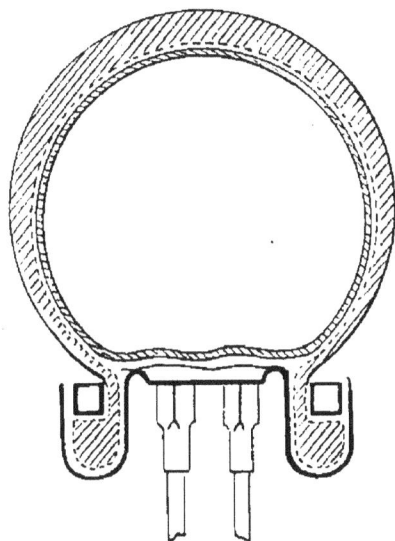

Fig. 147. — Coupe d'un pneumatique avec attaches à tringle, système Michelin.

dire sur un point d'appui. Il est évident, — puisque ce corps est cylindrique et *élastique*, que, s'il repose sur le plus petit point d'appui *possible*, plus le cercle sera souple, car les flexions, au roulement, se produiront dans tous les sens latéraux.

Toutefois il est absolument certain qu'un pneumatique ainsi établi ne saurait être pratique, car son point d'appui — en vérité — trop infime, l'obligerait à vaciller, notamment dans les virages. Mais, en revanche, il est prouvé qu'un pneumatique ayant le *plus petit point d'appui nor-malement possible,* est assurément le pneumatique le plus souple, conséquemment le plus confortable.

Voilà pourquoi, bien pénétrés de ce principe, les cons-tructeurs se sont aperçus que, pour qu'un pneumatique ait une souplesse incontestable, il fallait qu'il reposât sur une jante absolument plate — comme le Dunlop collé, par exemple, qui est assurément le plus souple — et qu'il ne fût

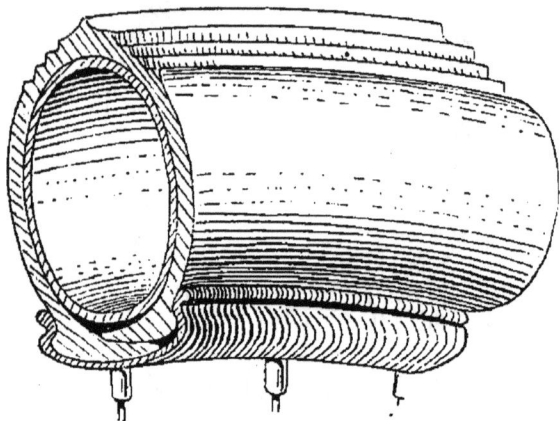

Fig. 148. — Pneumatique « Paris » avec attaches à talon.

pas emprisonné dans la jante comme le premier Clincher, premier pneumatique démontable que l'on n'a pas tardé à délaisser.

C'est précisément à cause du montage et du démontage facile, que les constructeurs se sont plus ou moins écartés du principe et que nous voyons des pneumatiques plus ou moins facilement démontables et qui ne sont pas souples.

Cela est d'autant plus vrai que, pour s'en rendre compte, on n'a qu'à prendre un bandage, quel qu'il soit, le mettre ensuite sur sa jante, — c'est-à-dire sur son point d'appui,

et l'on verra clairement le truc adopté par chaque constructeur pour le fixer, en même temps que son véritable degré de souplesse.

Or, en réalité le meilleur pneumatique est donc celui qui,
tout en étant facilement montable et démontable, se trouve
appuyé sur un point qui ne soit ni trop petit ni trop
large, de manière à lui assurer la plus grande souplesse possible.

46. *Fabrication des bandages pneumatiques.*

Faire un bandage pneumatique, rien ne semble, en effet,
plus simple. Ce n'est, en somme, que du caoutchouc.
Eh bien ! cela est cependant si compliqué, que le fabricant,
qui, avant de monter un bandage sur une jante aurait juré
qu'il était parfait, s'aperçoit soudain que ça ne marche
pas : le bourrelet sort de l'enveloppe, la cuisson a détérioré ceci, brûlé cela, la jante est trop petite ou trop grande,
bref, il faut recommencer.

La fabrication de la chambre à air ne présente aucune
difficulté ; c'est un jeu d'enfant, mais il a fallu cependant
encore assez de temps pour s'apercevoir qu'elle devait être
en gomme pure et non pas entoilée ainsi qu'on le pratiquait
en 1890. La toile qu'on faisait entrer dans sa confection a
été placée à l'enveloppe et l'on a enfin remarqué que c'était
là seulement qu'elle jouait le meilleur rôle.

Pour la construction des roues de vélocipèdes, l'on se sert
généralement du pur Para qui est moelleux et très résistant à
la fois. Pourtant beaucoup de fabricants, aussi bien en France

qu'à l'étranger, combinent le caoutchouc avec la gutta au moyen du soufre. Le caoutchouc ainsi obtenu est dur, fort résistant, mais il devient bientôt cassant. Quand la part est faite plus grande à la gutta, au bout de très peu de temps l'on voit cette composition s'effriter. Ces deux corps s'amalgament très facilement ; on peut déjà s'en convaincre en tenant de chaque main un morceau de l'un et de l'autre. Approchez-les séparément du nez et vous y rencontrerez une odeur très différente et bien prononcée à chacun. En-suite, frottez-les l'un et l'autre et vous n'avez plus qu'une seule et même odeur, à peine sera-t-elle un peu plus prononcée chez la gutta. C'est par le flair, d'ailleurs, que l'on reconnaît le caoutchouc de première qualité des genres communs et des mélanges.

Quelle que soit la qualité du caoutchouc, l'enveloppe du pneumatique est faite de deux façons : au moyen d'un moule ou bien collée sur de la toile avec une dissolution de gomme. Dans le premier cas on prend un morceau de toile de la dimension nécessaire que l'on met sur un noyau d'acier du diamètre désiré, et l'on tend cette toile au moyen de cercles. On la recouvre ensuite de gomme pétrie et on met ce noyau ainsi préparé dans les deux cuvettes *ad hoc* du moule, on serre le tout au moyen d'écrous et on met alors le tout à l'autoclave.

Bien que la vulcanisation augmente les frais généraux et soit sensiblement plus coûteuse que le « gommage » elle a encore beaucoup de partisans. Industriellement, de l'avis de la plupart des fabricants de caoutchouc, elle donne de meilleurs résultats, mais on lui a fait le reproche de détériorer la toile par suite de la grande pression qu'exige cette opération. Au total, M. Michelin a constaté que la toile de lin n'y perdait pas plus de 6 0/0 de sa résistance ; que la toile de coton n'y perdait rien et que la ramie s'y brisait. Quant au « collé » l'opération est beaucoup plus simple : on met la toile sur un noyau de bois, on la tend, puis on colle la gomme déjà vulcanisée, on laisse sécher et l'enveloppe est faite.

On a fini par se rendre compte du travail exact qu'accomplit la toile indépendamment du rôle de geôlier qu'elle joue envers la chambre. Quand un pneumatique, gonflé normalement, roule, le déplacement des molécules d'air imprime un mouvement de rotation à l'enveloppe et la toile travaille énormément. A force de rouler et surtout sur de mauvaises routes, la trame de la toile finit par céder d'abord à un endroit puis à un autre, (d'où des boursouflures ou hernies) et la chambre à air finit par éclater complètement quand une partie de la toile s'est rompue. On a donc renforcé cette toile, un peu, dirons-nous, au détriment de la souplesse du bandage.

47. *Classification des systèmes de pneus.*

Si nous en croyons notre confrère Fanor, la classification de tous les pneumatiques actuels n'est pas, en vérité, si facile qu'on pourrait le croire ; mais on peut la résumer ainsi :

1° Pneumatiques à chambre à air souple non démontables ;
2°   --   à chambre à air souple démontables ;

10

3° Pneumatiques auto-réparables ;
4°   —   increvables ;
5°   —   sans chambre à air mobile (pour jante de creux),
                      auto-réparables ;
6°   —   à système d'attache fixe ;
7°   —   —   —   mobile ;
8°   —   —   —   pneumatique ;
9°   —   fixés par la pression ;
10°   —   — par la différence de diamètre.

Cette classification pourrait, il est vrai, être notablement réduite et se condenser en trois catégories seulement, et qui sont.

1° *Les pneumatiques démontables.*

2° *Les pneumatiques auto-réparables.*

3° *Les pneumatiques increvables.*

Dans l'impossibilité où nous sommes de donner dans cet ouvrage la description de tous les systèmes de pneumatiques qui ont été imaginés depuis l'apparition du Dunlop en 1890, nous nous bornerons à donner la liste des modèles les plus en usage, avec un mot caractérisant la différence qu'ils présentent avec leurs devanciers.

1° *Pneumatiques démontables.*

DUNLOP. — Modèle 1894, très souple, maintien par tringle.

MICHELIN sans tringles, maintenu par la pression de l'air.

NIVET (piste et route) à jante en V, dérive du Dunlop.

DECOURDEMANCHE. — Maintenu par talon dans la jante.

MENIER. — Pourvu d'une soupape de sûreté à la valve et le rendant inexplosible.

RENAUX. — Jante à l'intérieur de l'enveloppe, attaches par crochets.

LA FORCE. — Jante plate. Nervures extérieures antidérapantes.

JENATZY. — Jante creuse, attaches à talon.

VITAL-VALLÉE. — Dérive du Dunlop.

CONTINENTAL. — Jante Torrilhon, bourrelets adhérents à l'enveloppe.

ROCHET. — Attaches par corde engagée sous le bourrelet.

HURTU. — Dérive du Dunlop.

MOYSE. — Attache par bourrelets à talon.

LEFÉBURE. — Comporte deux enveloppes et double chambre à air.

SÉNÉCHAL. — Chambre à air triple entourée d'une seule enveloppe.

2° *Pneumatiques auto-réparables.*

TORRILHON à lamelles souples formant clapet à l'intérieur de la chambre à air.

LOISEL. — Chambre à air pneumo-statique mobile.

LAPSOLU. — Chambre à air héliçoidale, ou forme de mirliton.

CLOSURE. — Chambre à air contenant une dissolution de caoutchouc.

LARUE. — Chambre à air non vulcanisée rétrécissable.

48. *Les valves.*

Les systèmes de valves sont nombreux et jusqu'à cette année, ils ont été établis à peu près d'après le même principe : un clapet en caoutchouc mobile que l'inspiration et la pression faisaient jouer ; ou bien encore un petit tube en cuivre, percé d'un trou et que recouvrait une petite douille en caoutchouc. La valve est maintenant à la fois plus compliquée et plus simple, c'est-à-dire que son fonctionnement est plus pratique et l'on revient de plus en plus au clapet, qu'il ait l'aspect d'une petite poire ou d'une rondelle.

Parmi les types nouveaux, nous en prendrons deux : la valve Lejeune et la valve Sclaverand.

Le système Lejeune peut se démonter de toutes pièces et, en cas d'accident, se réparer instantanément avec la plus grande facilité. Le cycliste fait lui-même tout le nécessaire.

La valve est complètement détachée de la chambre à

air, ce qui évite le démontage des joints, cause d'une des-
truction rapide de la chambre à air. Le fonctionnement
est très doux, l'étanchéité absolue. On ferme la valve en
vissant le bouchon sur la tige du clapet. Il se produit un
écrasement amenant le gonflement du clapet qui ferme
sur ses faces latérales le tube de la valve dans laquelle il

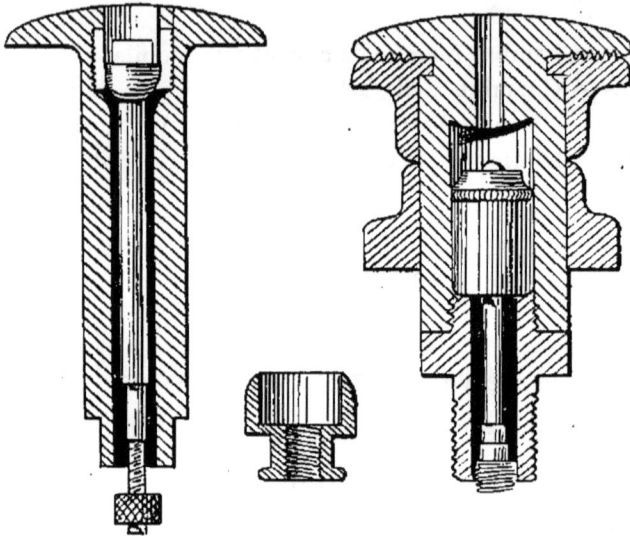

Fig. 149. — Valve Lejeune.   Fig. 150. — Valve Sclaverand (le chapeau
du clapet est figuré à part).

fonctionne. Le clapet est en gomme très pure et ne saurait
par conséquent adhérer au métal.

La valve Sclaverand, dont nous donnons le croquis, est
également fort simple, mais le clapet 3, au lieu d'être en
gomme, est en cuir embouti dont les abords forment onglet
et garantissent l'étanchéité. Il est fixé à une tige qui est
maintenue elle-même par un écrou vissé à la tête de la
valve. Cet écrou est percé de quatre petits trous en trèfle
par lesquels passe l'air introduit. Un petit bouchon règle

la course de la tige, et dès qu'il est vissé ou dévissé, cette tige fonctionne ou est maintenue.

Une valve assez curieuse est la valve à manomètre de Schaffer et Budenberg, dont nous reproduisons la figure. Elle permet de vérifier la pression de l'air introduit dans un bandage pneumatique, soit pendant le gonflement, soit pendant la marche.

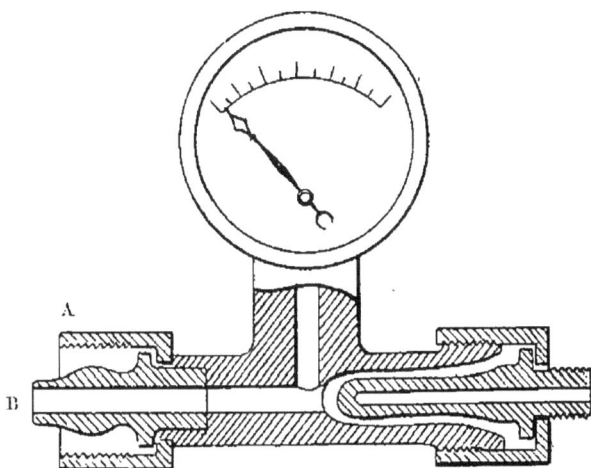

Fig. 151. — Coupe de la valve à manomètre de Schaffer et Budenberg.

A est un écrou de raccord servant à relier la valve à la tubulure de la chambre à air. *B* est une tubulure destinée à recevoir la pompe de compression. L'air comprimé passe par un clapet en caoutchouc et se rend par le canal central dans l'intérieur de la chambre à air. Enfin, de ce canal part un petit conduit sur lequel est monté le manomètre indicateur de pression.

Ce qui certainement n'est pas banal, et que nous enregistrons pour mémoire, c'est l'application d'un nouveau mode d'insufflation qui consiste à utiliser les réservoirs de gaz comprimé destinés à la charge du fusil Giffard. Cette

10.

application est due à M. G. Berthoud. On sait que le fusil Giffard, carabine de salon, remplace la poudre par le gaz carbonique liquéfié renfermé dans une cartouche en acier. C'est ce même gaz que M. Berthoud s'est proposé d'utiliser pour regonfler en cours de route les pneumatiques les plus aplatis comme la chambre à air la plus perforée.

49. *Gonflement des pneumatiques.*

Il résulte de la pratique acquise, — et pour une fois conforme aux indications de la théorie, — qu'un pneumatique gonflé très dur doit être plus « vite » qu'un autre moins gonflé. C'est très exact, mais, dans ce cas, vous enlevez à votre pneumatique sa meilleure qualité qui est le fond même de sa supériorité sur les autres bandages dont l'adhérence est toujours la même, — vous lui enlevez sa qualité d'absorption du choc. Il résulte de ces considérations qu'un pneumatique — surtout s'il repose sur une petite jante — doit être gonflé dur pour les routes unies ; moins dur pour les routes accidentées et pour le pavé.

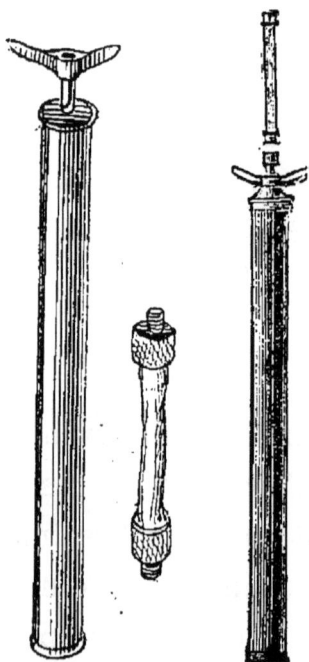

Fig. 152 et 153. — Pompes pour pneumatiques avec leurs raccords (pompes à main).

Le gonflement des pneumatiques s'opère avec des pompes foulantes mues à la main.

Il est certain que plus le corps d'une pompe est petit, plus il faut donner de coups pour gonfler le pneumatique d'une façon convenable. Plus le corps est grand, plus on gonfle vite, mais en revanche la pompe prend alors un volume tel qu'une sacoche ne peut la recevoir et qu'il faut alors avoir recours à un étui que l'on fixe au cadre de la machine à l'aide de courroies.

C'est à l'Angleterre que nous devons l'une des meilleures, la pompe « Guest ». Cette pompe est à double effet, c'est-à-dire qu'elle insuffle de l'air dans les deux fonctions : inspiration et aspiration. Comme son action est double, il faut donc juste la moitié moins de temps pour gonfler qu'avec n'importe quelle pompe de même dimension à simple effet. Le petit corps peut entrer dans une sacoche et équivaut, en somme, à telle autre pompe d'une dimension double.

Voici maintenant les types de pompes dits d'ateliers et qui peuvent s'adapter à toutes valves au moyen de raccords.

Fig. 154. — Pompe à compression de Sclaverand.

Le modèle (fig. 154) a été imaginé par M. Sclaverand :

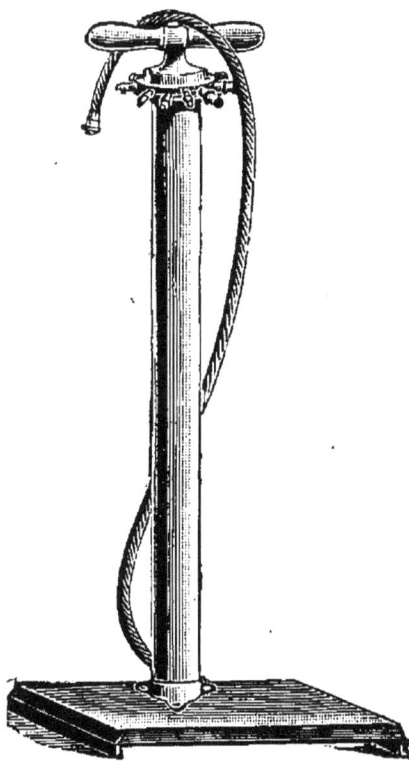

ce type est appelé « pompe à compression » et peut comprimer 8 à 10 atmosphères, ce qui équivaut au volume de quatre roues environ. Le réservoir possède un manomètre indicateur qui permet de se rendre compte de la pression introduite.

Cette pompe s'adapte également à toutes les valves.

Le protecteur est un accessoire du pneumatique qui a provoqué beaucoup de critiques. Qu'il soit en métal, en corne, ou de n'importe quelle matière, articulé ou en forme de lame, inséré dans l'enveloppe même ou entre la chambre à air et l'enveloppe, le protecteur n'est pas la solution de l'increvabilité.

Parmi les nombreux systèmes inventés, les Wright, Normanton, Gossot, Derby, etc., nous n'en prendrons dans cet opuscule qu'un seul comme type, la « Bande imperforable », la *Puncture Proof Band*.

Cette bande est composée d'ouate comprimée dans laquelle entre une composition résineuse, qui ne peut être perforée. On introduit la bande entre la chambre à air et l'enveloppe et on la colle à cette dernière avec de la dissolution.

50. *Résumé.*

Les *avantages* principaux des caoutchoucs pneumatiques sont donc :

Une augmentation sensible de vitesse ;

Une diminution notable de fatigue, surtout sur les pavés et les mauvais terrains où l'on peut marcher en vitesse **sans inconvénients** ;

Une sensation de roulement beaucoup plus agréable ;

Une protection très efficace pour le corps de la machine qui se trouve ainsi très bien garantie contre les secousses et contre les avaries qui en résultent ;

Une diminution de poids dans la machine, dont on peut établir impunément le corps plus léger, puisqu'il a moins à souffrir qu'avec les autres caoutchoucs.

Les *inconvénients* principaux des caoutchoucs pneumatiques sont en revanche :

Une augmentation sensible de prix ;

Une assez grande fragilité relative qui les met à la merci d'un clou, d'une épine ou de tout autre objet pointu qui, en traversant le caoutchouc, peut le percer et amener leur dégonflement, d'où la nécessité pour le vélocipédiste de mettre pied à terre, sous peine d'avarie plus grave, et de faire une réparation parfois longue et ennuyeuse ;

Un manque de stabilité sur le pavé gras, l'asphalte mouillé ou la terre détrempée. Toutes les fois que le sol est sec, le pneumatique donne une sécurité absolue ; mais, dès que le terrain est glissant, il dérape très facilement en raison même de l'élasticité qui résulte de son gonflement.

CHAPITRE VII

Réparation des Cycles.

Quelles sont les réparations que le mécanicien a le plus souvent à faire aux machines de ses clients, et quelles sont les dégradations les plus fréquentes qui surviennent aux vélocipèdes de tout genre : bicyclettes, tandems, tricycles et triplettes. A notre avis, on peut classer ces dégradations dans l'ordre suivant, d'après leur fréquence :

Caoutchouc plein, décollé ou arraché ;
Caoutchouc creux déchiré ou détaché de la jante
Bandage pneumatique perforé et dégonflé ; enveloppe percée ou déchirée.
Roue voilée, rayons brisés ou tordus.
Pédales faussées, manivelles tordues, pédalier desserré.
Axes ou moyeux brisés, écrous ou boulons perdus ou se desserrant constamment.

Nous examinerons donc, dans ce chapitre, quels sont les remèdes à apporter à ces détériorations diverses ; bien que tout mécanicien vraiment digne de ce nom et connaissant à fond toutes les ressources de son métier doive connaître les meilleurs procédés à mettre en pratique, nous les rappellerons pour que notre livre puisse être de quelque utilité aux débutants non encore entièrement au courant.

51. *Nettoyage d'une bicyclette.*

Au retour d'une excursion ou d'une promenade au cours de laquelle il a été surpris par une averse, le cycliste soigneux ne remise jamais son coursier sans l'avoir nettoyé à fond, nécessité souvent très ennuyeuse, surtout quand la machine est remplie de boue, mais que le touriste soucieux du bon fonctionnement de son appareil ne doit pas négliger. Cependant, il ne manque pas d'amateurs qui ramènent leur machine au garage, après avoir reçu la pluie, et qui omettent cette précaution essentielle. Il résulte de ce défaut d'entretien que souvent on amène aux mécaniciens-réparateurs, des bicyclettes dans un état pitoyable : le corps rouillé par places, l'émail écaillé, le nickel désagrégé, les axes ankylosés, enfin présentant tout l'aspect d'un *clou* (1).

Voici les procédés à suivre pour remettre une bicyclette en état :

Quelle que soit l'épaisseur de la boue qui recouvre un cycle, il ne faut pas essayer de l'enlever à l'aide d'une éponge mouillée ou en lavant à grande eau : en agissant ainsi, on risquerait d'entraîner dans les moyeux et roulements des graviers imperceptibles qui altèreraient la rectitude des coussinets et des cuvettes en très peu de temps. Il est préférable d'enlever le plus gros de la boue avec

(1) Terme d'argot des cyclistes désignant une bicyclette de qualité inférieure, usée ou disgracieuse. On dit aussi une *bécane malade.*

une *curette* en bois, puis de frotter les tubes et les jantes émaillés avec un chiffon sec, et ensuite un chiffon imbibé de vaseline. Pour redonner le brillant à l'émail et au nickel, on vend des *serviettes* dites *prodigieuses* ou *magiques*, enduites d'un produit spécial et avec lesquelles il suffit de frotter les parties à repolir.

Lorsque, après une période d'inactivité plus ou moins longue, le métal de la machine est piqué par places de taches de rouille, il faut prendre une brosse imbibée de graisse d'armes et frotter énergiquement la piqûre jusqu'à ce que la tache de rouille disparaisse; on termine le polissage avec un chiffon. Quelques praticiens préconisent le jus d'un oignon que l'on fend en quatre et que l'on passe sur le métal attaqué; on obtient plus rapidement, paraît-il, le résultat désiré. La *stilbéine,* sorte de gomme de composition particulière dont les armuriers font usage pour l'entretien des canons de fusil, donne également de bons résultats. Mais, quelle que soit la profondeur de la tache de rouille, on ne doit jamais prendre, pour l'enlever, de la toile ou du papier d'émeri, car, si fin que soit le grain, il raye toujours et la pièce est détériorée : il faudra la repolir et la reporter à l'atelier de nickelage ou d'émaillage, ce qui complique la réparation et en élève le prix.

Si la machine est restée longtemps sans rouler, la graisse ou l'huile a pu sécher dans les coussinets, et le roulement est très dur. Pour détacher le cambouis amassé, on injecte, à l'aide d'une petite seringue à ressort, du pétrole, de l'essence ou mieux, de l'éther, dans les trous de graissage. Le pétrole et l'éther dissolvent les corps gras, et le cambouis liquéfié peut être évacué. Il n'est pas nécessaire d'inonder la machine de pétrole pour obtenir ce résultat, on y arrive aussi bien avec une petite quantité. De même pour le

Fig. 155. — Injecteur à pétrole ou à éther.

cadre émaillé ; l'astiquage doit être fait avec un chiffon légèrement humecté de pétrole, de façon que ce liquide, séchant instantanément sur les tubes, les laisse brillants et secs.

Quand l'émail est écaillé et qu'on veut le réparer, on le repeint avec du vernis liquide que l'on étend à l'aide d'un pinceau, après avoir enlevé, par l'un des procédés indiqués plus haut, jusqu'à la moindre tache de rouille. On laisse bien sécher, puis on donne le « coup de fion » à l'ensemble de la machine avec un linge fin de toile imprégné de graisse d'armes ou de vaseline. Cela fait, la pluie pourra tomber à torrents le jour de la première sortie de la machine, il n'y aura pas à redouter la moindre piqûre de rouille, et le cycle aura repris l'apparence du neuf.

Dans le cas où le nickel des pièces ainsi recouvertes serait parti par places, à la suite de l'usure, il n'y a pas d'autre remède que de les porter à l'atelier de nickelage où elles seront remises au bain et repolies, après avoir été décapées pour enlever toute trace du nickel restant.

52. *Réparation des bandages en caoutchouc plein ou creux.*

Il arrive fréquemment que le cercle de caoutchouc constituant le bandage de la roue se détériore à la suite d'un accident quelconque ; on en opère la réparation de la façon suivante : S'il s'agit d'une simple fente, on nettoie d'abord soigneusement les lèvres de la plaie, puis on la remplit avec un mastic composé de 16 parties de sulfure de carbone, 4 parties de caoutchouc, 2 parties de gutta-percha et 1 partie de colle de poisson. Cette dissolution est introduite à l'état pâteux dans la fente, par couches successives ; on maintient ensuite les bords par un fil tant soit peu serré et on laisse sécher. Après 24 ou 36 heures, on enlève le fil ; puis, à l'aide d'un couteau mouillé, on coupe la saillie du mastic résultant du rapprochement des bords de la fente.

Pour coller un caoutchouc neuf ou recoller un caoutchouc détaché, on nettoie d'abord soigneusement le fond de la jante, puis on y étend un ciment de composition particulière, vendu en flacons ; on chauffe la jante sur une lampe à essence ou à alcool et quand le ciment est chaud et gonflé, on pose l'anneau de caoutchouc qui s'applique dans la jante. Pour rendre le caoutchouc indécollable, il suffit de passer un pinceau trempé dans la benzine sur la partie du bandage qui doit être en contact avec la colle. De cette manière, la colle prendra plus fortement au caoutchouc, une fois le refroidissement terminé.

Lorsqu'il y a dans le caoutchouc une coupure ou un arrachement important, le meilleur procédé réside dans l'emploi du sulfure de carbone, dont on mouille le bandage ; le caoutchouc se dissout et le recollement est assuré. Pour maintenir en contact les deux bords de la déchirure, on ligature fortement le cercle et la jante avec une ficelle, non pas avec un fil de fer ou de laiton, car on risquerait de couper le caoutchouc en deux. Mais cette réparation nécessite des précautions ; le sulfure de carbone est facilement inflammable et explosible, et son maniement doit être fait avec prudence. L'odeur nauséabonde de cette substance peut être corrigée en y mélangeant un peu d'essence d'amandes amères.

53. *Réparation des pneumatiques.*

Tout le matériel nécessaire pour la réparation du bandage en cas d'accident en route, peut être contenu dans une petite trousse, qui est ordinairement remise gratuitement au client par le marchand de pneumatiques. Un atelier de réparation doit posséder en plus grande quantité les matières contenues dans cette trousse, et qui sont :

1° Du papier de verre ;

2° De la benzine pure ;

3° De la dissolution de gomme pure dans la benzine ;

4° Des rondelles et des morceaux de feuille anglaise (caoutchouc mince).

5° Des morceaux de toile enduits de dissolution sèche ;

6° Du talc pulvérisé pour empêcher toute adhérence intempestive entre la chambre à air et l'enveloppe, une fois la réparation faite.

Voici comment on doit procéder à la réparation d'un pneumatique :

Après s'être assuré que l'échappement de l'air provient bien d'une perforation de la chambre à air, et non d'une autre cause ; par exemple un défaut d'étanchéité de la valve, on dégonfle complètement le bandage et on le retire de la jante, à l'aide des mains ou de l'outil, voir la fig. 156. Si l'on ne trouve pas, par un premier examen, l'endroit de la perforation, on gonfle légèrement la chambre à air et on la plonge dans un baquet d'eau. Les globules d'air,

Fig. 156. — Outil-trousse en buis pour retirer les pneumatiques hors de la jante.

s'échappant du trou, indiquent par le bouillonnement de l'eau l'emplacement exact du trou, que l'on marque en traçant autour un rond avec un morceau de craie, un crayon ou un pinceau.

On essuie ensuite soigneusement le tube de caoutchouc, puis à l'aide d'un morceau de papier de verre, on le frotte pour le nettoyer complètement. Un peu de benzine versée sur un chiffon propre assurera ensuite l'expulsion de tout corps étranger, poussière, etc., puis on laisse sécher complètement, ce qui est essentiel.

La réparation ainsi préparée, on enduit de dissolution l'endroit à réparer en l'imbibant avec le bout du doigt. On en fait de même pour la pastille ou le morceau à coller, en procédant par couches successives, et en laissant à la benzine le temps de s'évaporer en partie. Enfin quand le degré de concentration de la dissolution paraît suffisant, on applique la pastille sur le trou et on laisse sécher au moins une heure avant de remonter le pneumatique. Si l'on est pressé, au bout de dix minutes, on saupoudre de talc la rondelle, pour qu'elle ne risque pas de coller à l'enveloppe, et on peut procéder au remontage.

Contrairement à ce qui doit avoir lieu pour la chambre à air, s'il s'agit seulement de la réparation de l'enveloppe, il faut appliquer le morceau de toile (et non de caoutchouc) à l'intérieur ; toute autre manière est mauvaise.

Pour réparer des coupures à une enveloppe, on enlève complètement cette pièce du bandage et on lave son intérieur avec de la benzine aux endroits où la réparation doit être faite ; on enduit ensuite cet endroit de dissolution, puis, quand le degré d'évaporation est obtenu, on appose un morceau de toile imbibé de la même manière, et on laisse sécher une journée avant de remonter.

Dans le cas où ce serait la valve qui ne serait pas étanche, il faudrait la démonter pour vérifier le fonctionnement du clapet, que l'on remplacera au besoin. Pour s'assurer si l'air ne fuit plus, on gonfle la chambre à air, et on mouille d'un peu d'eau savonneuse la tubulure. S'il y a déperdition d'air, les bulles de savon se dégageant, l'indiqueront d'une façon certaine. Le bouchon, garni intérieurement d'un petit tampon d'ouate ou de feutre sera ensuite serré à fond sur la tubulure.

Nota. Avoir soin, pendant ces diverses manipulations, de

ne pas laisser tomber de dissolution, de benzine ou d'huile sur le caoutchouc : celui-ci se dissoudrait au contact, et il en résulterait de nouvelles fuites.

54. *Réparation des roues.*

L'accident qui arrive le plus fréquemment, après la crevaison d'un pneumatique, c'est la torsion d'une roue à la suite d'un choc violent ou d'une chute. La jante, plus ou moins tordue, prend la forme caractéristique d'un 8 plus ou

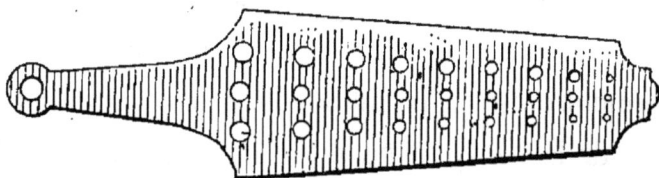

Fig. 157. — Filière pour tarauder les têtes de rayons.

moins aplati, le moyeu est déjeté et souvent un certain nombre de rayons sont tordus ou brisés.

Il est de toute nécessité, dans un cas semblable, de démonter complètement la roue pour la redresser et la réparer.

Si les rayons sont directs, et s'ils sont brisés à une assez grande distance du moyeu, on saisit l'extrémité avec une pince et on le dévisse ; le morceau resté dans la jante est ensuite enlevé sans peine, quand le bandage extérieur a été retiré, car il n'y est maintenu que par sa tête. S'il s'agit de rayons tangents, cas plus commun, on desserre, à l'aide d'une clé spéciale, l'écrou qui le retient dans la jante, et on le retire en le faisant passer par le trou percé dans la joue du moyeu, où il est retenu, à l'état ordinaire, par sa tête.

Pour redresser une jante voilée, il est souvent nécessaire après avoir démonté tous les rayons, de la faire repasser entre les galets de la machine à cintrer; cependant un ouvrier adroit peut la redresser sur le tas ou la bigorne de l'enclume en la frappant au point voulu avec un maillet de bois.

La jante bien remise dans le plan, les rayons sont remis en place, ceux qui ont été brisés ou tordus remplacés par des neufs, puis la forme ronde lui est redonnée par le réglage, en serrant chaque rayon au degré voulu, comme s'il s'agissait d'une roue neuve.

Dans le cas où les moyeux auraient souffert, on les redresserait au marteau, mais le cas est assez rare, et nous ne ferons que le mentionner en passant.

55. *Réparations au pédalier.*

Les accidents qui surviennent le plus souvent à cette partie importante de la machine, consistent dans la torsion d'une pédale ou d'une manivelle. Pour la réparation, on est obligé de démonter complètement le moyeu : on desserre d'abord l'écrou de chaque pédale, et cette pièce est mise de côté. Les clavettes des manivelles sont chassées hors de leur logement d'un coup de marteau, après que leur écrou a été enlevé. Le cône de réglage du coussinet est enfin dévissé, les billes enlevées pour être nettoyées au pétrole, enfin l'axe moteur avec sa bague fixe est retiré.

Une vérification attentive permet de déterminer quelle est la partie qui a souffert. Si c'est l'axe de la pédale, on est souvent obligé de le redresser au feu, après l'avoir démonté. De même pour les manivelles, qui doivent être reforgées, dégauchies et limées. Si l'axe est faussé, on est forcé de le remplacer et alors, si l'on n'a pas de pièce interchangeable provenant du même fabricant, il faut en forger un autre, puis le tourner et le fileter du même pas que les écrous dont on dispose. Cet axe est ensuite trempé.

Lorsque des billes ont été brisées dans l'un ou l'autre des coussinets, et que la cuvette est tout éraillée, le seul remède consiste à changer ces cuvettes. Les billes brisées sont remplacées par d'autres du même diamètre.

56. *Axes, moyeux, écrous et pignons.*

Les axes des roues étant des pièces fixes, il est assez rare qu'ils se détériorent, d'autant plus qu'ils sont fabriqués en acier trempé; le seul défaut qui puisse leur survenir, à la suite d'un long usage, réside dans l'usure des pas de vis tracés sur leurs extrémités, et sur lesquels se vissent les écrous de serrage. Il arrive fréquemment, en effet, qu'à la suite d'une longue marche sur du pavé ou une route raboteuse, les écrous se desserrent et prennent du jeu. Le cycliste sentant sa machine ferrailler resserre ses écrous, mais à la longue, surtout si cette opération est faite sans attention, les filets du pas de vis s'émoussent, et, quoi qu'on fasse désormais, les écrous foirent et ne tiennent plus. Il arrive aussi qu'en se servant maladroitement de la clé anglaise ou d'une clé découpée un peu trop large, le cycliste arrondit peu à peu les pans des écrous qui deviennent cylindriques et imprenables pour n'importe quelle clé.

Pour refaire les filets des axes, il est nécessaire de détremper la tige en la faisant chauffer, ce qui demande une certaine expérience.

Quand le métal est redevenu doux et susceptible d'être travaillé, on le met sur le tour, et on refait le filet sur le même pas où il était auparavant. La pièce est ensuite recuite et retrempée pour reprendre sa dureté primitive.

Les écrous, dont les pans sont abattus, peuvent être retaillés à la lime, de façon à reprendre leur forme première. De même pour les têtes à six pans des boulons. Souvent, il est préférable de prendre des écrous ou boulons neufs ; tous les mécaniciens en possèdent d'ailleurs un assortiment de toutes les tailles, et il suffit de tarauder le trou central et de fileter le pas de vis femelle correspondant au pas de vis mâle de la tige du boulon.

Les réparations à faire aux moyeux de roues portent le plus souvent sur les coussinets. Dans les machines à bon marché, où le logement des billes est fraisé à même le métal du moyeu, on est obligé de remettre cette pièce sur le tour ou la machine à fraiser pour rectifier le profil du couloir rendu inégal par l'usure. Dans les machines de bonne fabrication, les cuvettes pouvant être retirées, sont détrempées et refraisées, ou simplement changées avec la plus grande facilité. Il faudra, dans ce cas, être attentionné à remettre ces cuvettes, une fois la réparation terminée, dans la même position qu'elles occupaient précédemment. Pour replacer les billes avec moins d'ennui et de difficulté, on pourra les agglutiner avec des matières grasses : suif, vaseline ou beurre. La douceur du roulement n'y pourra que gagner par la suite, et les billes seront plus facilement mises et retenues en place.

Fig. 158. — Axe de tricycle avec le mouvement différentiel
(démonté pour la réparation).

De même que toutes les autres pièces, la roue dentée et le pignon s'usent par le roulement ; les dents se creusent

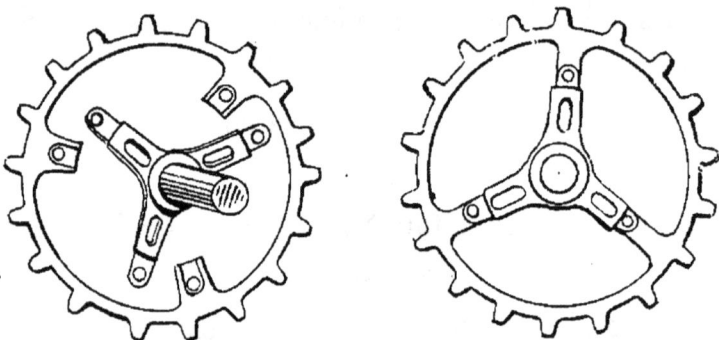

Fig. 159 et 160. — Pignon détachable (monté et démonté).

peu à peu par le frottement continuel des maillons de la chaîne, et finissent par ne plus présenter une saillie suffisante pour assurer l'adhérence. La chaîne ballotte et le jeu est quelquefois tel qu'elle saute par-dessus les engrenages, pouvant causer ainsi un accident au veloceman.

Le seul remède à apporter à cet état de choses est radical :

il faut changer la pièce usée et la remplacer par une neuve. Les pignons sont d'ailleurs des pièces bon marché, mais leur changement nécessite le débrasage de la roue dentée, quand cette pièce est brasée, ce qui est en somme assez rare avec les derniers modèles de cycles, car, prévoyant le changement de la multiplication, la plupart des constructeurs font les couronnes dentées démontables, à l'aide de trois bras qui viennent se fixer au moyen de vis sur trois autres bras, fixés à demeure sur l'axe moteur. Quant au pignon d'arrière, enfoncé à force, il s'enlève d'un coup de marteau.

57. *Soins à donner aux chaînes.*

La chaîne est une des parties les plus délicates d'une machine, et celle qui exige le plus de soins, car tantôt elle se tend d'une façon exagérée par la poussière et la boue agglomérée à l'intérieur des maillons, et tantôt elle se détend au point d'exiger d'être remise à la longueur. C'est même dans l'intention de supprimer ce déréglage fréquent que plusieurs constructeurs ont remplacé ce système de transmission par des leviers, comme dans le cycle Watt, ou par des engrenages d'angle, comme dans l'Acatène Métropole.

La chaîne doit être modérément graissée avant que la machine soit mise en service, mais cela ne veut pas dire qu'il faut l'arroser d'huile avec la burette. Il vaut mieux prendre une brosse un peu dure, enduite de vaseline ou de pétrole, et en frotter la chaîne, que l'on es-

suie ensuite avec un chiffon de toile sec. Le peu de vaseline qui restera dans les maillons après cette opération
sera suffisant pour assurer le graissage de la transmission, qui doit être, nous insistons sur ce point, enduite
d'huile et jamais de graisse.

Dans une chaîne, pour que le roulement soit aussi
doux que possible, il est nécessaire que, non seulement les
maillons soient bien huilés, mais que les rivets le soient
également. Deux moyens ont été proposés pour obtenir ce
graissage parfait ; le premier consiste à chauffer la chaîne
jusqu'à ce qu'elle soit bien sèche et les dernières traces
de cambouis carbonisées. Quand la température est telle
qu'on ne peut plus tenir la chaîne dans la main, on
plonge cette pièce dans un bain d'huile de bonne qualité ; les pores du métal, dilatés par la chaleur, absorbent un peu d'huile, en conservent quelques parties, et
ainsi la chaîne se trouve lubrifiée pour un certain temps.
Le second moyen consiste à faire, avec de la plomba-
gine et un corps gras quelconque : vaseline, suif, etc.,
fondu sur un feu doux, une pâte que l'on étend avec
une brosse dure dans tous les interstices de la chaîne.
Puis, présentant celle-ci à une flamme de feu de bois, on
provoque la fusion de cette pâte afin qu'elle s'insinue
jusque dans les rivets.

Quand une chaîne est tendue outre mesure, ce qui est
dû souvent à l'accumulation du cambouis et de la poussière qui durcissent et augmentent le diamètre des engrenages, il existe un moyen bien simple de la déten-
dre : il suffit de frotter toute la surface de la chaîne

avec une brosse imbibée de pétrole qui dissout les matières grasses. On fait tourner les roues, la bicyclette étant suspendue, et, au bout de quelques minutes, la graisse ayant disparu, la chaîne a repris sa tension normale.

L'usage d'un *gear case* ou *carter* ne fait pas disparaître complétement cet inconvénient, car, à la longue la poussière s'agglutine contre les maillons, se durcit et rend le roulement très pénible ; il peut même être tel que le bris de la chaîne peut survenir. L'usage d'un carter soudé au cadre n'est donc pas très recommandable, et le demi-carter en celluloïd, avec un couvre-chaîne démontable, est plus pratique.

58. *Divers.*

Collage des poignées. Il arrive fréquemment que les poignées de guidon, à la suite d'un long usage, se décollent, et ne veulent plus tenir à la barre. Un procédé très simple pour assurer l'adhérence consiste à faire fondre de l'alun et à l'appliquer aux extrémités du guidon. Cette matière constitue un ciment excellent, facile à préparer et à manier, et d'une résistance à toute épreuve.

Réparations à l'émail. Voici un moyen de réparer soi-même, à peu de frais, et d'une manière très simple, l'émail écaillé d'une bicyclette : on décape d'abord avec soin la partie éraillée en la frottant avec du papier émeri fin, puis on l'humecte légèrement et on l'enduit d'un mélange en poudre fine de : cristal pulvérisé 2 parties, oxyde d'étain 1 partie, borax 1 partie. L'humidité fait adhérer une certaine quantité de poudre à la pièce; il suffit dès lors de la fondre au chalumeau pour la fixer à la surface du métal et former un enduit analogue à une couche de vernis, à la fois isolant et très solide.

Pour redonner à l'émail terni d'une machine tout son éclat, on imbibe un tampon de flanelle douce d'un mélange d'huile de lin et d'alcool pur avec lequel on frotte vigoureusement toutes les parties émaillées. On laisse sécher une heure environ, puis on frotte doucement avec une peau de chamois souple et fine. On obtiendra ainsi le brillant du neuf. Il est inutile de faire à l'avance le mélange dont on mouille la flanelle; l'alcool s'évaporerait en pure perte; on le préparera donc seulement au moment de s'en servir.

Resserrage du guidon et de la selle. Il arrive quelquefois que le guidon ou la tige porte-selle, un peu minces pour les colliers qui devraient les serrer, ne peuvent se fixer, d'une façon stable et permanente, après quelque temps d'usage. Pour remédier à cet inconvénient, qui ne laisse pas de présenter un certain danger pour le vélocipédiste, on entourera la tige de selle ou le té du guidon d'un morceau de papier d'émeri, en ayant soin de placer la partie rugueuse à l'extérieur; on desserre ensuite complètement le collier, on introduit la tige, ainsi garnie de son enveloppe, dans sa douille et on serre à bloc l'écrou du collier. Presque toujours ce moyen réussit à souhait et la tige se trouve maintenue d'une façon désormais inébranlable.

DEUXIÈME PARTIE

LES AUTOMOBILES

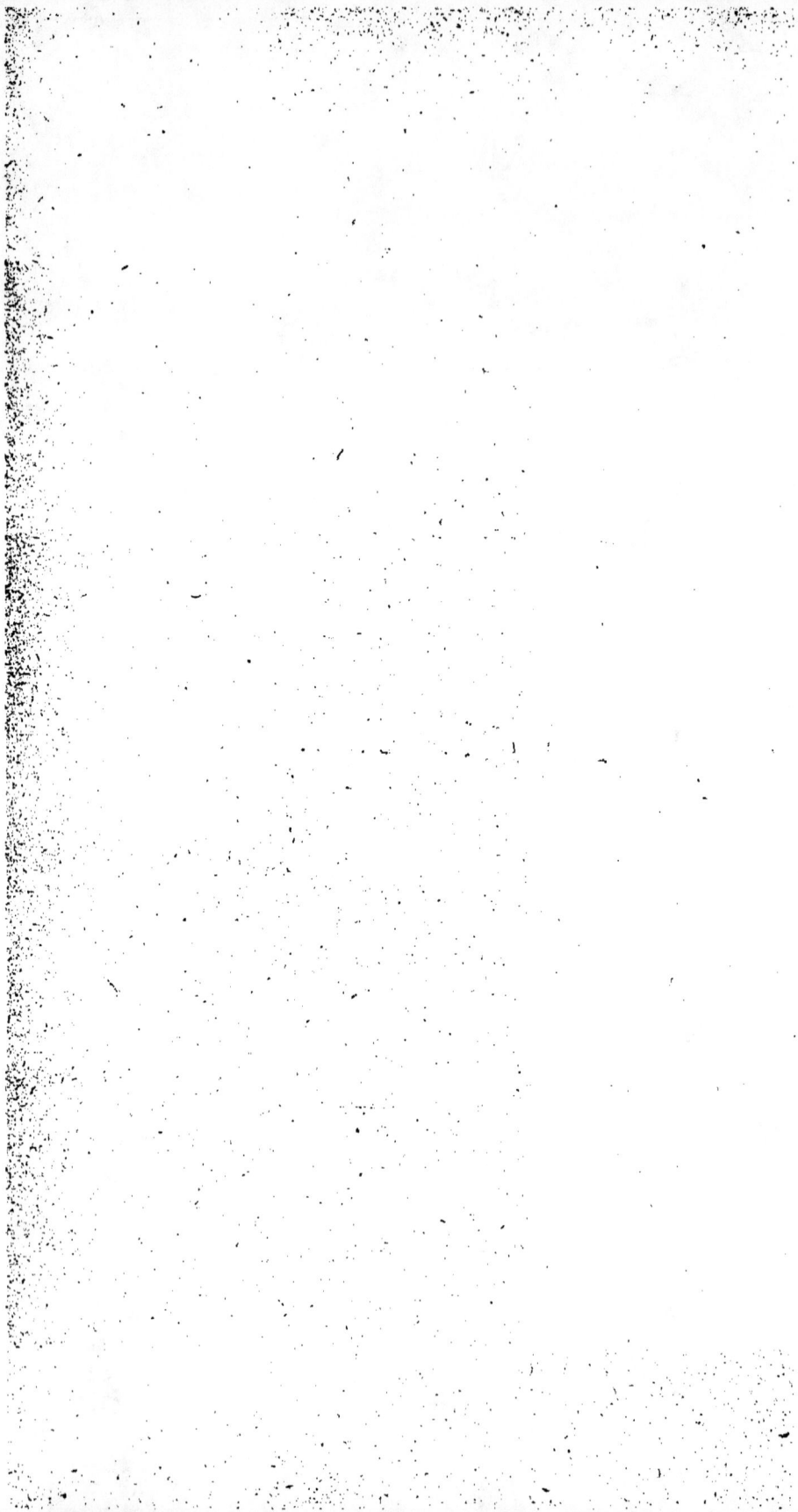

LES AUTOMOBILES

CHAPITRE Ier

Les Voitures automobiles.

1. *Avantages de l'automobilisme.*

L'automobilisme est un sport né d'hier, et cependant il a donné naissance à une nouvelle industrie, réunissant la science du mécanicien et de l'ingénieur à l'expérience et au bon goût du carrossier. Les résultats acquis par les épreuves monstres de Paris-Bordeaux et Paris-Marseille et retour (1.700 kilomètres), en 1895 et 1896, ont démontré la valeur des nouvelles machines, qui sont devenues, au même titre que les cycles, l'objet d'un engouement général.

On peut dire que l'automobilisme dérive du développement excessif pris par le tourisme vélocipédique. Quand on a reconnu que les routes de notre pays étaient les plus belles du monde, — ce que les Français étaient les derniers à savoir, — on a cherché à les parcourir, non plus à la force du jarret, mais confortablement assis sur les coussins d'un véhicule automatique. La première idée de l'automobile a été le vélocipède mécanique, et ce n'est que devant les difficultés de l'exécution qu'on a agrandi les dimensions et fait une voiture.

Aujourd'hui, l'Automobilisme a conquis ses parchemins de noblesse : il est imposé et réglementé. De même que tous les touristes cyclistes de France, convaincus que l'union fait la force, et qui se sont réunis en une fédération comptant maintenant cinquante mille adhérents : le *Touring-Club,* les propriétaires de voitures mécaniques ont fondé l'*Automobile Club,* qui compte un millier de membres, comptant tous parmi l'élite intellectuelle de notre pays. Enfin le développement de ce sport est tel qu'il a fallu former de nombreux mécaniciens à l'usage de ces nouvelles machines, et que les modestes réparateurs de vélocipèdes en province sont obligés d'être au courant du mécanisme de ces voitures qu'ils sont souvent appelés à visiter et à réparer.

Il est donc nécessaire de connaître la disposition générale des voitures automobiles, et c'est pourquoi, dans ce chapitre, nous donnerons la description des systèmes les plus employés et qui sont entrés dans la pratique courante.

2. *Voitures à vapeur.*

Les premières voitures automobiles à vapeur réellement pratiques ont été établies vers 1875 par le mécanicien fondeur de cloches du Mans, Bollée. C'est même avec un

specimen de cette époque, avec l'omnibus à vapeur la
Nouvelle, que M. Bollée fils a pris part en 1895 à la course
Paris-Bordeaux et retour. Et malgré un accident imprévu
(bris d'une bielle), qui mit la *Nouvelle* presque hors de
combat dès le départ, M. Bollée arrivait neuvième, et à la
tête des vaporistes qui effectuèrent le parcours.

La disposition des voitures à vapeur Bollée était très
bien étudiée ; la chaudière était disposée à l'arrière, elle
était verticale, à tubes pendentifs Field, et pouvait vapo-
riser 100 kilogr. d'eau par mètre carré de surface de chauffe
et par heure ; la montée en pression était très rapide, et
celle-ci pouvait être maintenue à 10 kilogr. pendant la
marche. Le moteur était à deux cylindres calés à 45 de-
grès, avec distributeur rotatif équilibré permettant la détente et le changement de marche. Sa force normale, de 10
à 15 chevaux, pouvait être doublée sans difficulté. Enfin, et
pour la première fois dans les voitures automobiles, la direction était opérée par un *avant-train à deux pivots,* le
mouvement des roues d'avant étant indépendant pour chacune d'elles, quoique commandé par un volant unique.
Cette disposition a été copiée ensuite par tous les autres
constructeurs.

Le poids de l'omnibus à vapeur Bollée atteignait
4.600 kilogr. en ordre de marche, avec huit voyageurs, le
chauffeur et le conducteur. La vitesse moyenne en palier
était de 25 kilomètres, mais pouvait être poussée sans
danger jusqu'à 45 kilomètres à l'heure. M. Bollée a construit également d'autres véhicules à vapeur de formes variables qui, tous, ont donné de bons résultats.

A peu près vers la même époque, en 1885, deux ingénieurs du plus grand mérite, et qui ont prouvé leur valeur
par leurs inventions successives : MM. Serpollet et de
Dion, cherchaient, chacun de leur côté, un dispositif pratique de véhicule à vapeur léger pouvant circuler sur les

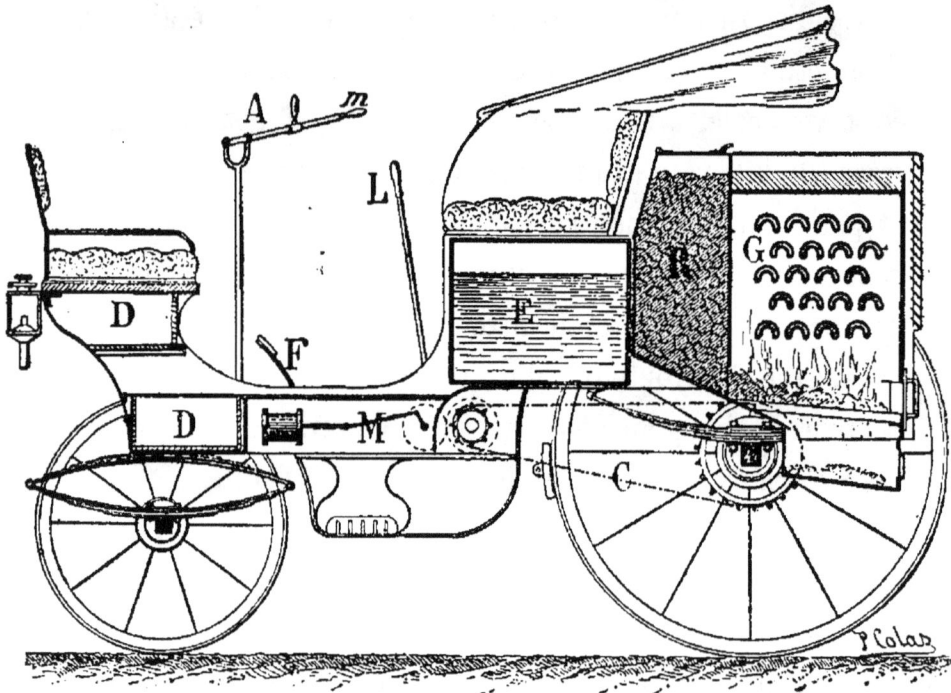

Fig. 161. — Phaéton Serpollet (coupe schématique).

routes et même à l'intérieur des villes. M. de Dion, associé
avec des mécaniciens tels que Bouton, Trépardoux et Mérelle, parvint à établir d'abord un tricycle puis une petite
voiture légère, pouvant marcher à grande vitesse, tandis
que M. Serpollet, ayant imaginé son nouveau type de générateur, l'appliquait à des voitures plus lourdes, tels
qu'un phaéton et un mylord. Voici la description de ces

deux systèmes qui diffèrent surtout par la disposition de leur générateur.

La chaudière Serpollet, qui avait primitivement la forme d'une spirale plate affecte aujourd'hui l'apparence d'un demi-cercle. Les tubes réunis par des raccords, sont disposés en quinconce dans le foyer. Dans le phaéton mentionné plus haut, le générateur composé de 21 tubes en C, est placé en G (fig. 161), à l'arrière du véhicule. En R se trouve le réservoir de coke à chargement automatique, en E la bâche à eau d'alimentation, en M le moteur qui actionne par engrenages un pignon relié par une chaîne Galle avec la roue dentée placée sur l'essieu moteur et qui fait ainsi tourner ce dernier. On voit en L le levier de la pompe d'amorçage, en F, le frein à pédale, en A, le levier de direction, en M la manette de ce levier, et enfin en DD des coffres pour usages domestiques.

Dans les tubes de la chaudière, ne présentant qu'une fente de section très faible, on injecte, par une de ses extrémités de l'eau, à l'aide d'une pompe de compression. Cette eau, au contact des parois du tube, se vaporise et sort par l'autre extrémité à l'état de vapeur surchauffée à 250 et 300° qui vient agir directement sur le piston du moteur. La voiture ainsi agencée offre les avantages suivants : absence de tout danger puisqu'il n'y a pas de réservoir de vapeur ; suppression de tous les appareils de sûreté, soupapes, niveau d'eau, robinets divers, etc. On ne peut dépasser la limite de pression puisque celle de la vapeur correspond toujours, aux pertes de charge près, à la pression de l'eau injectée, et que cette dernière peut être portée à la limite qu'on désire. La voiture démarre dans n'importe quelle condition, puisque la pression peut monter immédiatement à 10, 15 et 25 atmosphères et n'a de limite que la résistance des organes du moteur. On peut gravir des rampes à des vitesses de 10 à 15 kilom. à l'heure, par suite de l'extrême élasticité du générateur dont la pression s'équilibre toujours avec l'effort à vaincre. Aux descentes, on n'a qu'à s'occuper de donner une bonne direction à la voiture.

Enfin, signalons l'absence totale d'échappement de vapeur et de fumée, puisqu'on peut brûler du coke.

La voiture que représente notre croquis pèse à vide 1.500 kilogrammes et en charge 1.900 kilogrammes. Elle est combinée en vue d'éviter toute manipulation en cours de route. En effet, la provision de coke s'écoule sur la grille *automatiquement* au fur et à mesure de la combustion. Le générateur est capable de fournir une vitesse constante de 20 à 30 kilomètres à l'heure. La dépense en coke par kilomètre parcouru est de 500 grammes, ce qui, au prix actuel du coke, représente environ 3 *centimes*. Enfin le réservoir d'eau contient la quantité nécessaire à un parcours de 50 kilomètres.

Quant à la manœuvre, elle est excessivement simple; elle consiste à orienter la voiture d'une seule main; l'allure est réglée par la poignée de direction même qui est rotative sur son axe, et qui commande la pression par la quantité d'eau fournie au générateur.

La chaudière Serpollet a encore été employée dans plusieurs autres modèles de voitures. En 1894, à la course de Paris-Rouen, M. Le Blant s'était mis en ligne avec un break pesant 3.500 kilogr. en charge avec douze voyageurs, break ayant pour générateur le tube que nous avons décrit. Dans cette épreuve, on pouvait voir également un omnibus à vapeur, à chaudière Field rappelant celle de Bollée, et qui était dû à l'ingénieur Scotte. Il ne paraît pas que ce pesant véhicule ait répondu aux espérances qu'il avait permis de concevoir, car aucun, jusqu'à présent, n'a été mis en service. On peut en dire autant de l'omnibus Decauville, à moteur rotatif Filtz, qui fut exposé au Salon du Cycle en 1895, mais qui n'est jamais sorti de sa remise.

Les voitures de Dion sont, elles, des *tracteurs* ou *remorqueurs* à vapeur ; ce sont des locomotives routières en miniature auxquelles on attelle un landau ou toute autre voiture légère, ce qui donne un aspect bizarre à l'accouplement. Quoi qu'il en soit, la disposition générale de la machine motrice est fort intéressante. Le générateur est surtout remarquable par sa légèreté, eu égard à sa puissance de vaporisation : sa forme est celle d'un cylindre vertical, ses tubes rayonnent entre deux enveloppes d'eau concentriques ; elle est placée à l'avant, contient 280 litres d'eau et peut produire de la vapeur à 14 kilogrammes.

Le chargement de la grille se fait à la partie supérieure de la chaudière ; l'alimentation est assurée par deux pompes. Les caisses à combustible entourent la chaudière et ont un approvisionnement suffisant pour 100 kilomètres. Les caisses à eau renferment le volume nécessaire pour une marche de 30 à 40 kilomètres ; ces caisses sont placées sous le siège où se tiennent le conducteur et le chauffeur.

Avec de la vapeur à 12 kilogrammes, la petite locomotive

ou *bogie* qui remplace l'avant-train de la voiture et le cheval peut remorquer un poids de 1.200 kilogrammes à une vitesse de 20 kilomètres à l'heure sur une rampe de 8 0/0.

Le pignon moteur, mis en mouvement par la machine,

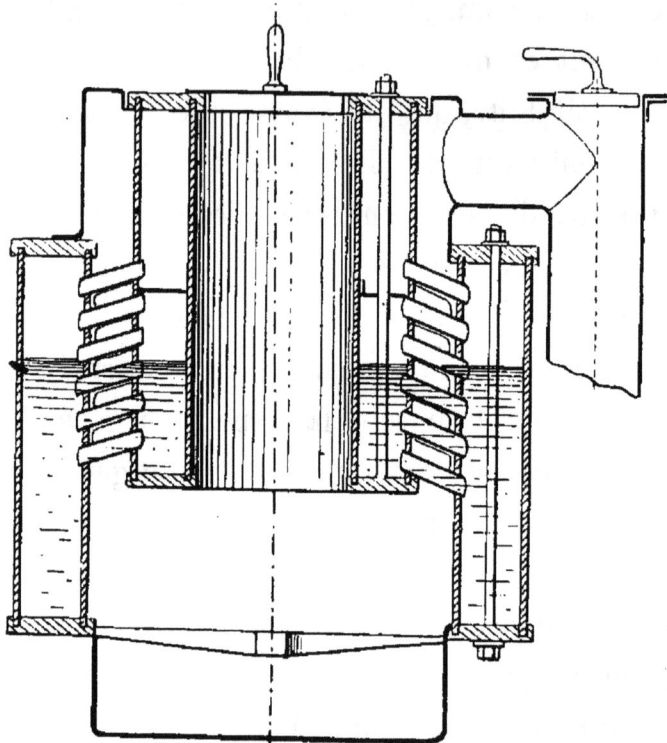

Fig. 162. — Coupe de la chaudière de Dion.

commande un engrenage différentiel afin que les roues, qui ont des vitesses différentes dans les virages soient actionnées toutes deux par les rais qui entraînent les jantes.

Voici quelques renseignements relatifs à la dépense effectuée dans le concours de 1894 pour le trajet Paris-Rouen :

Poids à vide du bogie......................	1,600 kilog.	
— de la victoria........................	350 —	
— de l'eau.............................	280 —	
— du coke.............................	120 —	
— de 6 personnes à 75 kilogr.............	450 —	
Poids total en marche....................	2,800 —	

La chaudière vaporisait 6 à 7 kilogrammes d'eau par
kilogramme de coke. La consommation de coke a été de
5 hectolitres, la consommation d'huile pour le graissage de
2 kilogrammes, ce qui donne une dépense de 11 fr. 50 pour
un parcours de 128 kilomètres, soit, par kilomètre, environ
9 *centimes* en nombre rond.

3. *Voitures à pétrole.*

La vapeur présente de notables inconvénients pour la
traction des voitures légères : il faut emporter une provision d'eau et de combustible, l'entretien de la chaudière
exige une attention de tous les instants et un bon mécanicien n'est pas inutile pour la conduire, enfin la graisse,
le charbon, l'huile qu'il faut constamment manier, ne
tardent pas à faire du gentleman le plus select un chauffeur rempli de cambouis. La vapeur ne peut donc pas être
la force motrice du simple amateur, et c'est pourquoi on a
cherché d'autres systèmes. Ce que l'on a trouvé de mieux,
jusqu'à présent, c'est le *moteur à pétrole.*

Le moteur à pétrole n'est autre qu'un moteur à gaz, dans
lequel le gaz d'éclairage est remplacé par des vapeurs carburées entraînées par un jet d'air traversant une caisse
remplie d'un hydrocarbure liquide assez volatil et inflam-

12

mable. En faisant pénétrer une flamme dans un cylindre ainsi rempli d'air carburé suivant des proportions déterminées, on provoque la combinaison des gaz, laquelle se produit avec explosion. La détente des gaz chauds est suffisante pour repousser avec violence le piston mobile enfermé dans le cylindre et produire une action motrice utilisable. C'est l'antique idée du *moteur à poudre* de l'abbé Hautefeuille et de Huygens, rénovée, améliorée, et avec du gaz ou de l'essence de pétrole au lieu de poudre à canon.

Le fonctionnement ou *cycle* de la plupart des moteurs à explosion, s'effectue en quatre temps : il a été imaginé par le français Beau de Rochas en 1862 et mis en pratique pour la première fois par le D^r allemand Otto en 1864. Voici le détail de ces quatre temps.

1er temps. *Aspiration*. Le moteur fonctionne comme une pompe et aspire de l'air extérieur, qui se mélange en proportions déterminées avec le gaz ou les vapeurs de pétrole. Ce mélange remplit complètement le cylindre pendant la première course d'arrière en avant du piston.

2e temps. *Compression*. Le piston revenant en arrière, pendant sa seconde course, comprime le mélange gazeux dans une chambre réservée en arrière du cylindre. Cette compression, à une pression de 4 à 6 kilogr. a été reconnue indispensable pour élever le rendement et économiser le gaz.

3e temps. *Action motrice*. La compression terminée, le jeu d'un tiroir démasque une flamme, ou un tube de fer incandescent, ou provoque le passage d'une étincelle électrique qui enflamme le mélange. La détente pousse le piston en avant pendant sa troisième course, avec une pression de 12 à 14 kilogrammes.

4ᵉ temps. *Échappement*. Pendant son retour à sa posi-

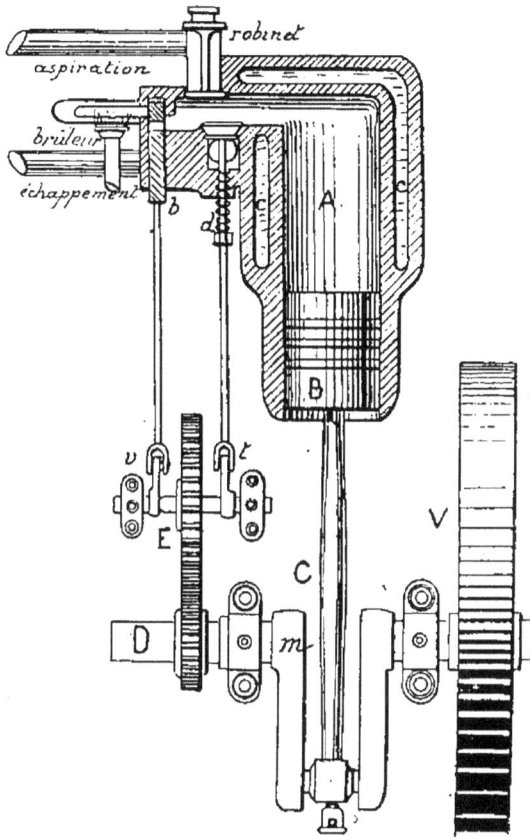

Fig. 163. — Schéma d'un moteur à gaz ou à essence de pétrole.

A, Cylindı ; B, piston ; C, belle ; D, arbre moteur ; E, commande par engrenages des soupapes *b* et *d*; V, volant ; *c*, eau circulant dans la double enveloppe du cylindre ; *m*, villebrequin.

tion de départ, le piston refoule à l'extérieur, par une soupape de décharge, les gaz brûlés et inertes.

Ainsi donc, en résumé, sur quatre courses du piston dans son cylindre, soit deux tours complets du volant, une seule course, pendant un demi-tour de la manivelle, est motrice. C'est ce qui a obligé à intercaler de lourds volants ou à mettre deux cylindres dans beaucoup de modèles, afin d'obtenir un mouvement plus régulier, une action moins brutale.

Voici maintenant la description des principaux systèmes de voitures actuellement en usage :

4. *Voitures Panhard et Levassor.*

Ces voitures ont remporté presque chaque fois le premier prix dans les grandes épreuves que nous avons citées au commencement de ce chapitre. Elles sont pourvues du moteur Daimler, type vertical *Phénix* à deux cylindres, enfermé dans une caisse à l'avant du véhicule. Ce moteur permet d'avoir une action motrice par tour. L'essence de pétrole employée arrive d'un réservoir placé à l'arrière sous l'action d'une pompe à air solidaire du moteur et mue par la détente d'une partie des gaz de l'échappement. Les cylindres sont refroidis par une circulation d'eau dans une enveloppe commune ; à sa sortie, l'eau passe dans un volant creux entraîné par le moteur et qui a pour but de refroidir la masse liquide en favorisant l'évaporation. Un ajutage fixe recueille l'eau en mouvement dans le volant creux et la renvoie dans un réservoir placé à l'avant, d'où elle revient à l'enveloppe des cylindres moteurs, de sorte que la voiture peut avoir un approvisionnement d'eau suffisant pour assurer une marche de quatre à cinq heures.

Le moteur Daimler est surtout remarquable par sa simplicité. Pas de graisseurs, deux soupapes seulement, une action motrice par tour, un carburateur automatique réduit à sa plus simple expression, une grande vitesse de rotation (700 tours par minute), une circulation d'eau assurée, telles sont les caractéristiques de ce système. Pour réduire les trépidations, le moteur est suspendu sur des ressorts fixés à la caisse de la voiture ; l'allumage du mélange est opéré par un tube maintenu à l'incandescence, enfin un régulateur très sensible agissant sur la soupape d'évacuation, qui reste fermée, empêche la machine de s'emballer. La consommation de pétrole est peu élevée ; suivant l'état et le profil de la route, on dépense 1 litre de gazoline par 10 kilomètres parcourus, avec une voiture pesant environ 1.000 kilogrammes en charge. La force développée varie entre 3 et 4 chevaux-vapeur de 75 kilogrammètres.

MM. Panhard et Levassor ont construit des véhicules de toutes formes, phaétons, mylords, landaus, breaks, omnibus avec moteur Daimler. Dans les voitures à deux places, à capote, l'essieu d'avant est solidaire du bâti et les roues pivotent autour de ses extrémités sur deux axes verticaux, le déplacement étant commandé par des bielles reliées à un levier disposé à proximité de la main du conducteur. Les quatre roues sont en bois et pourvues de bandages en fer ou en caoutchouc plein ou pneumatique ; la commande de l'essieu moteur se fait par un embrayage à friction et d'engrenages de différents diamètres permettant plusieurs rapports de vitesse : de 6 à 30 kilomètres à l'heure. Le moteur attaque un arbre intermédiaire par quatre courroies dont la tension est réglée par un tendeur spécial, et cet

12.

arbre est relié à l'essieu par une chaîne Galle passant sur une roue dentée.

Dix ans d'études et d'expérience ont permis à MM. Panhard et Levassor, aidés de l'inventeur même du moteur, Gottlieb Daimler, d'arriver à établir des voitures à pétrole d'un fonctionnement irréprochable, exigeant très peu d'entretien et pouvant être conduites par de simples particuliers.

5. *Voitures Peugeot.*

MM. Peugeot frères, les célèbres constructeurs de cycles

Fig. 164. — Phaéton de la maison Peugeot.

de Valentigney, ont mis à profit l'expérience acquise dans leur fabrication pour organiser des véhicules qui ne le cè-

dent en rien, pour la bonne marche et le confortable, aux
précédents. D'ailleurs, c'est également le moteur Daimler et son système de transmission par embrayage à friction qui s'y trouve employé, et ils n'en diffèrent que par
le mode de construction qui rappelle celui des vélocipèdes.

L'ensemble est, en effet, celui d'un quadricycle avec

Fig. 165. — Dernier modèle de voiture à pétrole à deux places
de la Société d'Automobiles (maison Peugeot).

roues en fil d'acier montées en tension, jantes creuses,
moyeux avec coussinets à billes et bandages pneumatiques.
Ces roues sont montées, par l'intermédiaire de ressorts, sur
un châssis en tubes de fer creux supportant la caisse de la
voiture. Le moteur, le réservoir d'eau, le carburateur sont
dissimulés à l'intérieur de la carrosserie, si bien que l'aspect général est très élégant et très léger. Le petit tableau
ci-contre résume les principales données des divers modèles de la maison Peugeot.

Désignation des types	Force en chevaux	Poids approximatif de la voiture		Longueur	Largeur	Charge maximum y compris le conducteur	
Voiture à 2 places	1 1/2	400	kg	2ᵐ15	1ᵐ32	150	kg
Vis-à-vis	2 1/2	600	—	2 55	1 42	300	—
Phaéton	2 1/2	600	—	2 65	1 42	300	—
Victoria à 3 places	2 1/2	580	—	2 75	1 42	250	—
—— —	3 1/4	650	—	2 75	1 42	320	—
Break	3 1/4	750	—	2 70	1 42	400	—

6. *Voitures Roger.*

Ces voitures sont pourvues du moteur Benz, lequel fonctionne d'après le cycle à quatre temps, et avec un seul cylindre fixé horizontalement sous le cadre, disposition qui présente l'avantage de supprimer les trépidations de bas en haut qui constituent le plus grand désagrément du moteur Daimler. La régularité est assurée par un volant ; la commande se fait par courroies, la direction est opérée par un avant-train à deux pivots, enfin tout le mécanisme, placé à l'arrière, est facilement accessible, chose indispensable pour la visite fréquente et l'entretien du moteur et des transmissions. Ce système a été très amélioré dans ces temps derniers, et la Compagnie qui l'exploite a construit sur ce principe des fiacres automobiles qui fonctionnent, paraît-il, assez bien.

7. *Voitures Tenting.*

C'est un vis-à-vis à quatre places pourvu du moteur combiné par M. Tenting. Ce moteur est horizontal, à deux cylindres et à quatre temps; il tourne à la vitesse réduite de 250 tours, tout en développant environ 4 che-

Fig. 166. — Voiture Tenting.

vaux. L'allumage est opéré par tube incandescent; une circulation d'eau assure le refroidissement des cylindres, la commande se fait par un tableau d'entraînement tournant horizontalement et entraîne par friction l'un ou l'autre des plateaux verticaux montés sur l'arbre intermédiaire en relation par pignon et chaîne Galle avec l'essieu moteur.

La voiture Tenting a l'inconvénient d'être assez compliquée; le moteur tournant à faible vitesse est volumineux, ses soupapes d'admission et d'échappement sont susceptibles de dérangements, enfin la mise en train n'est pas des plus faciles, mais ce sont là de légers défauts qui n'enlèvent rien aux qualités de vitesse et d'entretien du véhicule.

8. *Voitures Lepape.*

Les premières voitures de ce système étaient des tracteurs, mais les derniers modèles sont des véhicules de plaisance d'une forme analogue à celle des voitures précé-

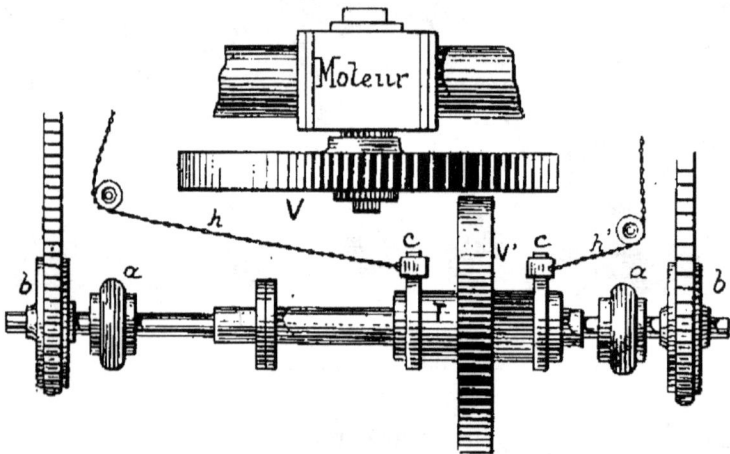

Fig. 167. — Transmission système Lepape.

aa, Coussinets ; *bb*, chaînes de transmission et pignons ; T, manchon mobile de droite à l'aide des colliers *cc* et des chaînes *hh'* ; V V', volants de transmission.

dentes. Le moteur est à trois cylindres disposés à 120 degrés l'un de l'autre de façon à uniformiser le couple moteur; la transmission s'effectue, comme dans le système

Tenting, par une combinaison de plateaux d'entraînement à friction, et la direction est à essieu brisé.

9. *Voiture Delahaye.*

Ce modèle ne manque pas d'élégance, et il se distingue au premier coup d'œil par son empattement considérable, c'est-à-dire par la grande distance qui sépare les essieux. Cette disposition élancée de l'avant-train est destinée, semble-t-il, à habituer l'œil à l'absence des chevaux.

Le châssis est fabriqué en tubes d'acier brasés, comme dans les types Peugeot ; la caisse a la forme d'une victoria, mais on pourrait lui donner indifféremment tout autre aspect. Le moteur est à deux cylindres équilibrés, chaque piston attaquant une manivelle calée à 180° par rapport à sa voisine ; cette disposition a pour but d'annuler les trépidations qui sont d'ailleurs assez faibles, la vitesse de rotation étant de 450 tours par minute. L'allumage du mélange est opéré par étincelle électrique, et une petite pompe centrifuge assure la circulation de l'eau refroidissant les parois du cylindre, dans toute la carcasse de tubes formant l'ossature du châssis.

10. *Voiture Lefebvre avec moteur Pygmée.*

Le moteur *Pygmée* paraît devoir être le concurrent le plus redoutable du Daimler, ce dont nous ne pouvons que nous réjouir, le *Pygmée* étant d'origine et de construction françaises, tandis que l'autre est allemand. Ce système est d'ailleurs très intéressant, très peu volumineux, par conséquent léger, eu égard à la puissance développée ; il donne peu de trépidations, ses cylindres étant équilibrés, comme dans le modèle Delahaye, enfin sa vi-

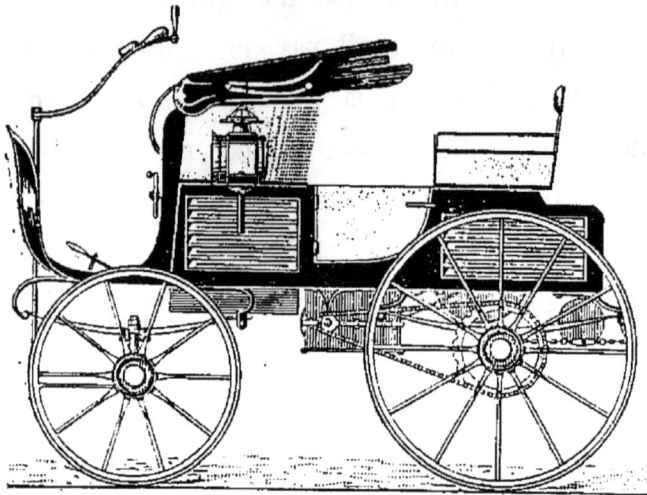

Fig. 168. — Phaéton à pétrole de M. Lefebvre.

tesse est fort régulière, le régulateur agissant sur la soupape d'échappement qui reste fermée, et sa conduite est des plus faciles.

Le constructeur du *Pygmée*, M. Lefebvre, a appliqué cette machine à la traction d'automobiles de toutes formes : voitures de plaisance et de commerce, camions, omnibus, etc., il a obtenu un grand succès en raison des qualités propres à son appareil moteur.

11. *Voiture Duryea.*

Ce véhicule est d'origine américaine, et il a remporté

de grands succès de l'autre côté de l'Atlantique, notamment dans plusieurs courses de longue distance. C'est un quatre places dos à dos, et il est surtout remarquable par ce fait que son moteur n'est pas à explosion dans le cylindre moteur même, mais dans une chambre séparée. Le cylindre fonctionne donc *à détente,* comme une machine à vapeur, étant alimenté de gaz chauds à une pression de 8 à 9 kilogrammes, et il n'a pas besoin d'eau de refroidissement.

La voiture Duryea qui a pris part à la course organisée en 1895 à Chicago par le *Time's Herald* pesait 320 kilogr. seulement et pouvait parcourir jusqu'à 32 kilomètres à l'heure sur bonne route. Le moteur était muni de quatre changements de vitesse par engrenages ; sa puissance était de 4 chevaux effectifs sous un poids de 54 kilogr. seulement ; le réservoir contenait 36 litres de gazoline, et, malgré l'état déplorable des routes à l'époque de la course, la consommation n'a été que de 16 litres pour un trajet de 90 kilomètres effectué en 8 heures envrion.

Ce système paraît donc très économique et le principe du carburateur est certainement ingénieux ; un avenir prochain nous montrera probablement les avantages réels de cette nouvelle disposition.

Systèmes divers. Il existe encore de nombreux systèmes d'automobiles à pétrole que l'exiguïté de notre format nous empêche d'étudier en détail. Citons les voitures Rossel, Gauthier et Wehrlé, Fisson, Klaus, Audibert et Lavirotte de Lyon, Mors, Kane-Pennington, Triouleyre,

Dawson, Prétot, Darracq, etc., etc. Mais ces véhicules ne présentent, en somme aucune particularité remarquable, et diffèrent seulement les uns des autres par l'agencement plus ou moins ingénieux de leurs organes ou la forme de leur construction. Nous ne nous appesantirons donc pas davantage sur ce sujet, et arriverons de suite aux voitures automobiles mues par l'électricité.

12. *Voitures électriques.*

Les premiers essais de traction électrique ont été faits à l'aide de petits moteurs à électro-aimants par M. Lavidson, à Édimbourg vers 1855, mais pour trouver des

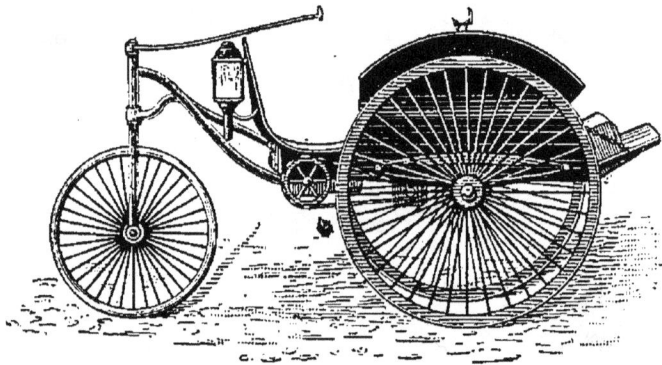

Fig. 163. — Dog-cart électrique de Magnus Volk.

appareils moins rudimentaires, il faut franchir un espace de trente ans. En 1885, M. Magnus Volk, ingénieur électricien anglais, construisit un petit dog-cart à accumulateurs, et, la même année, M. Gustave Trouvé, l'électricien connu, expérimentait un tricycle actionné par un petit moteur de son système recevant le courant d'une batterie de piles secondaires de Planté.

Dans les années qui suivirent, quelques tentatives isolées, qui ne donnèrent que des résultats insuffisants, vu l'infériorité où se trouvaient alors les accumulateurs, furent réalisées. Ainsi, la maison anglaise Immisch et C°

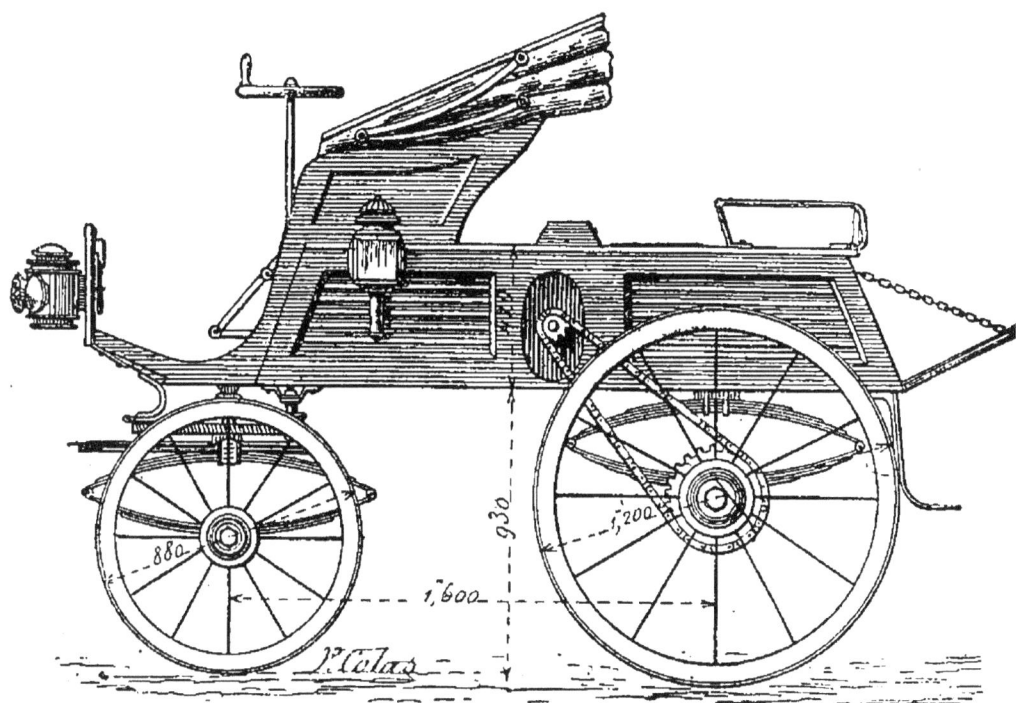

Fig. 170. — Voiture électrique à accumulateurs, de M. Pouchain.

construisit un dog-cart avec moteur d'un cheval pour le sultan ; M. Dupuy de Caen établit un petit chemin de fer avec locomotives à accumulateurs, M. Blanche à Paris, M. Pouchain à Lille, Garrard et Blumfied, en Amérique, le comte Carli en Toscane, etc, firent connaître des automobiles d'un fonctionnement plus qu'irrégulier.

Mais tous ces véhicules ne constituent, il faut bien le

reconnaître que des appareils imparfaits, et il faut arriver aux années dernières pour rencontrer les premières voitures automobiles de plaisance donnant des résultats satisfaisants.

Le progrès de ces véhicules était évidemment lié à l'amélioration des appareils électriques, or, en 1889, il fallait compter sur un poids de 100 kilogr. en nombre rond pour

Fig. 171. — Voiture électrique avec accumulateurs Verdier,
de M. le comte Carli de Castelnuovo.

emmagasiner une quantité d'énergie équivalente à 1 cheval-heure, tandis que le moteur électrique capable de transformer cette énergie en mouvement mécanique, en absorbant inutilement 40 % de cette énergie, pesait 50 kilogr. Comme la durée de décharge des accumulateurs ne pouvait être inférieure à cinq ou six heures, il en résultait donc qu'un moteur électrique développant réellement 6 dixièmes de cheval sur l'essieu-moteur ne pouvait peser moins de 5 à 600 kilogr. pour cinq heures de marche.

En 1897, avec les derniers types d'accumulateurs à charge rapide spéciaux pour traction, on obtint 1 cheval-vapeur avec un poids total de 130 à 200 kilogr., soit 40 kilogr. en moyenne par cheval et par heure, la durée de la décharge ayant été abaissée à trois heures en moyenne. Les moteurs électriques ont également été très perfectionnés ; leur rendement, qui était de 60 % au maximum, atteint maintenant de 80 à 90 %, et leur poids ne dépasse pas 12 à 16 kilogr. par cheval. Ainsi on arrive à avoir le cheval-heure électrique, tout compris : générateur de courant, moteur et transmissions sous un poids de 60 kilogr. qui n'a plus rien d'exagéré.

Parmi les dernières automobiles électriques réalisées dans ces derniers temps et qui ont fait leurs preuves, nous citerons celles de Jeantaud, de Bogard, et de Morris et Salom de Chicago.

13. *Voiture de Jeantaud.*

Le modèle de voiture à deux places, construit en 1894, était assez semblable, comme aspect général, aux automobiles à pétrole. Le constructeur étant un de nos carrossiers parisiens les plus renommés, la caisse, montée sur ressorts, était très élégante et bien aménagée. Les roues, d'un diamètre de 1 mètre environ pour les motrices, étaient tout en bois et cerclées de fer ; les deux directrices de l'avant étaient montées sur essieu à deux pivots. La caisse contenait une batterie d'accumulateurs, du système « Fulmen », de 21 éléments pesant 420 kilogr. Ces éléments pouvaient débiter un courant atteignant une intensité de 70 ampères pendant

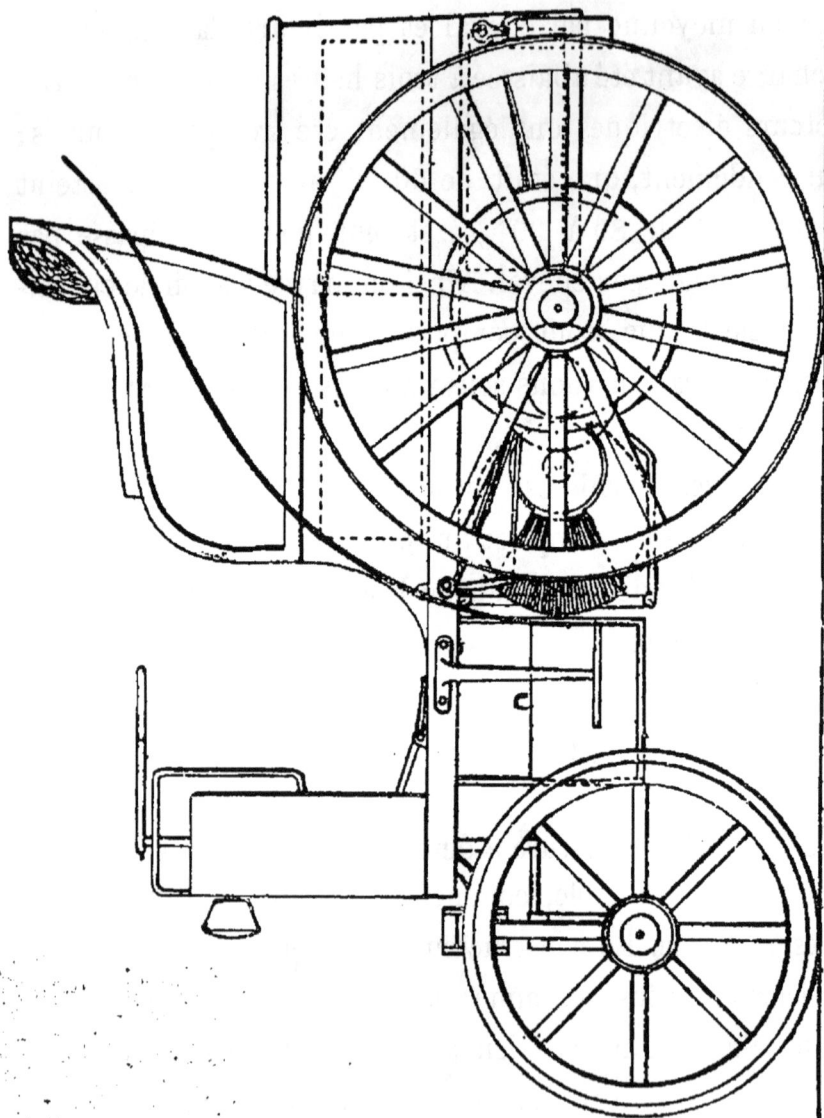

Fig. 172. — Voiture à deux places, de M. Jeantaud (élévation).

3 heures; leur courant était envoyé dans le moteur, lequel

pouvait développer 2 chevaux et demi de force à la vitesse de 1.200 tours par minute, ou 4 chevaux à 1.300 tours en groupant ses bobines en parallèle. La transmission, sans chaînes, du système Gaillardet, s'opérait par l'intermédiaire d'un arbre tournant dans deux paliers fixés à l'essieu et portant un engrenage à chevrons monté sur joint à la Cardan formant couronne sur le différentiel. Cet engrenage était attaqué directement par le pignon du moteur, et chaque extrémité de cet arbre était pourvue d'un pignon à denture droite engrenant avec deux tambours dentés intérieurement et fixés sur les moyeux des roues de la voiture.

Le poids total de cette voiture était, à vide, de 1.020 kilogr. et 1.200 avec ses voyageurs, elle pouvait atteindre une vitesse de 20 kilomètres à l'heure au maximum, mais, à cette allure, en moins de deux heures sa provision d'énergie se trouvait épuisée. Elle ne pouvait donc parcourir que 30 à 40 kilomètres au plus, sans changement ou rechargement des accumulateurs, ce qui limitait notablement son emploi.

Le démarrage et l'arrêt étaient obtenus très aisément et presque instantanément par le jeu du coupleur ou du coupe-circuit faisant également fonctionner un frein puissant. Sauf le peu de trajet qu'elle permettait de faire, cette automobile présentait donc de réelles qualités.

14. *Grande voiture électrique à six places.*

Dans la voiture à six places qui concourut en 1895, le châssis supportant la caisse est en acier plat soudé se présentant de champ sous la charge et relié aux roues par des doubles ressorts réunis en leur milieu. La partie mécanique se compose d'abord d'un arbre portant le différentiel et actionnant les roues au moyen de deux chaînes. Sur le différentiel sont placées deux couronnes portant des dentures chevronnées permettant d'obtenir des vitesses de 12 et 24 kilomètres au régime normal du moteur. Celui-ci est une dynamo Rechniewski dont le rendement moyen atteint 90 %, il développe une puissance de près de 6 chevaux avec un courant d'une intensité de 70 ampères et sous la tension de 70 volts. Malgré son poids relativement faible de 250 kilogr., il peut donner de vigoureux coups de collier et fournir le cas échéant une puissance double de celle pour laquelle il a été calculé.

La batterie d'accumulateurs fournissant l'énergie au moteur se compose de 38 éléments « Fulmen » type C 21, du poids de 15 kilos chacun, et d'une capacité de 300 ampères-heures pour une durée de décharge de dix heures. Au débit de 70 ampères lequel correspond à un régime de près de 5 ampères par kilogr. de plaques, la capacité de la batterie est encore de 210 ampères-heures au minimum, ce qui permet de marcher pendant trois heures à une vitesse supérieure à 20 kilomètres à l'heure. Ce régime a d'ailleurs pu être impunément dépassé dans certains essais, les éléments ayant eu à donner des coups de collier, au débit de 200 ampères, sans qu'il en soit résulté aucun inconvénient ultérieur.

Cette voiture a fait en 1895 le parcours de Paris à Bordeaux en changeant d'accumulateurs tous les 40 kilomètres; une avarie survenue à la fusée de l'essieu moteur a retardé considérablement la marche, mais l'automobile électrique a quand même fait la route entière, soit 600 kilomètres en quatre jours et demi.

Le poids total du véhicule en charge atteignait 1.800 kilogr. répartis comme suit : Carrosserie complète avec roues : 350 kilogr., accumulateurs 650, moteur et transmissions 280, accessoires divers 100, six voyageurs 420 kilogr. La conclusion est facile à tirer : s'il faut, pour transporter six personnes, remorquer en même temps un poids mort de 1.400 kilogr., on est encore bien loin de la solution économique, plus des trois quarts de la force motrice développée étant dépensés pour remorquer la voiture avec son moteur et ses accessoires.

15. *Voiture Bogard.*

Ce véhicule qui a figuré seulement dans les expositions présente l'aspect d'un dog-cart de chasse ; il a été construit pour marcher pendant dix heures à la vitesse de 12 kilomètres à l'heure, et il peut recevoir six voyageurs. Sa batterie d'accumulateurs comporte 51 éléments Dujardin, du poids de 22 kilogr. 500 chacun, et d'une capacité de 300 ampères-heures, soit une capacité totale de 42 chevaux-heures pour la batterie. Le moteur a été construit sur les plans de M. Rechniewski, il pèse 220 kilogr. et peut développer 6 chevaux 1/2 disponibles sur l'arbre, avec un courant de 60 ampères sous une tension de 90 volts ; la vitesse est alors de 1.250 tours par minute. La trans-

mission à l'essieu se fait par engrenages réducteurs de vitesse et chaîne Galle ; suivant l'état et le profil de la
route la vitesse peut être modifiée par le groupage des accumulateurs entre eux et par la réduction de la vitesse de rotation du moteur.

16. *Voiture Morris et Salom.*

Cette automobile, désignée sous le nom d'« électrobat »
a été imaginée et construite en 1894 à Philadelphie. Son
poids total en charge est de 1.200 kilogr. avec quatre voyageurs. La force motrice est produite par deux moteurs
Lundell de 1 cheval 1/2 chacun, disposés en avant de la
voiture et attaquant chacun une roue de celle-ci par l'intermédiaire d'un pignon et d'une chaîne. Les roues directrices
sont à l'arrière, et toutes les quatre sont pourvues de bandages pneumatiques.

La batterie d'accumulateurs comprend quatre groupes de
12 éléments, d'une capacité de 50 ampères-heures et d'un
poids de 6 kilogr. Un régulateur automatique permet de
réaliser divers groupements et d'obtenir la marche en arrière et la marche en avant avec trois vitesses successives
pouvant aller jusqu'à 32 kilomètres à l'heure. Chaque
groupe, sous le poids de 72 kilogr., représente une puissance
de 1 cheval un tiers environ.

Cet « électrobat » a remporté, dans la course des automobiles de Chicago, le prix d'honneur en raison de ses
grandes qualités, et bien qu'il n'ait pu fournir en entier le
parcours imposé. Quoi qu'il en soit, il démontre tout l'a-

venir que présente cette application de l'électricité, et quels avantages on peut espérer retirer, un jour prochain, de l'utilisation de cette forme si commode de l'énergie mécanique.

CHAPITRE II

Motocycles et voiturettes.

On donne le nom de *motocycles* à une classe de véhicules qui tiennent le milieu entre le vélocipède et la voiture automobile et participent de ces deux appareils de
locomotion. Ce sont, pour la plupart, des bicyclettes ou
des tricycles qui ont, suivant le cas, perdu ou conservé
leurs pédales, et qui sont actionnés, dans le premier cas
par un moteur seul ; dans le second par un moteur et par
le cycliste à la fois. Le moteur mécanique ne fait alors que
venir en aide, aux côtes ou dans les rues encombrées et
mal pavées, à la force musculaire de l'homme.

Quant à la *voiturette,* comme son nom l'indique, c'est
une automobile en réduction et où le voyageur n'a plus
à intervenir en tant que force motrice, mais simplement
comme conducteur. C'est souvent un tricycle ou un petit
quadricycle léger, avec moteur réduit à sa plus simple
expression.

Les inventeurs ont fait appel à toutes les formes de l'é-
nergie pour remplacer par une puissance mécanique étran-
gère la force musculaire du vélocipédiste. Les ressorts,
l'air comprimé, la vapeur, le pétrole, l'électricité, les gaz
liquéfiés ont été successivement proposés dans ce but et les
tables des brevets pris depuis dix ans sur ce sujet sont très

édifiantes, car on y voit défiler les propositions les plus baroques et les plus invraisemblables. Deux ou trois procédés seulement ont d'ailleurs été expérimentés et ont donné des résultats satisfaisants : la vapeur, le pétrole et l'électricité, et c'est dans cet ordre que nous examinerons les divers systèmes actuels et dont la valeur a été sanctionnée par la pratique.

17. *Motocycles à vapeur.*

On a construit différents modèles de petites voitures pourvues d'un petit générateur à vapeur, et parmi les systèmes les plus remarquables, nous citerons les tricycles à vapeur de Serpollet, de Dion et Bouton, de Mérelle et de Filtz et Meyer, qui étaient susceptibles d'atteindre des allures très rapides, allant jusqu'à 45 kilomètres à l'heure. Mais ces petits véhicules n'eurent qu'un succès éphémère, en raison même de leur système de générateur, qui demande une attention d'autant plus soutenue que les dimensions de la chaudière sont plus restreintes et que l'alimentation est d'autant plus difficile. Cependant la disposition générale de ces mécanismes était des plus rationnelles, et des systèmes tels que celui de M. Roger de Montais, par exemple, auraient pu être utilisés dans bien des circonstances.

Ce véhicule, qui prit part à la course du *Petit Journal* en 1894, était extrêmement léger et relativement puissant, pouvant se mettre rapidement en vitesse et s'y maintenir sur les rampes. Il portait à l'avant, derrière la roue de direction, la chaudière, et à l'arrière, en arrière du siège, un petit moteur à vapeur à deux cylindres. Ce qui constituait l'originalité de cette voiture, résidait dans l'alimentation du foyer au pétrole, afin de supprimer le principal inconvénient de la locomotion à vapeur : la manipulation du combustible.

L'action des brûleurs à pétrole, qui remplacent la grille à charbon, peut être réduite en stationnement. La chau-

Fig. 173. — Bicyclette à vapeur « la Volta », de M. Dalifol.

dière produit de la vapeur à 7 kilogr. Le levier d'une valve permet de régler le passage de la vapeur de la chaudière dans les cylindres ; l'alimentation se fait par pompe, et la direction est commandée par une poignée placée à droite du siège.

Non seulement on a fait des *tricycles,* mais on a établi également des *bicyclettes* marchant par la vapeur, et le modèle « Volta » imaginé et construit par M. Dalifol, ne diffère presque pas, extérieurement, des bicyclettes mues par la force humaine seule.

Elle se compose, en effet, de deux roues, d'un cadre, d'un guidon et d'une selle.

Seuls, le moteur et ses accessoires la différencient.

Ce moteur se compose d'une chaudière à vaporisation rapide, presque instantanée, que l'on chauffe au pétrole ou, avec une modification légère, au coke. Mais le chauffage au pétrole est, de tous points, préférable, car il permet d'emmagasiner, sous un volume restreint, une quantité plus considérable de matières combustibles. Cette chaudière, qui ne comprend pas de réservoir à vapeur et ressemble, sur ce point, aux chaudières du type Serpollet, est, par là même, à l'abri de tous dangers d'explosion. De plus, son petit volume la fait échapper aux prescriptions rigoureuses qui régissent l'emploi de la vapeur sur route.

L'eau d'alimentation lui est fournie par un réservoir semi-circulaire placé au-dessus de la roue d'arrière, et dont la présence en cet endroit tient lieu de garde-crotte.

Elle est envoyée dans la chaudière au gré du cycliste, par une pompe foulante, manœuvrée à la main au moyen d'un bras vertical dont la tête aboutit au milieu du guidon, bien à portée de la main. La vapeur produite est proportionnelle à la quantité d'eau injectée, et le cycliste peut accélérer sa marche en multipliant les coups de pompe.

Le moteur est à un cylindre. L'échappement se fait par un tuyau en tôle situé derrière la chaudière et parallèle au sol.

Lors des premiers essais, cette bicyclette, qui pèse 70 kilogr., et est montée sur des pneumatiques spéciaux fabriqués par les usines Edeline, a évolué, en palier, à une vitesse de 45 kilomètres à l'heure. Cette vitesse a été chronométrée à la montre Thouvenin. La machine était en charge pour 150 kilomètres.

A la montée d'une rampe de $0^m,008$ par mètre, elle filait encore 25 kilomètres à l'heure, ne laissant ni fumée ni odeur sur son passage.

On comprend qu'en présence de résultats semblables, le constructeur n'ait pas cru devoir prévoir l'utilité d'adjoindre à cette machine l'adjonction possible de la force musculaire du cavalier. Aussi a-t-il supprimé complètement le pédalier, l'usage de celui-ci devant être absolument inutile même pour la montée des côtes les plus dures.

Le dessus de la chaudière a simplement été aménagé en repose-pieds.

La bicyclette à vapeur « Volta » est maintenant construite par M. Richard, auquel M. Dalifol a cédé son brevet.

18. *Tricycles à pétrole.*

Dès que le moteur à gazoline eut prouvé sa valeur dans des applications à poste fixe, des inventeurs s'efforcèrent, en réduisant le poids des organes, à l'utiliser comme moteur de vélocipèdes. Dès l'année 1885, nous trouvons, dans les journaux techniques, la description de plusieurs tricycles à pétrole, construits dans différents pays, notamment en Allemagne et en Amérique, et qui avaient prouvé que la traction par ce procédé était possible. Mais les vélocipèdes d'une part, les moteurs, de l'autre, étaient alors encore bien loin du point de perfection qu'ils ont atteint aujourd'hui, et l'union de ces deux mécaniques était encore réalisée d'une manière imparfaite.

Il n'en est plus de même en 1897, et il existe des modèles de tricycles à pétrole que l'on peut considérer comme absolument pratiques à tous points de vue. Nous consacrerons une courte description à ces machines-types.

19. *Tricycle de Dion et Bouton.*

Cette machine est un tricycle renforcé, sur les tubes duquel sont fixées les différentes pièces du mécanisme automoteur ; le réservoir d'essence placé sous la selle, fait en même temps fonction de carburateur ; le mélange de vapeur d'essence de pétrole et d'air, introduit dans le cylindre et enflammé par l'étincelle électrique que produit la bobine d'induction actionnée par des accumulateurs, fait explosion et projette le piston en avant. Par l'intermédiaire d'une bielle, d'un axe coudé et d'engrenages, le mouvement alternatif du piston est transformé en un mouvement circulaire continu entraînant les deux roues d'arrière du tricycle.

La stabilité du véhicule est assurée par l'abaissement du centre de gravité, son poids est d'ailleurs de 75 kilogr. environ. La fourche d'avant est composée de quatre tubes arc-boutés ; les roues, à rayons tangents renforcés, sont entourées de pneumatiques Michelin spéciaux et très solides. Les pédales n'agissent que dans le mouvement en avant, et, dès que le moteur tourne plus vite que les jambes, elles se débrayent automatiquement.

Le carburateur, disposé pour occuper le moins de place

possible, peut cependant contenir une quantité de gazoline suffisante pour assurer une marche de quatre à cinq heures ; l'air pénètre dans la caisse, de forme triangulaire, par une cheminée à coulisse mobile et circule autour d'une plaque de laiton placée à l'intérieur, et formant toit au-dessus du liquide. Il se charge ainsi de vapeurs carburées dans des proportions variant avec la position du cylindre mobile, puis il traverse un robinet et arrive au moteur.

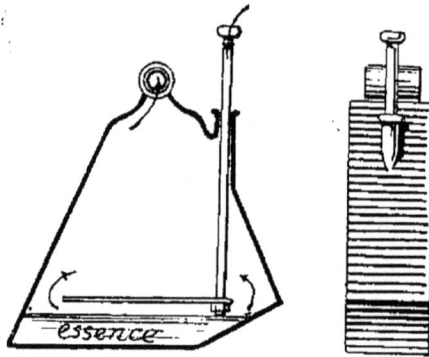

Fig. 174. — Coupe du carburateur du motocycle de Dion et Bouton.
Fig. 175. — Le même, vu de face.

Le robinet est manœuvré par une manette. En poussant cette manette complètement en arrière, il ne passe que de l'air dans le robinet. En la poussant en avant, il ne passe que de la vapeur d'essence ; en poussant la manette en avant, il y a pleine admission au cylindre, et, en arrière, le moteur n'est plus alimenté et s'arrête.

Moteur. — Le moteur est à quatre temps, une seule course du piston est motrice sur quatre. La figure 176 représente le moteur, dont le cylindre et un tube de fonte, fermé à un bout, dans lequel se meut un piston qui, par l'intermédiaire d'une bielle, donne le mouvement à l'arbre moteur, sur lequel sont calés deux volants. Les gaz peuvent entrer et sortir du cylindre par deux ouvertures que ferment les soupapes d'admission et d'échappement. La vitesse de rotation atteint 1.400 tours par minute pour 29 kilomètres de vitesse ; le refroidissement du cylindre s'opère à l'aide de nombreuses ailettes transversales.

Après l'explosion, les gaz brûlés sortent du cylindre par la soupape d'échappement. Pour éviter le bruit produit par cet échappement, le conduit se termine par une boîte vide, simple cylindre fixé à gauche, sous le tube qui porte

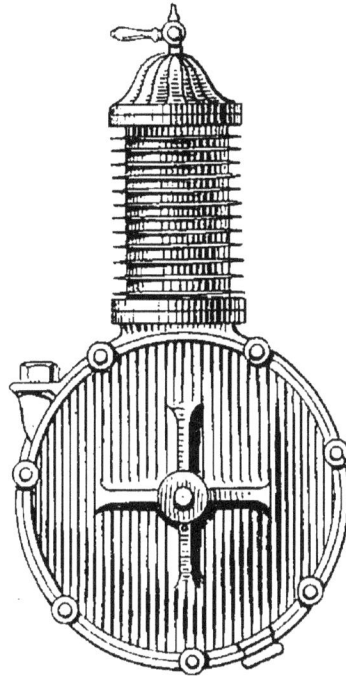

Fig. 176. — Moteur de Dion et Bouton.

le moteur, où les gaz se détendent et d'où ils sortent par trois petits trous percés à la partie inférieure.

Mécanisme. — L'arbre et les volants tournent dans un carter en aluminium, contenant de l'huile ; l'axe des roues d'arrière porte le mouvement différentiel renfermé dans une boîte, et, de plus, un pignon qui peut être actionné à l'aide des pédales par l'intermédiaire d'une roue et d'une chaîne Galle.

Le frein est double : 1° un frein ordinaire de bicyclette agissant sur la roue d'avant ; 2° un frein à lame agissant sur un tambour calé sur l'axe des roues d'arrière.

Allumage. — Le fil partant du pôle + des accumulateurs va se visser à l'une des bornes du guidon et de là, passant de l'intérieur de ce guidon jusqu'à la poignée gauche qui fait office de commutateur, revient aboutir à l'autre borne, puis il va à la bobine d'induction. Le fil partant du pôle — va directement à la bobine.

Mise en route. — Au moment de partir, on ouvre le robinet de compression au moyen de sa manette; on y verse quelques gouttes d'huile de pétrole ordinaire pour décoller les bagues du piston; on met en place la touche métallique qui réunit les deux accumulateurs en tension. Une fois en selle, on s'assure que la manette est placée dans une position moyenne et que le robinet de gauche est ouvert en grand. On actionne les pédales, on place la poignée du guidon sur l'indice *marche;* quand on entend les explosions dans le moteur, on ferme le robinet de compression, et on continue l'action des jambes jusqu'au mouvement régulier.

Le moteur de Dion a démontré sa valeur à nombreuses reprises, dans des courses sur routes de voitures automobiles et, non seulement il est très apprécié des touristes, qui trouvent dans ce dispositif l'aide qui leur manquait, mais encore par les constructeurs et les spécialistes, qui ont reconnu ses qualités et l'ont appliqué à leurs véhicules.

C'est ainsi que la célèbre maison Clément, (aujourd'hui société anonyme) emploie pour ses motocycles et ses petites voiturettes le moteur de Dion et Bouton, qui est monté dans les ateliers de la rue Brunel. M. Ch. Morel, le vulgari-

sateur de la bicyclette pliante du capitaine Gérard, a établi
également une « victoriette » à deux places, actionnée par

Fig. 177. — Victoriette Morel.

un moteur de Dion. Mais, pour une voiturette, ce moteur
s'est trouvé un peu faible, et il a fallu le remplacer par un
type différent.

20. *Tricycle et quadricycle à pétrole Gladiator.*

Ces modèles qui étaient exposés au Salon du Cycle de
1896, avaient, l'un un moteur vertical, l'autre un moteur
horizontal.

Dans le tricycle, le moteur est disposé à l'avant, et il
commande la roue d'arrière au moyen de deux chaînes et

d'un arbre intermédiaire, sur lequel sont également montées deux manivelles et deux pédales comme dans un tricycle ordinaire. Cette disposition permet au cavalier d'aider son moteur dans les endroits difficiles ou les côtes trop raides; il sert également à la mise en route du moteur, manœuvre que l'on est obligé de faire, sur les automobiles, à l'aide d'une manivelle spéciale.

Les roues d'avant sont directrices et montées sur essieu à deux pivots, lequel est commandé par le guidon du tricycle. L'échappement se fait dans la partie inférieure d'une boîte contenant également la provision de gazoline, disposition qui a pour effet de favoriser l'évaporation de l'essence. La quantité de vapeurs carburées aspirées dans le moteur avec l'air, est réglée par un pointeau.

Le moteur du tricycle peut développer environ 50 kilogrammètres, soit 2/3 de cheval, à une vitesse de rotation de 600 tours par minute. Cette puissance est suffisante, vu le faible poids de l'ensemble, pour atteindre des vitesses de 25 kilomètres à l'heure sur bonnes routes.

Le quadricycle ne présente aucune disposition particulière; les roues d'avant sont directrices et commandées de la même manière que celles du tricycle. Les roues d'arrière sont motrices et munies d'un mouvement différentiel; le moteur les attaque directement à l'aide d'une série d'engrenages et, comme dans l'appareil précédent, deux paires de pédales peuvent servir à aider le moteur et le faire démarrer. On ne peut pas débrayer cet organe, mais quand on fait rouler le quadricycle en le poussant devant soi, on peut supprimer la compression. Le même dispositif existe d'ailleurs pour le tricycle. Le moteur du quadricycle

Fig. 178. — Tricycle à pétrole Gladiator.

peut développer jusqu'à 2 chevaux-vapeur à 500 tours, le

refroidissement est opéré par surface, au moyen d'ailettes venues de fonte avec le cylindre, mais, comme dans le tricyle, ce moteur présente plusieurs inconvénients : d'abord de ne pas être équilibré, ce qui cause des trépidations constantes, et ensuite de s'échauffer considérablement, au point d'amener des allumages intempestifs.

Ces cycles à moteurs, quoique d'une construction irréprochable, n'ont pu lutter contre ceux de Dion et Bouton, qui, moins puissants, s'échauffent et trépident moins. Mais leur constructeur, M. Darracq, l'habile et ingénieux directeur des « Cycles Gladiator » ne doit pas se tenir pour battu, et nous sommes certain qu'il saura prendre avant peu sa revanche, avec des automobiles absolument parfaites cette fois.

21. *Tandem-voiturette Bollée.*

Ce tricyle-voiture, qui a causé une vive sensation à son apparition en 1895, est remarquable par sa simplicité et sa commodité. Sa vitesse est très grande, elle peut aller jusqu'à 45 kilomètres à l'heure.

La roue motrice unique est à l'arrière, comme dans le tricycle Gladiator que nous venons de décrire. Cette disposition permet d'éviter l'usage d'un engrenage différentiel. La direction, commandée par pignon et engrenage, se manœuvre de la place d'arrière avec un volant à poignée, tandis que le changement de vitesse, l'embrayage et le frein se commandent à l'aide d'un même levier placé à gauche du conducteur, lequel est assis, comme nous venons de le dire, à l'arrière du tricycle.

Le bâti est en tubes d'acier entrecroisés, supporté à l'avant par les deux roues directrices, montées sur pivot, à l'arrière par la roue motrice unique. Les roues sont munies de solides bandages pneumatiques et sont montées à billes.

Le moteur peut être quelconque ; d'une force de deux chevaux pour le modèle actuel, il fonctionne sans circulation d'eau, mais porte des nervures ou ailettes pour aider au refroidissement en multipliant le contact avec l'air ambiant, comme dans les tricycles de Dion et Gladiator.

Un tube horizontal sert de support au volant qui par pignon et crémaillère commande les roues directrices à pivots. Un système de tubes disposés en forme de cadre supporte la roue motrice.

Les trois roues du véhicule sont d'ailleurs montées sur billes avec jantes d'acier, rayons tangents et pneus Michelin de 65 $^m/_m$ et 15 $^m/_m$ d'épaisseur.

Deux arbres intermédiaires portent les engrenages de changement de vitesse : 8, 12 et 25 kilomètres à l'heure ; la plus petite (8 kilomètres) donne un effort de traction de 15 0/0 ; elle permet de gravir des rampes de 10 0/0 ; la plus forte donne 25 kilomètres en palier.

Le moteur, réduit à sa plus simple expression, est placé latéralement pour que les organes soient aisément accessibles et par suite d'un entretien facile. La mise en marche se fait sans descendre de machine, à l'aide d'une manivelle qu'on actionne sur le côté de la voiturette.

La transmission se fait par courroie, entre deux poulies ; la tension, variable à volonté, est obtenue par un

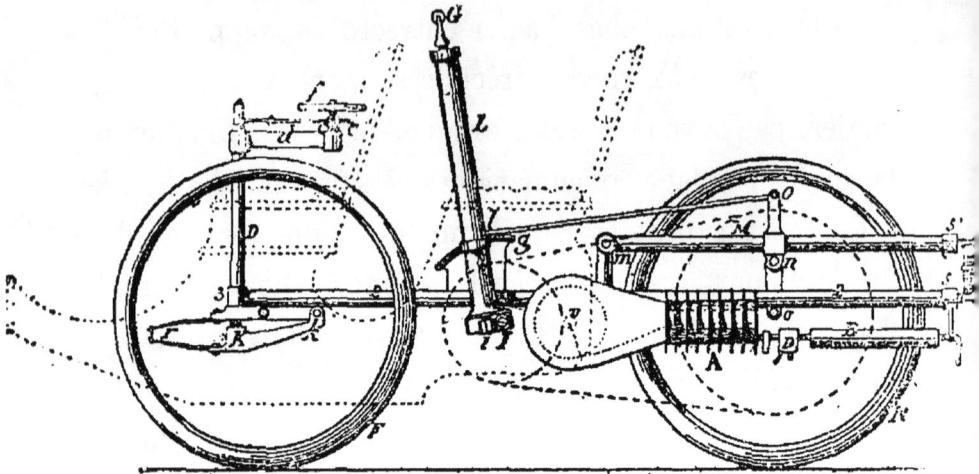

Fig. 179. — Mécanisme de la voiturette tandem Bollée.

simple mouvement de changement de vitesse et donne une

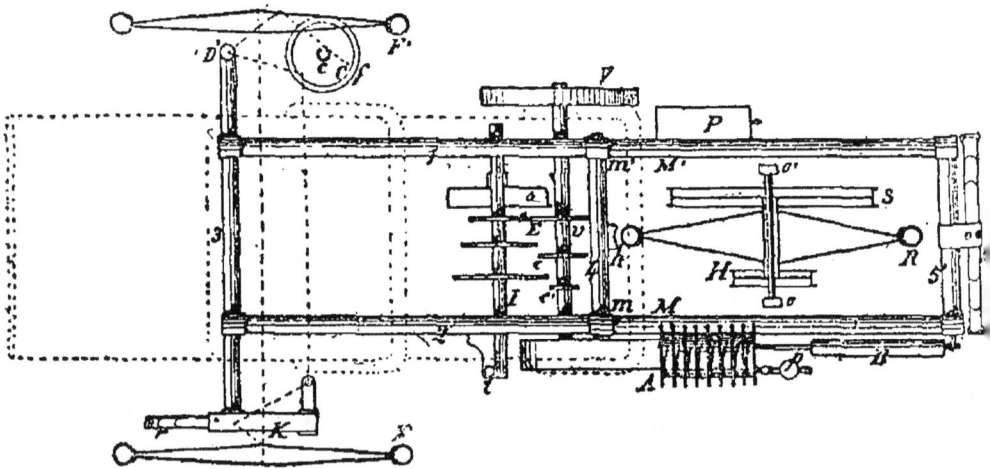

Fig. 180. — Plan de la voiturette tandem Bollée.

adhérence parfaite. Le frein est un collier à bande d'acier entourant une poulie fixée sur l'arbre.

Les deux places sont disposées en tandem pour donner

plus de stabilité et diminuer la résistance au vent. Les deux sièges sont garnis de coussins avec ressorts intérieurs, de même que les dossiers.

La longueur de l'ensemble est de 2^m,30 ; la largeur de 1^m,20.

La dépense d'essence de pétrole est d'environ 2 centimes par kilomètre, et la provision suffit pour un parcours de 120 kilomètres.

La très grande stabilité de cette voiturette est due à la largeur du triangle de base, à l'empattement des roues directrices à l'avant et surtout à la faible élévation du centre de gravité qui ne se trouve, en marche, qu'à 0^m,40 du sol.

22. Bicyclettes à pétrole.

Le premier modèle de bicyclette à pétrole à peu près pratique a été introduit en France en 1894 par MM. Duncan et Suberbie. Cette bicyclette était d'origine allemande, et construite à Munich par MM. Hildebrand et Volfmuller.

Extérieurement, ce véhicule présente l'aspect d'une bicyclette ordinaire : la roue d'avant est directrice comme dans les cycles de dames, mais avec cette différence toutefois que la partie droite du guidon porte, outre le levier du frein, le levier du réglage de la vitesse.

La roue d'arrière est à disque et munie d'un pneu Veith. Huit tubes en acier, dont quatre montent vers le guidon et quatre sont disposés horizontalement, et reliés à leurs points de rencontre à trois autres petits tubes. Cette disposition permet à un homme aussi bien qu'à une dame de monter la machine.

Dans la partie horizontale du cadre se trouvent intercalés les cylindres. La lampe, de dimensions réduites, est en correspondance immédiate avec le caisson à soupapes et disposée de façon à ne laisser échapper ni introduire le moindre courant d'air; elle est à l'abri de la plus forte tempête.

L'alimentation de cette lampe s'obtient directement au moyen d'un récipient à benzine dissimulé dans la partie montante de la cage et fournit le mélange de gaz et d'air nécessaire au fonctionnement du véhicule. A la partie supérieure se trouve une valve réglant la vitesse de la voiture, grâce à un petit appareil placé à portée de la main droite et facilement dirigeable par un simple mouvement du pouce. A proximité de cet appareil et toujours au guidon, près de la main droite, il y a un loquet sur lequel il suffit d'exercer une pression pour fermer la valve et arrêter le mouvement du moteur. Une nouvelle pression de côté remet les choses dans le même état que précédemment.

Les tubes de l'arrière, placés contre le siège, servent de réservoir d'huile pour le graissage des cylindres. Pour régulariser la dépense de force et triompher plus facilement du point mort, une impulsion en arrière se trouve nécessaire; on la règle à volonté dans les fortes montées. Entre la roue d'avant et les cylindres, se trouve l'évaporateur, soudé à ces cylindres. Le réservoir d'eau est en correspondance directe avec et destiné à leur réfrigération.

Par l'aménagement du réservoir d'eau pour rafraîchir, la roue motrice peut en même temps remplir les fonctions d'un ventilateur et éviter ainsi le changement fréquent d'eau.

La selle est ajustable comme dans toutes les bicyclettes, mais posée assez bas pour que les pieds du cavalier, quand il se tient dans une position peu tendue, reposent sûrement sur le sol. Pendant la marche, les pieds peuvent reposer sur les repose-pieds adaptés des deux côtés.

Comme frein, il y a d'abord le frein des machines ordinaires, sur la roue directrice; ensuite il y a un frein que l'on presse en bas sur le sol avec les pieds : immédiatement, le mouvement cesse, et la machine s'arrête presque instantanément, ce frein provoquant en outre dans les cylindres une action pneumatique sur la roue motrice.

En ce qui concerne la vitesse de la machine, elle est réglée à 30 kilomètres à l'heure et elle consomme environ 5 centimes de benzine par kilomètre. La provision de la machine permet de faire 200 kilomètres.; le poids total est de 40 kilogrammes.

Cette machine n'a eu qu'une vogue éphémère, malgré son caractère de nouveauté; on n'a pas tardé à lui reconnaître des défauts assez importants, et elle n'est plus guère en usage maintenant; cette association hétéroclite d'organes mal combinés ne présentant d'ailleurs aucune garantie de durée et de solidité.

23. *Bicyclette à pétrole Millet.*

Ce modèle, créé par l'ingénieur français Millet, a pris

14.

part, comme la précédente, à la course de Bordeaux-Paris 1895. Il présentait un aspect original, quoique l'ensemble parût un peu lourd. Le moteur à gazoline était formé par l'association de cinq petits cylindres, disposés à 72° l'un de l'autre dans l'intérieur de la roue d'arrière, dont ils constituaient les rayons, et les tiges articulées des pistons attaquaient directement l'essieu moteur, sur lequel l'effort était constant, puisqu'il y avait une impulsion motrice par cinquième de tour. Le carburateur, placé à l'avant, contenait la provision d'essence nécessaire pour une marche de plusieurs heures, et la conduite de la machine était opérée par levier commandant l'introduction des vapeurs combustibles.

Cette bicyclette, de même que dans le système de Dion et Bouton, était munie d'une paire de pédales, de façon à permettre au cycliste de venir en aide au moteur dans les côtes et faciliter le démarrage, enfin un frein à tambour très puissant, agissant sur l'essieu d'arrière, assurait l'arrêt presque instantané de l'appareil roulant en vitesse.

Malgré ses incontestables qualités, la bicyclette Millet était très compliquée, aussi n'a-t-elle pu pénétrer dans l'usage, malgré les efforts persévérants de son inventeur.

24. Bicyclette à pétrole système J. de Cosmo.

Le problème de la bicyclette à pétrole n'a jamais été résolu ainsi qu'on vient de le voir d'une façon satisfaisante : simplicité du moteur et légèreté n'avaient pu être réunis en un tout agréable à l'œil et donnant de sérieux résultats.

C'est cependant ce véritable tour de force que vient d'accomplir M. J. de Cosmo, l'ancien directeur de l'usine Valère, ex-contremaître de la maison Gautier-Verlé et Cie. Cette bicyclette est tout ce qu'il y a de plus simple comme moteur, et cependant elle réunit tous les organes essentiels de tout véhicule automobile « c'est un bijou de mécanique ».

Le poids total de la bicyclette est de 21 kilogr., son moteur ne pèse pas plus de 2 kilogr. 500 et cependant, des essais sérieux ont donné 45 kilogrammètres au frein. La traction se fait directement au milieu du pédalier qui n'a guère que 12 cent. de largeur et est muni d'un déclanchement permettant aux jambes de ne pas suivre le mouvement du moteur.

Une mignonne pompe centrifuge, sous le pédalier, actionne une circulation d'eau dont les serpentins ingénieusement placés forment garde-crotte sur la roue arrière; un accumulateur ordinaire, devant le guidon, fournit l'électricité pour l'allumage qui se fait au moyen de la poignée de gauche, et un appareil situé sur la tige horizontale du cadre permet de changer de vitesse en avançant l'allumage.

Le réservoir à pétrole est fixé dans le cadre, tout à fait à l'avant, et communique directement avec un carburateur réduit au minimum de grandeur, ce qui ne l'empêche pas de donner des résultats excellents. Un frein à friction sur le moyeu de la roue motrice arrête la machine presque instantanément. Le mécanisme complet est monté sur billes, ce qui donne à cette bicyclette une douceur extraordinaire.

En outre, une idée des plus ingénieuses et qui mérite une mention spéciale : une vis de réglage placée au-dessus de la soupape d'émission, permet immédiatement, en cas d'avarie au moteur, de supprimer la compression, ce qui fait que l'on n'a plus entre les jambes qu'une machine ordinaire.

Le graissage se fait automatiquement, et les engrenages barbotent dans la graisse à l'intérieur du pédalier.

En résumé c'est une bicyclette pleine d'avenir si l'on songe que cette machine pourrait faire 40 à 45 kilom. à l'heure et que son prix de revient la met à la portée de tout le monde.

25. Machines américaines.

Les journaux techniques : la *Locomotion automobile* et la *France Automobile*, nous ont donné la description, d'après les revues spéciales d'Amérique, de bicyclettes simples et tandems, tels que le tandem Rübb, et la bicyclette à moteur Kane-Pennington. Nous dirons un mot de ce dernier système très original, et surtout remarquable par son faible poids : 13 kilogr. 500 pour le moteur de 50 kilogrammètres, 18 kilogr. pour celui de 2 chevaux, et 22 kilogr. 500 pour celui de 4 chevaux, soit 5 kilogr. 600 environ par cheval, résultat auquel on n'était pas parvenu jusqu'alors. Il est vrai que la construction extraordinairement rudimentaire de ces moteurs caractérise bien la manière de faire des Américains. Tout a été sacrifié à la légèreté ; aucune pièce n'est inutile ; les organes fixes servent de supports, et les pièces mobiles sont utilisées à la fois comme organes moteurs et comme appareils de distribution. L'essence de pétrole arrive à la machine

par son propre poids et sort du réservoir par un tuyau ;
le fonctionnement s'effectue suivant le cycle à quatre
temps : aspiration de l'air carburé, compression, action
motrice et échappement des gaz brûlés. L'essence aspirée
se vaporise dans le cylindre en carburant l'air, et cette
vaporisation détermine un refroidissement des parois tel,

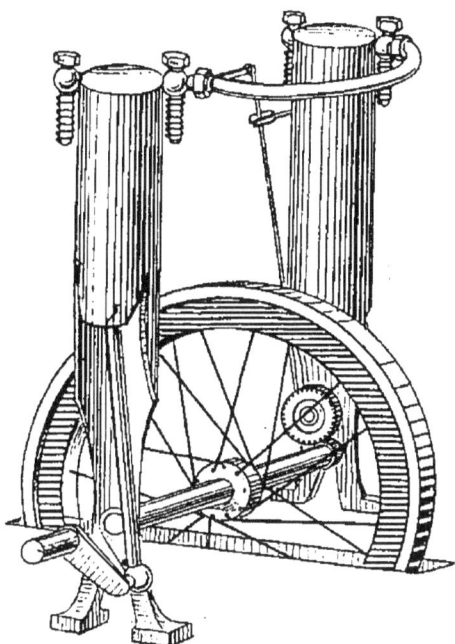

Fig. 181. — Moteur de Kane Pennington.

que la circulation d'eau employée dans tous les autres
systèmes, devient inutile. Les cylindres sont fondus en
acier et leur prolongement forme bâti. Les parois sont
peu épaisses, ce qui facilite encore la diffusion de la
chaleur, et les fonds des cylindres sont en acier, vissés
sur un cadre en fer, puis brasés. Le volant, claveté sur
l'arbre moteur, mesure 50 centimètres de diamètre, et
tout son poids est utilisé à la périphérie. Les rayons

sont tangents, en fil d'acier, comme ceux des bicyclettes, et la marche arrière est obtenue par le décalage de la roue dentée commandant le mouvement des soupapes.

La figure 181 montre l'aspect d'un moteur Pennington à deux cylindres, tel qu'il est appliqué aux bicyclettes (le volant est alors supprimé, et les tiges des pistons sont articulées directement sur l'axe moteur). Ce moteur, extrêmement léger et en redoutant pas l'échauffement résultant d'une marche prolongée, a donné, paraît-il, des résultats très favorables et qui font bien augurer pour l'avenir.

26. *Motocycles électriques.*

Ainsi que nous l'avons dit dans le précédent chapitre, le premier essai de traction électrique réalisé en France, a été fait en 1881, par M. G. Trouvé, à l'aide d'un tricycle muni de deux petits moteurs et d'une batterie de piles secondaires de Planté. Depuis cette époque, les accumulateurs ayant été en se perfectionnant, on a fait des automobiles pesantes, pouvant traîner jusqu'à huit personnes, mais n'osant guère dépasser un certain rayon, et restant forcément à proximité de l'usine d'électricité pouvant assurer le réapprovisionnement d'énergie. Cette solution, très convenable pour un fiacre électrique ou une voiture de maître revenant constamment, ses courses faites, à sa station de charge, était inadmissible pour une automobile sur routes, et c'est pour échapper à la sujétion de ce retour au point de départ que l'auteur du présent ouvrage a imaginé et essayé en 1891 un tricycle électrique, mû par des piles primaires, lequel a donné des résultats satisfaisants au point de vue de la vitesse, sinon à celui de l'entretien.

La pile employée était composée de 24 éléments à acide chlorochromique genre Renard, enfermés dans une caisse derrière la selle ; le courant était envoyé dans un moteur Trouvé pesant 8 kilogr. et développant 12 kilogram-

Fig. 182. — Voiture électrique à piles, système de Graffigny.

mètres. Le poids total de l'appareillage électrique était de 38 kilogr., la force produite était de 1/6 de cheval pendant trois heures, et le prix des matières consommées pour produire cette quantité d'énergie était de 7 fr. 50, soit 15 francs. par cheval-heure, prix évidemment hors de toute proportion et rendant le procédé inapplicable industriellement.

Cependant la commodité que procure l'usage de l'électricité me poussa à chercher un autre générateur plus économique. Le tricycle fut transformé en fauteuil roulant par l'adjonction d'une caisse à dossier, montée sur quatre ressorts, et à l'intérieur de laquelle fut logée une batterie de 36 éléments à acide azotique et sulfurique

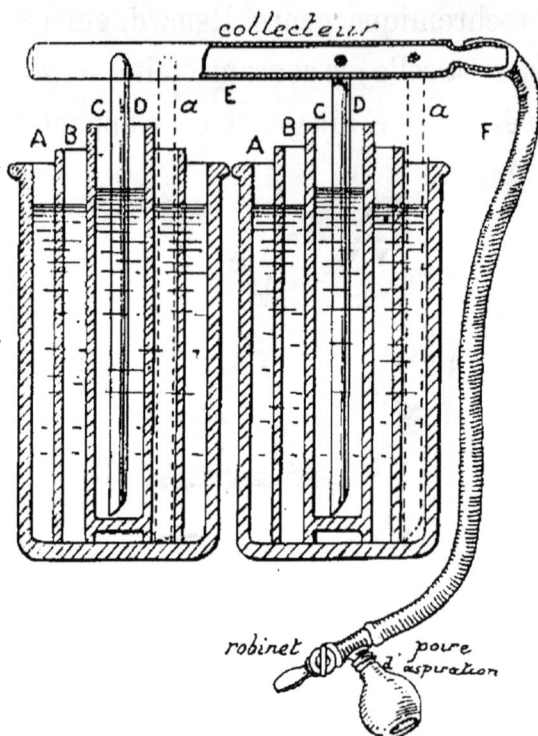

Fig. 183. — Coupe de deux éléments de la pile de la voiture Graffigny, montrant la disposition de siphon employée pour vider tous les éléments à la fois sans les déplacer.

A, vase extérieur ; B, zinc cylindrique ; C, vase poreux ; D, charbon ; *aa*, tubes d'aspiration du siphon ; F, tuyau de décharge du collecteur supérieur.

pouvant débiter 12 ampères sous une tension de 60 volts pendant six heures. Le poids était de 130 kilogr. seulement pour une force de 1 cheval. Le moteur était une petite dynamo Rechniewski actionnant l'essieu moteur par engrenages démultiplicateurs et chaîne Galle.

La vitesse atteinte fut de 22 kilomètres à l'heure au maximum, mais la dépense était encore de 1 fr. 70 par cheval, prix encore trop élevé et qui nous obligea à abandonner définitivement cette application des piles.

MM. Verdier et Vincent fils qui tentèrent de réaliser quelques années plus tard un tricyle analogue, se heurtèrent aux mêmes difficultés matérielles, et l'on peut dire

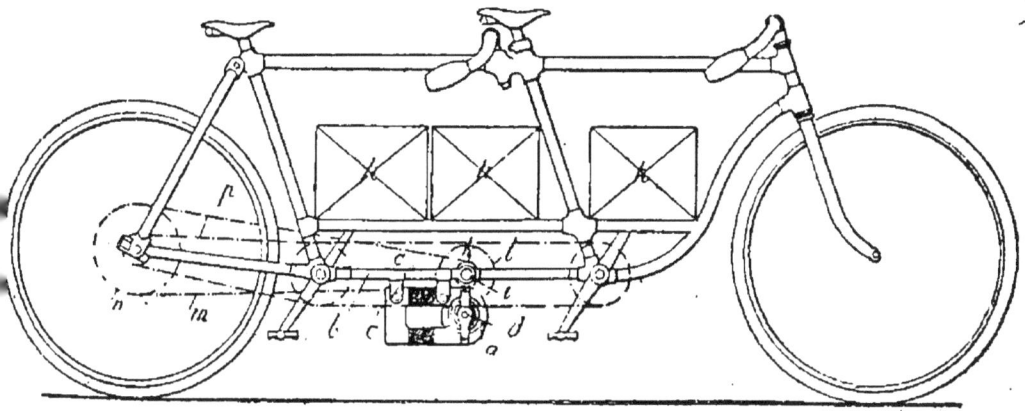

Fig. 184. — Tandem électrique Pingault.

a, moteur ; *h*, caisses d'accumulateurs ; *m*, *l*, *d*, *b*, chaînes de commande.

que la question demeurera entière jusqu'à l'époque où l'on aura enfin trouvé une pile donnant un courant de 1 cheval-heure sous un poids inférieur à 20 kilogrammes et un prix de quelques centimes. Jusque-là, tous les avantages resteront du côté du moteur à pétrole.

Mentionnons cependant, en terminant, les essais couronnés de succès, qui ont été tentés en 1897, par M. Pingault notamment, pour créer des tandems et triplettes d'entraînement pourvus de moteurs électriques et capables d'atteindre des vitesses fantastiques. Notre figure 184 montre l'aspect d'un tandem de ce genre, où les entraîneurs reçoivent une aide considérable du moteur intercalé et peuvent arriver à rouler à l'allure de 65 kilomètres à l'heure.

CHAPITRE III

Calcul et construction d'une Pétrolette.

27. *Résistance à la traction.*

Pour calculer les divers éléments d'une automobile, il est nécessaire de se reporter aux chiffres indiqués par l'expérience, afin de déterminer exactement, en premier lieu, la puissance que doit développer le moteur, puissance qui dépend de coefficients fixes d'une part, et d'autre part de conditions variables, telles que le profil et l'état d'entretien de la route parcourue, du vent, etc.

La résistance offerte à la traction par un véhicule quelconque dépend en partie du diamètre du tourillon des essieux, bien qu'en général on adopte un coefficient de traction proportionnel seulement au *poids* du véhicule. Pour calculer un tourillon, il est essentiel de tenir compte de deux conditions ; la première, c'est que la pression qu'il doit supporter n'occasionne pas d'échauffement excessif, ce qui a amené à adopter une certaine pression par centimètre carré, pression que l'expérience a déterminée et qui a conduit à adopter un coefficient proportionnel à 20 kilogr. par centimètre carré. En second lieu, la section des tourillons doit être telle qu'il n'y ait aucun danger de rupture, et pour les automobiles ayant des essieux en fer, on a admis qu'ils pouvaient travailler à la charge de 300 kilogr. par centimètre carré.

Le coefficient de traction varie non seulement avec le diamètre du tourillon de l'essieu, mais également avec le diamètre des roues motrices, et, à ce point de vue, il est tout indiqué que l'on a avantage à forcer ce diamètre. Sur voie ferrée, le coefficient admis est de 1 centième du poids transporté dans le cas de bandages à bourrelets, et il descend à $\frac{1}{147}$ de ce poids avec des bandages plats. C'est sur ces données que l'on calcule l'effort de traction à développer, sans faire entrer, comme nous le disions plus haut, en ligne de compte, ce qui serait pourtant plus rationnel, les dimensions des tourillons et des roues. Cet effort de traction résulte donc des divers facteurs suivants :

1° Poids du véhicule ; 2° coefficient de traction, 3° profil de la route (palier, pente descendante ou montante), 4° état de la route.

L'expérience a permis de déterminer les chiffres suivants, qui sont indépendants, ne l'oublions pas, de la vitesse et constituent le rapport de la force horizontale nécessaire pour maintenir un véhicule en mouvement à une vitesse uniforme, avec le poids de ce véhicule. Il n'est pas question non plus de l'effort développé au moment du démarrage et qui est souvent quintuple de l'effort nécessaire à développer en marche.

Pavé de grès en mauvais état d'entretien.............	0,020
Route macadamisée en parfait état.................	0,015

Même route après une pluie...................... 0,033

Terre forte nouvellement remuée et humide......... 0,110

Route nouvellement empierrée..................... 0,18

Ornières profondes et boueuses 0,25

Bitume comprimé................................. 0,01

Pavé sec bien entretenu..................... 0,015 à 0,022

Macadam détrempé........................... 0,021 à 0,033

Asphalte, ou pavé de bois................... 0,01 à 0,015

Le coefficient de traction peut donc être très variable, suivant les diverses considérations qui viennent d'être énumérées; il est augmenté et la résistance à l'avancement est plus sensible si le vent est violent et que l'automobile offre une certaine surface; il diminue, et on peut gagner 30 à 40 % de ce chef, quand la voiture est montée sur roulements à billes et possède des bandages pneumatiques.

Pour nous résumer, disons qu'il faut, en tenant compte des différentes conditions, développer un effort de 20 kilogrammes en moyenne, sur route en bon état pour mouvoir un véhicule à roues ordinaires pesant 1 tonne (1.000 kilogr.). Si donc, on cherche la puissance que doit avoir un moteur pour remorquer, à une vitesse maximum de 25 kilomètres à l'heure, une automobile pesant en charge 1.200 kilogr. on aura :

$$1200 \text{ kilogr.} \times 0,02 \text{ (coefficient de traction)} \times \frac{6^{\mathrm{m}},90 \text{ (vitesse par seconde)}}{75} = 2 \text{ chevaux } 1/3$$

Il est bon de doubler le chiffre indiqué par la théorie, pour ne pas se trouver arrêté par une rampe raide à gravir, ou dans un chemin boueux ou nouvellement empierré.

28. *Disposition générale de la voiture.*

La puissance du moteur pour le poids à rouler et la
vitesse à atteindre étant déterminée, on peut établir, par
le dessin, la disposition générale de la future automobile,

Fig. 185. — Pétrolette à quatre places à pneumatiques.

après avoir déterminé quelle sera la forme de la caisse, si
ce sera un vis-à-vis, un dog-cart, une victoria, un phaéton
ou un break. En ce qui concerne le dessin coté et d'exécution de la carrosserie, on aura tout avantage à s'adresser
à des spécialistes travaillant habituellement pour les fabricants de voitures, et on se bornera à celui de la partie
mécanique, en prenant ses précautions pour la disposer le

plus commodément possible et sans que cela puisse gêner le carrossier dans le montage de la caisse.

Supposons qu'il s'agisse d'un dog-cart à trois places du modèle représenté figure 185.

La disposition du moteur dépend d'une foule de considérations secondaires : commodité d'installation, mode de transmission, réduction de la trépidation, etc. Avec la disposition horizontale à deux cylindres équilibrés, les oscillations sont beaucoup diminuées, mais le moteur occupe alors plus de place.

Il vaut mieux prendre, pour actionner une automobile à pétrole, une pétrolette, suivant la phraséologie nouvelle, un moteur déjà connu, expérimenté et ayant fait ses preuves, que de faire construire un modèle spécial exigeant de longues et coûteuses études, et pouvant donner lieu, au jour de l'essai, à de graves mécomptes. On n'a d'ailleurs que l'embarras du choix entre les nombreux moteurs à gazoline pour automobiles qui se trouvent maintenant dans le commerce, et l'on doit se déterminer pour le modèle qui semble présenter les meilleures conditions d'installation et de commodité pour l'application à réaliser.

La première condition d'un bon moteur d'automobile doit être la légèreté, sans que cependant elle soit poussée au point de compromettre la solidité. Si sa puissance dépasse 1 cheval, le ou les cylindres doivent être entourés d'une double enveloppe, dans laquelle circule un courant d'eau destiné à refroidir la paroi échauffée par les explosions successives d'air carburé. Comme, à bord d'une voiture de promenade, il est impossible de changer constamment cette eau, il est nécessaire d'en emporter une certaine provision dans un récipient ; en faisant circuler cette eau, après son passage dans l'enveloppe des cylindres, soit dans un volant creux mobile, comme font MM. Panhard et Levassor, soit dans les tubes de la voiture, comme dans le système Peugeot, on peut la refroidir suffisamment pour qu'une provision d'eau de 30 à 40 litres puisse assurer la réfrigération d'un moteur de 4 chevaux pendant trois heures.

La consommation de gazoline de ces machines est connue, et ne dépasse pas 1/2 litre ou 400 grammes par cheval et par heure ; on peut donc déterminer aisément quelle sera la capacité du réservoir, qui pourra également servir de carburateur, s'il est disposé en conséquence. Nous en dirons un mot un peu plus loin.

Les dimensions de tous les organes mécaniques et accessoires étant connues, on peut calculer les dimensions du véhicule. L'essieu d'arrière est ordinairement conservé comme moteur, et l'essieu d'avant, à deux pivots, porte les roues directrices, ce dispositif est le meilleur et le plus recommandable. Dans les petites voitures à deux places, pour supprimer le différentiel, on pourra n'avoir qu'une seule roue motrice, et la voiture deviendra un tricycle, mais alors, à moins de la munir de très petites roues, elle perdra de sa stabilité.

Ces données générales permettront d'établir le croquis du véhicule projeté. Abordons maintenant l'examen des questions de détail :

29. *Allumage du mélange explosif.*

Différents procédés ont été mis en pratique par les inventeurs qui se sont succédés depuis Lenoir en 1860, pour allumer à l'instant précis, le mélange de gaz combustible et d'air remplissant le cylindre. C'est ainsi qu'on a employé successivement l'aspiration, le transport et la propagation d'une flamme par le jeu de tiroirs habilement disposés. Mais ces procédés seraient inapplicables pour la locomotion automobile, en raison de la délicatesse des organes de distribution, des trépidations et des courants d'air qui éteindraient la flamme. Aussi, deux moyens seulement sont employés pour cette application spéciale : l'allumage par tube incandescent, imaginé par Léo Funk en 1875, et l'allumage électrique par étincelle d'induction.

Pour les moteurs dont la puissance ne dépasse pas 4 à 5 chevaux, l'allumage se fait automatiquement à la fin de la compression. Le tube est disposé dans la chambre d'explosion de façon à ce que, à la fin de l'émission des gaz, il reste encore une certaine quantité de gaz brûlés au fond du cylindre et dans le tube en question. Après l'admission du gaz nouveau et pendant la compression, ces derniers ne se mélangent que peu avec les gaz brûlés qui remplissent l'éprouvette incandescente. Ce n'est que lorsque la compression a atteint sa valeur maximum que le mélange explosif ayant refoulé les gaz inertes au fond de l'éprouvette, peut venir en contact avec les parois chauf-

15.

fées de celles-ci et déterminer l'explosion. Cependant, des
fuites ou une admission variable d'air carburé peuvent
faire varier le degré de compression, et, par conséquent, le
point d'allumage ; si la compression n'est pas suffisante, il
y aura un raté ; si elle est trop considérable, l'explosion
se produira avant la fin de la course rétrograde, et le moteur sera sollicité à tourner en sens inverse. Cependant,
dans les moteurs bien construits, cet effet ne se produit
pas, et ce mode d'allumage donne des résultats satisfaisants.

Le brûleur qui maintient le tube à l'incandescence peut
être de forme quelconque, mais il doit, avant tout, assurer
une température très constante. Les brûleurs à gazoline
sous pression de M. Longuemare donnent de très bons
résultats et sont les plus employés pour cet usage. Cependant il est possible de se passer de ce brûleur, la compression et l'explosion du mélange gazeux étant très suffisante
pour maintenir l'éprouvette à la température convenable.
La mise en train s'effectue alors en chauffant le tube avec
une petite lampe à main, comme dans le système Loyal.

L'allumage électrique est également très en faveur, bien
qu'il soit assez délicat et exige des soins particuliers pour
se produire régulièrement ; il est employé dans les voitures
Delahaye, Roger, Rossel, Lavirotte, Kane-Pennington et
dans le tricycle de Dion et Bouton.

La température de l'étincelle électrique est très élevée,
aussi chaque fois que cette étincelle jaillit au sein d'un mélange gazeux au titre voulu, l'explosion est instantanée, ce
qui est avantageux. Trois conditions doivent être réunies

pour qu'un résultat satisfaisant soit obtenu : 1° l'étincelle

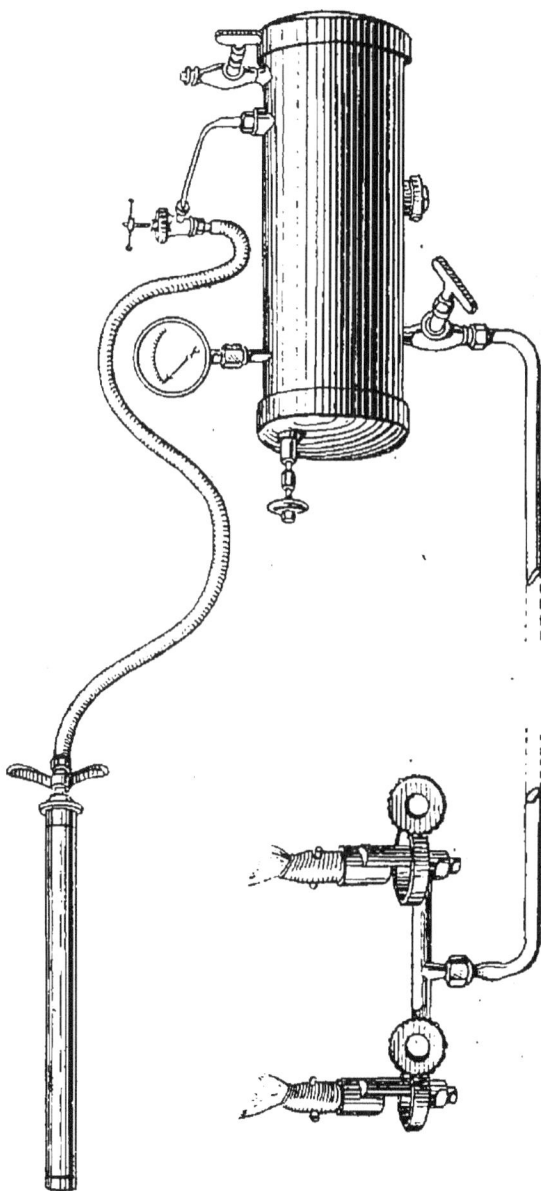

Fig. 186. — Appareil Longuemare pour moteurs d'automobiles.

doit se produire au moment précis où on en a besoin ;
2° elle doit se produire au milieu d'un mélange riche en hy-

drocarbures ; et 3° elle doit être à température aussi élevée que possible.

Bien que ces conditions soient théoriquement faciles à remplir, il n'en est pas toujours de même en pratique. Ainsi, l'étincelle doit être chaude, ce qui nécessite une bobine d'induction assez puissante. Les points entre lesquels jaillit cette étincelle doivent être d'autant plus rapprochés que la tension du courant est plus faible, et que l'on a plus réduit les dimensions de la bobine ; mais il résulte de ce rapprochement que la moindre impureté qui viendrait se placer sur la bougie d'allumage pourrait empêcher le jaillissement de l'étincelle. Pour obvier à cet inconvénient, il convient donc de placer la bougie très près des orifices d'admission des gaz, qui, par leur passage, nettoient plus ou moins la bougie. C'est d'ailleurs également à cette position que correspond le mélange le plus riche en hydrocarbures et la température moyenne la plus élevée, ce qui empêche la formation de goudron ou de cambouis sur ces pointes de platine.

Remarquons en passant que ce n'est jamais la soupape d'admission qui s'encrasse, mais bien la soupape d'échappement, à cause de la condensation des vapeurs encore chargées d'hydrocarbures non consumés ; l'encrassement de l'appareil d'allumage, placé près de la soupape d'admission, est donc beaucoup plus long à se produire.

Bien entretenu, l'allumage électrique donne de bons résultats. On lui reproche de nécessiter l'emploi d'une pile primaire qu'il faut nettoyer et recharger à intervalles rapprochés ; aussi, dans certains systèmes, la pile est-elle remplacée par deux accumulateurs actionnant la bobine d'induction, mais le rechargement de ces accumulateurs est presque aussi ennuyeux que celui de la pile.

La mise en train des moteurs à pétrole d'automobiles s'effectue ordinairement à l'aide d'une manivelle, la transmission à la voiture étant débrayée. Cette manœuvre est assez désagréable et pourrait être évitée en employant une disposition rendant le moteur *self-starting*, c'est-à-dire démarrant seul. Tous les moteurs à gaz d'une puissance dépassant 15 chevaux sont pourvus par leurs constructeurs d'un dispositif de ce genre permettant le démarrage et la mise en train automatiques, et sans recourir à la manœuvre du volant ou de la manivelle. Il serait à souhaiter que les moteurs d'automobiles fussent munis d'un dispositif analogue, et qu'un petit moteur indépendant assurât le démarrage en même temps que la charge des accumulateurs nécessaires pour l'allumage du gaz et l'éclairage électrique du véhicule.

30. *Les carburateurs.*

Le carburateur constitue un des organes les plus délicats et les plus importants du moteur à pétrole, c'est de lui que dépend en grande partie la bonne marche du véhicule, et cependant on n'apporte pas toujours à sa construction tout le soin qu'elle mérite, et les constructeurs eux-mêmes ont négligé quelque peu cette question.

Presque tous les carburateurs actuellement en usage sont basés sur la vaporisation de l'essence de pétrole sous l'action d'un courant d'air. Il en résulte forcément que les parties les plus légères de l'essence sont vaporisées d'abord, en sorte que cette dernière devient de plus en plus lourde au fur et à mesure que le réservoir se vide. Il arrive même un moment où la densité devient si grande, que la carburation, ne pouvant plus se faire dans de bonnes conditions, s'arrête, et le moteur n'étant plus alimenté, cesse brusquement de fonctionner. On est donc obligé de vider le réservoir et de remettre de la gazoline nouvelle.

Dans le carburateur Daimler, l'un des meilleurs types qui aient paru, ce défaut de l'utilisation incomplète de la gazoline, dont les parties les plus lourdes ne sont pas vaporisées existe encore. Ce système, ainsi qu'une expérience de plus de dix ans l'a démontré, a un fonctionnement régulier, en raison de sa grande simplicité, mais il est évident que le défaut que nous avons signalé en commençant n'est pas évité. Les éléments les plus légers de la gazoline se vaporisent d'abord, ce qui détermine une augmentation progressive de la densité de l'hydrocarbure employé et peut provoquer l'arrêt du moteur. Il est évident, du reste, que la carburation de l'air sera d'autant plus active que la température sera plus élevée, et il en résultera, suivant que le moteur fonctionnera le matin ou le soir, au soleil ou à l'ombre, l'été ou l'hiver, qu'on devra agir sur le robinet de façon à obtenir un mélange de richesse déterminée. Cette manœuvre est très délicate, et il est souvent difficile de tomber sur le juste degré d'admission de l'air qui correspond à la marche la plus économique du véhicule.

Un appareil bien combiné, est celui qui alimente le moteur le *Pygmée*. Ce moteur peut fonctionner indifféremment au pétrole ou à la gazoline, grâce à la disposition particulière de son carburateur. Celui-ci comporte simplement un tube en spirale qui vient entourer les brûleurs destinés à l'allumage. Lors de l'aspiration du moteur, le pétrole ou l'essence passe dans ce serpentin, grâce à l'appel produit par un filet d'air, et se vaporise avant de pénétrer dans le cylindre. Le mélange ainsi constitué est trop riche pour être inflammable ; lorsqu'on veut se servir du pétrole, le serpentin se trouve à l'intérieur du brûleur tandis qu'il se trouve à l'extérieur lorsque c'est de la gazoline qu'on emploie. Les arrivées d'air et de vapeur carburées sont disposées de façon à créer un tourbillonnement des gaz à leur entrée dans le cylindre, de manière à obtenir un mélange bien homogène et à éviter ainsi les ratés dus à ce qu'un mélange trop riche ou trop pauvre arrive au contact avec les tubes incandescents destinés à l'allumage, pendant la période de compression. Grâce à cette disposition et à une compression poussée à 4 kilogr. le moteur *Pygmée* de 4 chevaux ne consomme que 375 grammes de gazoline par cheval et par heure.

Le carburateur Loyal est établi de façon à utiliser toutes les parties combustibles de l'essence servant à l'alimentation. Dans ce but, l'introduction du liquide se fait à la partie inférieure du récipient, ce qui amène la carburation des parties les plus lourdes d'abord, et permet, par conséquent, d'épuiser complètement la provision sans laisser aucun déchet de goudron ou de coke. Il faut cependant remarquer que la quantité d'essence introduite à chaque aspiration du moteur dépendra de la hauteur qu'elle occupera dans le récipient, et cela pour deux raisons : 1° parce que la soupape s'écartera de son siège d'autant plus facilement que la pression sera plus élevée, c'est-à-dire qu'elle variera en fonction de la hauteur du liquide contenu dans le réservoir, et 2° parce que la quantité d'essence passant par la soupape sera également proportionnelle à cette hauteur.

En résumé, il est indispensable, dans l'établissement d'une automobile à pétrole, de tenir compte de ces diverses considérations, résultant de l'expérience, et de combiner un carburateur utilisant jusqu'aux dernières parcelles de la gazoline, en même temps que fournissant un mélange exactement titré, et d'une richesse convenable pour assurer un fonctionnement normal.

31. *Transmission.*

Il est de toute nécessité que le moteur à pétrole d'une automobile tourne constamment à la même allure, quelle que soit la vitesse propre du véhicule, vitesse qui dépend en grande partie de l'état et du profil de la route parcourue. La constance du nombre de tours par seconde peut être assurée par le jeu d'un modérateur à force centrifuge de forme quelconque.

La transmission du mouvement à l'essieu moteur doit donc comprendre un organe intermédiaire, recevant d'une part un mouvement d'une vitesse uniforme du moteur et le communiquant, en déduisant plus ou moins cette vitesse, à l'arbre des roues motrices. On arrive, à l'aide d'artifices de mécanique, à obtenir sans grande complication, différents rapports de vitesse, le moteur tournant toujours à la même allure. Voici un exemple : le moteur, supposé à deux cylindres, actionne directement, à raison de 450 tours par minute, un arbre à deux manivelles portant soit un cône de trois ou quatre poulies, soit deux ou trois engrenages à denture héliçoïdale ou à chevrons, suivant que la transmission doit être opérée par courroies ou par engrenages. Un levier disposé à proximité de la main du conducteur de la voiture permet de mettre en rapport, avec l'un ou l'autre de ces engrenages ou de ces poulies, telle ou telle roue dentée ou poulie de l'arbre intermédiaire, sur lequel ces roues ou ces poulies sont mobiles de droite à gauche.

Cet arbre intermédiaire tourne entre deux paliers fixés au châssis de la voiture, il porte ordinairement un pignon fixe transmettant son mouvement, à l'aide d'une chaîne Galle, à une roue dentée clavetée sur l'essieu moteur.

Le diamètre des roues dentées détermine le rapport des vitesses. Avec quatre engrenages, on peut obtenir des vitesses de 6, 12, 18 et 24 kilomètres à l'heure, les roues motrices ayant $1^m,10$ de diamètre et faisant 1/2, 1, 1 et 1/2 et 2 tours par seconde ; le rapport des engrenages sera facile à calculer, l'arbre actionné directement par le moteur accomplissant huit révolutions par seconde.

Le dispositif d'embrayage est très variable dans les automobiles ; la maison Peugeot place les deux trains d'engrenages parallèlement au grand axe du véhicule, et la commande à l'arbre du pignon portant la chaîne est donnée par engrenages d'angle. Dans les voitures Roger, Duryea, Lefebvre, la transmission intermédiaire est faite par courroies croisées. Ce procédé présente l'inconvénient de néces-

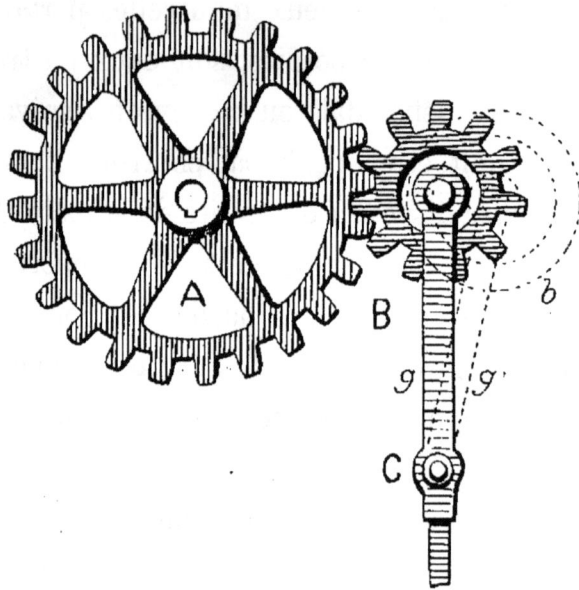

Fig. 187. — Embrayage face à face.

A, roue fixe ; B, pignon mobile et pouvant être éloigné jusqu'en *b* à l'aide du levier *g* mobile autour du pivot G.

siter un réglage fréquent, les courroies étant hygrométriques et se détendant sous l'influence de l'humidité de l'air, mais il présente, en revanche, l'avantage de supprimer le bruit des engrenages et les chocs résultant, en cours de route, des aspérités du terrain. C'est au constructeur de fixer son choix suivant le cas.

Le système d'embrayage par *plateaux à friction*, employé par Tenting et Lepape, en regard d'avantages évidents, pré-

sente l'inconvénient d'un certain poids, mais ce plateau
peut remplacer en partie le volant qu'il faut employer avec

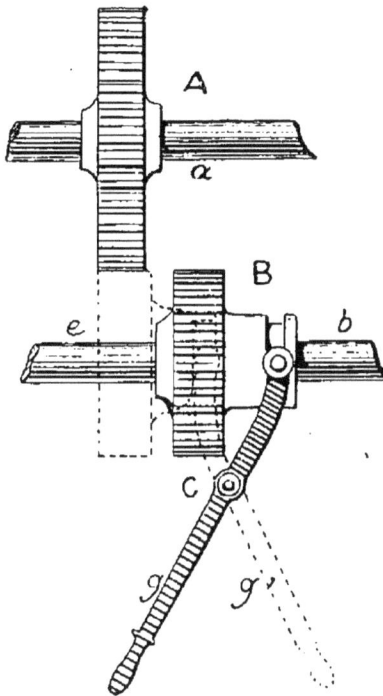

Fig. 188. — Embrayage latéral.

A, roue fixe ; B, pignon mobile sur l'arbre *b* à l'aide du levier *g* et du pivot G.

les moteurs monocylindriques, et il paraît avoir un fonctionnement assez sûr. De toute façon, l'embrayage et la
transmission doivent être étudiés sérieusement avant d'op-
ter définitivement pour un système donné.

32. *Les trépidations.*

Les trépidations d'un véhicule mécanique sont uniquement-
ment dues aux chocs occasionnés par la marche du moteur,

surtout quand le moteur est à quatre temps. Ainsi, si l'on suppose le moteur animé de sa vitesse normale, sans que pour cela l'explosion du mélange ait lieu pour maintenir cette vitesse, on ressentira des secousses si le moteur ne comporte qu'un seul cylindre. Il résulte, en effet, de l'action des masses en mouvement que l'arbre de couche est tantôt soulevé, tantôt appuyé sur son palier et qu'une pression tangentielle sur la tête de bielle a pour effet, tantôt d'accélérer le mouvement, tantôt de le ralentir. Cette variation d'efforts créera des chocs s'il y a le moindre jeu dans les articulations du moteur, et tendra, par conséquent, à augmenter ce jeu. Pour éviter autant que possible ces effets nuisibles, dus aux variations de l'effort normal, il est nécessaire de faire usage de moteurs à deux cylindres, dont les manivelles sont calées à 180°. Dans ce cas, des tensions égales agissant de chaque côté, se détruisent et s'annulent en se contrebalançant. La machine est dite alors équilibrée. Au début de chaque course, l'effort normal dû au mouvement de translation n'occasionne pas forcément un changement de sens de la pression sur le bouton de la manivelle ; il faut d'ailleurs tenir également compte d'un autre facteur : la pression des gaz sur le piston ; et il en résulte qu'il y aura quand même un certain changement de sens de l'effort sur le bouton de la manivelle dont la masse ne peut être ramenée à zéro. On aura donc avantage à calculer le poids des pièces en mouvement de façon à éviter que ce changement de sens de l'effort se produise pendant les périodes d'explosion, de détente et de compression. Il faudra pour cela que la compression soit suffisante pour créer une pression égale à celle des masses en mouvement, à la fin de la course rétrograde du piston.

Il résulte donc de ces considérations : 1° que le moteur devra être équilibré, c'est-à-dire composé d'au moins deux cylindres dont les bielles attaqueront des manivelles calées à 180°, afin d'éviter des pressions exagérées sur les paliers; 2° que les masses animées d'un mouvement alternatif devront être aussi réduites que possible ; enfin, 3°, que la compression devra être au moins égale à la réaction maximum des pièces en mouvement. Ces conditions tendent à réduire autant que possible le changement de sens de l'effort exercé sur le bouton de la manivelle. Au point de vue des secousses imprimées à la voiture, l'augmentation brusque de pression due à l'explosion du gaz, a une importance bien plus considérable; elle a lieu, comme on sait, au commencement de la course, et a pour effet d'allonger le bâti qui supporte le moteur en communiquant un choc à la voiture. L'élasticité ramène de suite ce bâti à son écartement normal, mais, tous les deux tours, le même choc se reproduira. C'est là une des principales causes de trépidation qu'il est difficile d'éviter, à moins de diminuer considérablement la valeur de la pression au moment de l'explosion, et alors réduire le rendement en augmentant la dépense d'essence. On pourrait cependant réaliser également ce desideratum en augmentant la longueur du cylindre pour prolonger la détente, et en laissant une grande proportion de gaz neutres, provenant de l'explosion précédente, dans le cylindre au moment de la nouvelle explosion. Ce procédé, mis à profit dans le moteur Loyal, a donné de bons résultats. On peut aussi réaliser une véritable chaudière à gaz chauds sous pression en disposant l'appareil comme dans la voiture américaine de Duryea, que nous avons décrite.

Pour éviter que le travail considérable, disponible pendant l'explosion et la détente, ne communique le mouvement à la voiture que par à coups, il est nécessaire de munir l'arbre du moteur d'un volant à jante pesante et bien tournée. Le travail en excès produit pendant la période motrice sera ainsi emmagasiné dans la masse périphérique du volant sans causer un accroissement sensible de vitesse. D'ailleurs on peut considérer que le *volant* d'une voiture est constitué, non seulement par la roue pesante calée sur l'arbre et qui porte ce nom, mais encore par la force vive totale du véhicule en mouvement. Lorsque la voiture ne marche pas à sa vitesse normale, il y aura forcément des à-coups ; pour les éviter, on donnera à la masse circonférentielle du volant une valeur un peu plus forte que celle qui serait nécessaire pour la marche à la vitesse normale.

Il faut tenir compte enfin, pour l'importance et l'amplitude des trépidations, de l'action des ressorts sur lesquels le moteur peut être suspendu et de l'élasticité des bandages dont la voiture peut être pourvue. Ces actions seront régulatrices et amortiront les à-coups du moteur, dans une limite que l'expérience seule permet de déterminer, mais qui sera cependant assez étendue.

33. *Ressorts et essieux.*

La question de la fabrication des ressorts pour automobiles est d'une très grande importance en raison des dangers auxquels la rupture d'une de ces pièces exposerait les voyageurs montant la voiture. Le constructeur doit donc porter son attention sur la bonne qualité et l'exécution soigneuse de ces organes.

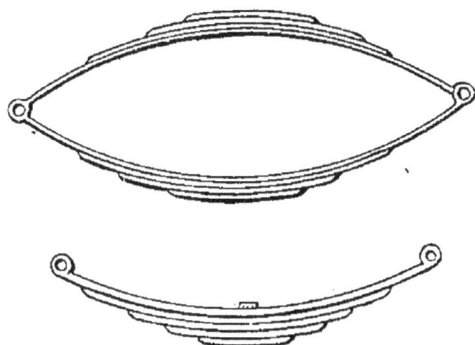

Fig. 189 et 190. — Ressorts pour voitures automobiles.

Les ressorts ordinairement employés pour les automobiles sont du type dit « pincettes »; cette forme, très flexible, se prêtant bien à la fixation sous châssis en fer à *T* ou en *U* (fig. 189 et 190). Les ressorts d'arrière sont souvent fixés sous une traverse en fer, qui se déplace longitudinalement au moyen de vis de réglage pour compenser l'allongement des chaînes de transmission. Les ressorts droits s'emploient de préférence pour les fortes charges; employés à l'arrière, ils se prêtent mieux que ceux à pincettes à l'adaptation des freins frottant sur les bandages. Les ressorts en

C à articulations conviennent surtout aux pètites voitures légères ; ils présentent un aspect élégant et donnent une grande douceur à la suspension, car ce sont eux qui absorbent le mieux les trépidations du moteur.

Tous les ressorts, quelle que soit leur forme, doivent être étudiés avec soin, au point de vue de l'élasticité et de la flexibilité, c'est-à-dire de la perte de flèche sous l'unité de poids. L'acier trempé doit donner, aux épreuves de flexion, un allongement de 5 millimètres par mètre sans déformation persistante. Une machine spéciale permet la mesure facile de cet allongement et du degré de flexibilité.

Les essieux d'automobiles sont de deux catégories : 1° l'essieu ordinaire, à fusée, dont la disposition est suffisamment connue pour rendre toute description inutile, et 2° l'essieu à coussinet à billes. La diminution de l'effort de traction résultant de l'emploi de ce genre de roulements, a été bien démontrée depuis qu'on emploie les billes pour les bicyclettes, et plusieurs constructeurs les utilisent dans les coussinets de voitures mécaniques.

Pour les véhicules d'un poids relativement élevé, (de une à deux tonnes), il convient d'employer plusieurs rangées de billes, pour éviter leur écrasement et les faire travailler dans des limites raisonnables. Les maisons Hannoyer, Peugeot, Belvalette notamment, emploient d'ordinaire des coussinets à billes à quadruple rotation et à boîte amovible. Le roulement s'effectue sur quatre, six ou huit rangs de billes, suivant la longueur de la fusée, longueur qui est elle-même proportionnelle à la charge supportée.

Les essieux d'avant sont, dans presque tous les modèles actuels, montés sur deux pivots verticaux associés pour la commande de la direction. Là encore la qualité du fer et le forgeage jouent un rôle très important. Les fers doivent être soumis à des essais sérieux, et donner à la traction des allongements de 28 à 78 %, avec une résistance à la rupture de 35 kilogr. au moins par millimètre carré.

34. *Les bandages.*

La question des bandages offre non moins d'importance et d'intérêt que celle des essieux et des ressorts, et les

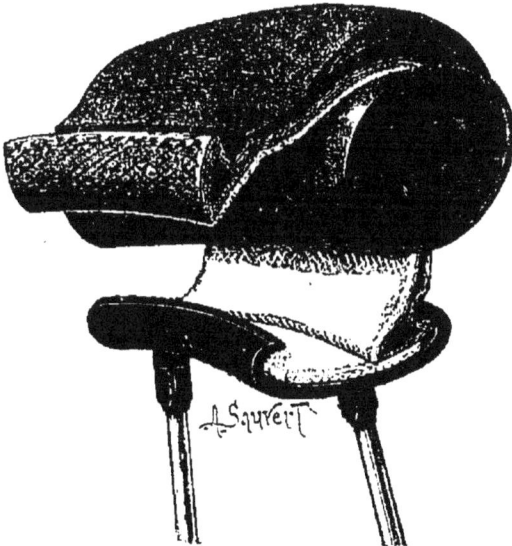

Fig. 191. — Roues pneumatiques Michelin montées sur rayons métalliques.

avantages incontestables, la supériorité indiscutable des bandages en caoutchouc sur les cercles en fer, est tellement bien démontrée aujourd'hui, que, si leur prix n'était pas, dans certains cas, un empêchement, toutes les automobiles seraient montées sur pneumatiques.

16

Les garnitures élastiques permettent, en effet, d'atténuer les chocs et les trépidations, de réduirel'usure du véhicule

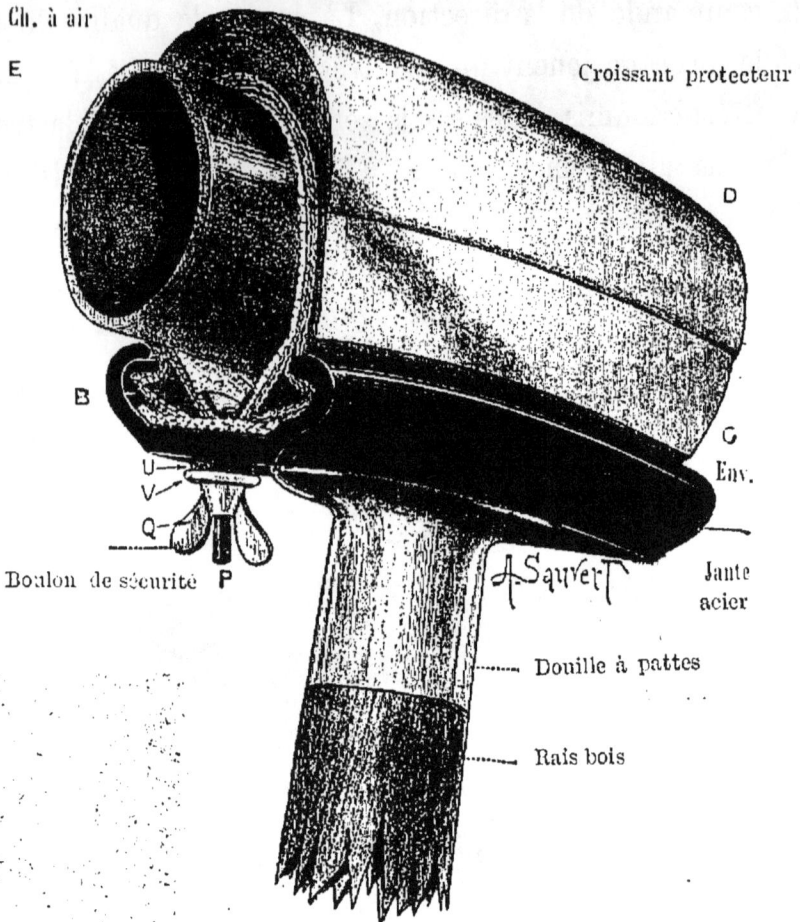

Fig. 192. — Montage à douilles.

et de diminuer l'effort de traction. Mais un facteur important, au point de vue industriel, vient contrebalancer ces avantages ; ce facteur est le prix élevé des pneumatiques, la crainte qu'ils donnent de réparations fréquentes, et leur durée moins grande que celle des bandages en fer.

Des expériences faites depuis sept ou huit ans par des spécialistes démontrent que ces craintes sont mal fondées,

et que la routine seule empêche l'adoption générale et définitive des bandages élastiques, qui permettent une sérieuse
économie de force motrice, une usure moins rapide du
mécanisme, et un roulement
bien plus doux. Le résultat des
essais faits par la maison Michelin de Clermont-Ferrand, en
terrain varié, dans la neige, la
boue, sur le macadam, sec ou
détrempé, et à toutes les allures,
a été que le pneumatique nécessite toujours un effort de
traction moindre que les roues
en fer, et que l'avantage du
pneumatique est plus sensible
sous charge et en vitesse, qu'à
vide et au pas. La moyenne des
chiffres obtenus a été de 132
kil. 7 pour les roues en fer, tandis que l'effort n'était que de
100 kilogr. pour les roues à
caoutchoucs.

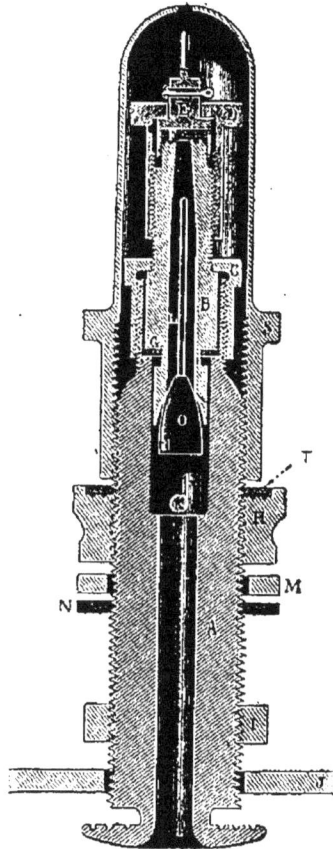

Fig. 193. — Coupe de la valve
des pneus Michelin pour voitures automobiles.

On peut donc penser et affir-
mer que l'adoption du pneumatique, pour toutes les automobiles, n'est plus qu'une question de temps, et qu'avant
peu tous les véhicules en seront pourvus, car il n'y a plus
à craindre maintenant les déboires et les mécomptes des
premiers temps de ces bandages, qui crevaient ou se dé-
gonflaient pour un rien et à tout bout de champ. L'épais-

seur de l'enveloppe extérieure entoilée des pneus de voitures
est telle que les clous, le verre cassé ou les fragments de silex
que l'on peut rencontrer sur la route n'offrent plus aucun
danger pour la sécurité du bandage.

Les roues à pneumatiques sont de deux sortes : en bois
ou entièrement métalliques. Dans le premier cas, la jante
en fer où est maintenu le boudin à air comprimé est appli-

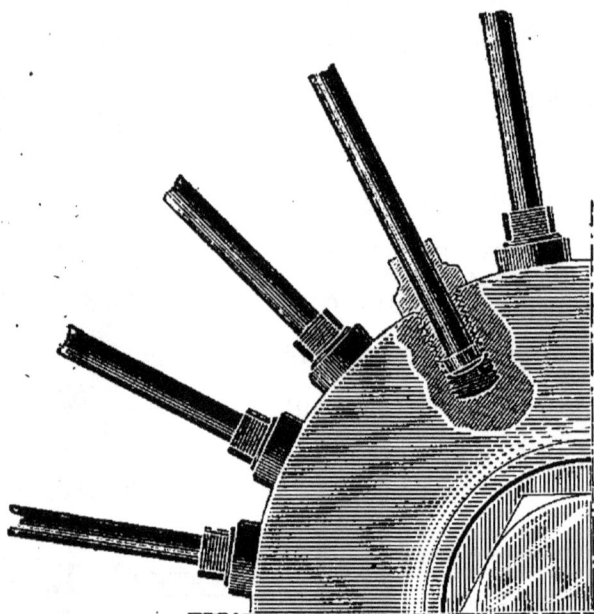

Fig. 194. — Coupe du moyeu métallique pour rayons directs.

quée sur une jante en bois dans laquelle les rais, également
en bois, sont encastrés, ou bien encore ces rais sont
serrés dans des douilles métalliques, qui sont elles-mêmes
rivées sur la jante du pneu, genre de montage plus élégant, puisque le diamètre du boudin est diminué de l'épaisseur de la jante en bois, et demeure cependant tout aussi
solide que l'autre. Les roues métalliques, elles, rappellent
absolument l'aspect et la disposition des roues de véloci-

pèdes, et elles se montent avec moyeux à billes et rayons directs ou tangents, ces derniers étant préférables pour les roues motrices.

Les rayons en fer, directs ou tangents, travaillent *à la traction,* et le moyeu se trouve suspendu, comme nous l'avons expliqué chap. I, aux rayons supérieurs de la roue, les-

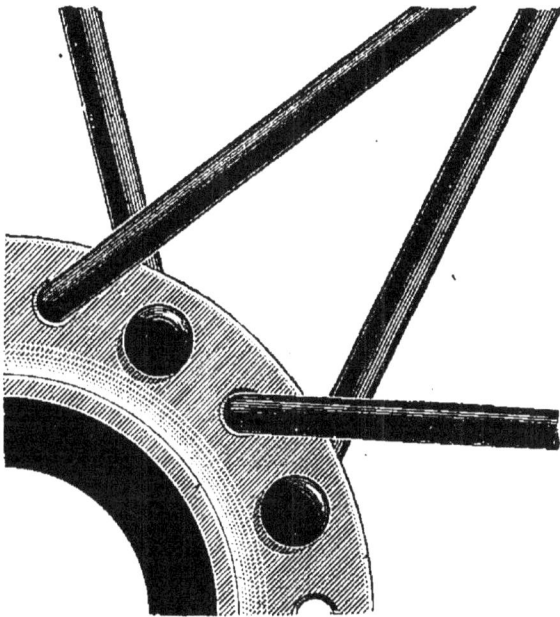

Fig. 195. — Coupe du moyeu métallique pour rayons tangents (roues pneumatiques Michelin).

quels sont tendus, tandis que ceux du demi-cercle inférieur sont lâches. Au contraire, les rayons d'une roue en bois travaillent par *compression;* il en résulte que le choc produit par la rencontre d'un gros caillou, s'il n'est pas absorbé par la masse d'air comprimé du pneu, est transmis directement au moyeu par les rayons en bois. Les rayons métalliques, au contraire, travaillant par tension, le heurt est

16.

réparti, aussitôt produit, sur une notable partie de la cir-

Fig. 196. — Première voiture automobile à pétrole, munie de pneumatiques.
(Voiture et pneus Michelin.)

conférence de la roue ; il se trouve donc très atténué quand

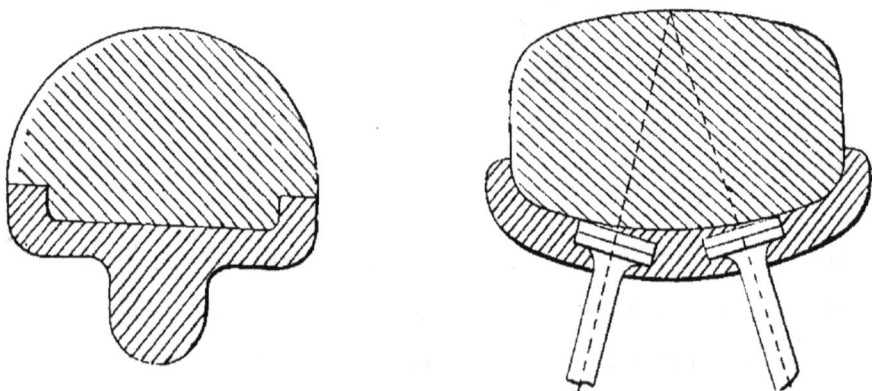

Fig. 197 et 198. — Coupe des bandages en caoutchouc plein de M. Edeline
(jantes métalliques).

il est ressenti par le moyeu. Il s'ensuit que, si deux roues, l'une à rais en bois, l'autre à rayons en acier, ayant un même diamètre, des pneus identiques également gonflés, et chargées d'un même poids, roulent sur un même sol, la roue de bois sautera et bondira beaucoup plus que la roue de fer, et que l'enveloppe extérieure du pneumatique de la roue en bois se trouvera beaucoup plus vite usée, ce qui porte à conclure que la roue la meilleure est

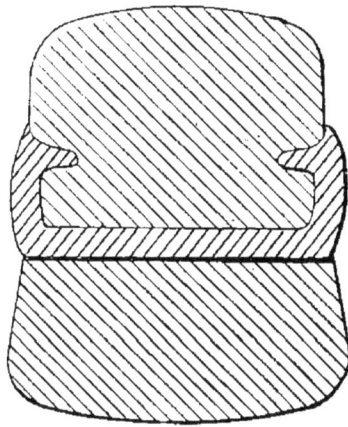

Fig. 199. — Coupe d'une roue Vinet avec jante en bois.

encore celle type de vélocipède à roulements à billes et rayons métalliques.

Les *caoutchoucs pleins* peuvent être également employés pour les véhicules mécaniques, et ils peuvent rendre de bons services quoiqu'ils ne présentent pas la douceur et le moelleux du pneumatique. Les roues Vinet sont bien connues, mais elles conviennent plutôt aux voitures attelées de chevaux. Dans ce système, le caoutchouc est inséré et maintenu de telle façon dans la jante (fig. 199), qu'en aucune circonstance il ne peut s'arracher, ce qui est un point très important pour la sécurité.

35. *Montage d'une automobile.*

Toutes les pièces étant calculées comme nous l'avons indiqué, et ayant été exécutées, le moteur et ses accessoires étant achevés, le carrossier et le mécanicien peuvent procéder au montage des organes de la future reine de la route. L'outillage perfectionné d'un grand atelier n'est pas inutile si l'on veut obtenir un bon résultat, car, on conçoit que l'ajustage de pièces aussi compliquées est encore plus difficile et demande plus de travail et de soin que celui d'une simple bicyclette. C'est ce qui motive le prix élevé auquel sont encore vendus les plus petits modèles d'automobiles.

Le châssis est d'abord fabriqué, pourvu de ses quatre roues et de tout l'appareillage mécanique : moteur, carburateur, réfrigérant à eau, embrayage et transmission. Tous les organes, entièrement finis à l'atelier, sont mis en place et ajustés avec soin, les poulies, engrenages, roues dentées et pignons montés sur leurs axes, et ces axes sur leurs paliers. Le système de direction et le frein sont ensuite organisés et l'on peut procéder à l'essai à vide du moteur, de façon à se rendre compte si toute la partie mécanique est bien exécutée et fonctionne convenablement. Cela fait, le carrossier entre en scène et monte la caisse, préparée à part, sur ses ressorts. Il n'y a plus, une fois la peinture et le vernissage achevés, qu'à remplir le carburateur de gazoline et ouvrir la porte de la remise. La nouvelle automobile prend possession du sol sur lequel elle devra désormais circuler avec souplesse et docilité.

CHAPITRE IV

Les Accumobiles.

36. *Unités électriques.*

Les électriciens ont un langage tout particulier ; ainsi M. Hospitalier le savant vulgarisateur de l'électricité et ses applications, a composé, du mot *accumulateur* et de celui d'*automobile,* le vocable pittoresque d'*accumobile* désignant les futurs fiacres électriques, les voitures de plaisance mus par le courant fourni par des batteries d'accumulateurs. Et ce néologisme ayant au moins le mérite d'une étymologie facile, nous l'avons pris comme titre de cette étude des véhicules électriques.

Avant d'entrer dans notre sujet, rappelons rapidement la signification des principaux termes techniques et la valeur des unités en usage dans l'industrie électrique, et dont nous serons obligé de nous servir constamment pour nos explications.

De même qu'un courant d'eau, un courant électrique en circulation peut laisser passer par seconde un volume donné, résultant et de sa pression et de son débit. *La pression*, qui provient de la hauteur du réservoir, — d'une *différence de potentiel* en électricité, — s'évalue en *volts*, et le débit en *ampères*. En multipliant ces deux termes l'un par l'autre, on obtient la valeur de la quantité d'énergie représentée par le courant ; cette valeur est désignée en *watts*, et le watt a un rapport direct avec le travail mécanique, 1 watt équivalant à 1 dixième de kilogrammètre, et pouvant s'entendre soit par unité de temps (seconde ou heure), soit comme somme totale en un temps indéterminé.

L'unité de travail mécanique, d'ailleurs complètement arbitraire et erronée, correspond au travail nécessaire pour élever à 1 mètre de hauteur un poids de 75 kilogr. par chaque seconde. Ce travail de 75 kilogrammètres par seconde est le *cheval-vapeur*. Il faut 736 watts pour 1 cheval-vapeur, et les électriciens, qui sont gens méthodiques, ont pensé à arrondir ce chiffre. Ils emploient, de préférence au cheval-vapeur, le *kilowatt*, valant 1.000 watts ou 98 kilogrammètres.

Nous emploierons donc, dans l'étude qui va suivre, les unités qui viennent d'être énumérées : *volts*, pression ; *ampères*, débit ; *ampère-heure*, appareil pouvant débiter 1 ampère pendant 1 heure, ce qui est plus simple que de dire 3.600 ampères au total ; *watt*, travail mécanique par seconde, et ses multiples *hectowatt* et *kilowatt* ; *kilowatt-heure*, 1.000 watts pendant une heure ou 3 millions 600.000 watts au total, tels sont les seuls mots particuliers à la science électrique dont nous nous servirons, et nous pensons que maintenant, nos lecteurs ne pourront plus faire de confusion, et qu'ils seront fixés sur la valeur de ces termes, en réalité fort simples.

37. Mécanisme. Accumulateurs et Moteurs.

Il ne faudrait pas se figurer, parce qu'un véhicule marche par l'électricité, qu'il doit être léger, rouler très vite, évoluer instantanément, et n'exiger qu'un matériel très restreint : quelques piles ou quelques accumulateurs, un rien enfin pour fournir la puissance requise. Une semblable idée serait loin d'être conforme à la vérité, et le petit tableau de comparaison ci-dessous montre, au contraire, qu'au point de vue de la légèreté, — point essentiel en automobilisme, — le moteur électrique n'occupe pas encore le premier rang, malgré les grands progrès qu'il a subis depuis une dizaine d'années.

TYPE DE MOTEUR	POIDS PAR CHEVAL à vide.			POIDS	
	Généra- teur	Moteur	Total	Approvi- sionnem^t 1 heure	Total par cheval. Heure
Machine de torpilleur (vapeur).	27	15	42	14	56
Chaudière et moteur Dion Bouton (vapeur)............	14	12	26	22	48
Moteur Willans et générateur Belleville (vapeur).........	40	25	65	10	75
Vapeur Serpollet-Brotherhood..	35	15	50	18	68
Moteur Daimler à pétrole......	6	50	56	1/2 k.	56
Moteur Kane-Pennington......	2	6	8	1/2 k.	8 1/2
Moteur électrique à piles Renard.	14	16	30	15	45
Moteur électrique avec accumulateur Fulmen............	185	15	200	»	50 à 60

D'après ce tableau, la palme de la légèreté appartiendrait au moteur à gazoline de Pennington de Chicago, lequel ne pèse pas 10 kilogr. par cheval-vapeur de 75 kilogrammètres. Tous les autres systèmes, entrés dans la pratique journalière,

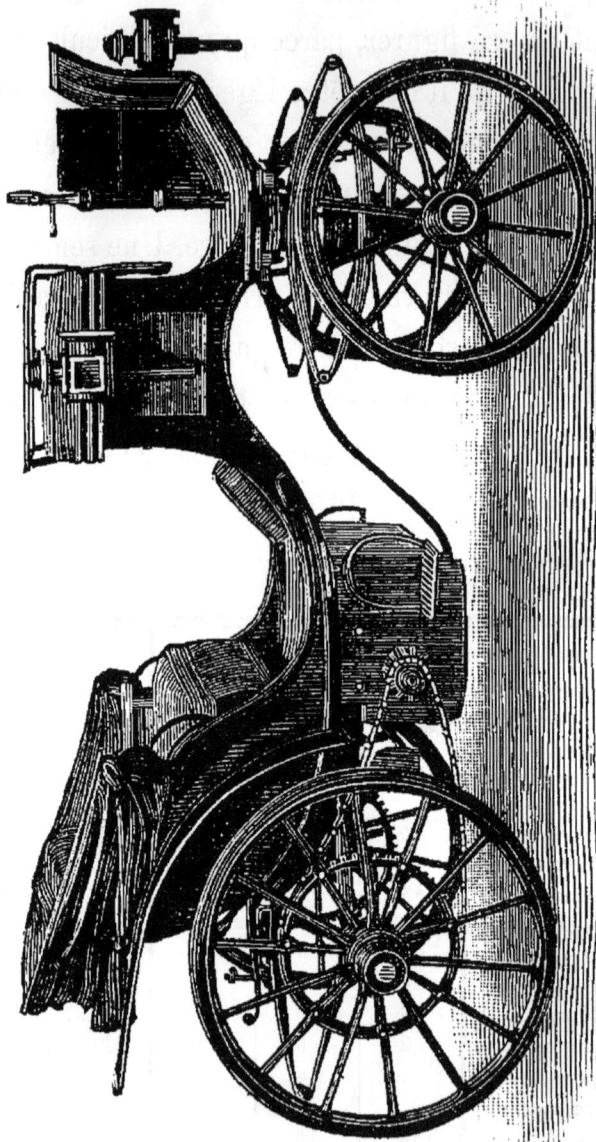

Fig. 200. — Victoria électrique construite en 1896 pour la reine d'Espagne.

et par suite bien connus, pèsent de 50 à 70 kilogr. par cheval et par heure, et l'électricité, sous ce rapport, a presque rattrapé ses devanciers : le pétrole et la vapeur.

Des améliorations considérables ont été apportées aux appareils électriques, qui ont pu subir, par suite, une réduction notable de poids et de volume. Une comparaison entre les modèles de 1881 et ceux de 1897 permettra de se rendre compte de ces progrès. En 1881, l'accumulateur Faure, composé d'électrodes en plomb recouvert d'oxyde, contenait, sous un poids de 45 kilogr., une quantité d'énergie égale à 172 ampères-heure, soit 320 watts-heure, avec un débit moyen de 16 ampères. Pour emmagasiner un cheval, la durée de la décharge, au régime de 16 ampères étant de 11 heures, il eût fallu 21 éléments pesant 940 kilogr. Soit 85 kilogr. par cheval-heure (736 watts-heure).

En 1889, les accumulateurs genre Faure-Sellon-Volckmar à pastilles rapportées, tels que les types de la Société du Travail Electrique des Métaux, de Julien et de Dujardin, employés pour la traction des tramways, restituaient de 15 à 18 watts-heure par kilogr. de plaques, à 3 watts par kilogr. et 10 à 12 watts-heure au kilogr. avec un régime de 5 watts au kilogr. Déjà un progrès était réalisé, puisqu'on obtenait le cheval sous 500 kilogr., et le cheval-heure sous 60 kilogr., la durée de décharge étant de huit heures.

En 1897 enfin, les derniers types d'accumulateurs légers à électrodes indéformables par gaîne souple en celluloïd, donnent les résultats suivants :

Au régime de 5 watts au kilogr. la capacité est de 25 watts-heure par kilogr. et elle est encore de 20 watts-heure, au régime de 10 watts, soit 5 ampères de débit par kilogr. de plaques. La durée de la décharge de la batterie étant réduite à 4 heures, on voit que ces accumulateurs permettent d'em-

290 CONDUCTEUR ET CONSTRUCTEUR D'AUTOMOBILES.

magasiner une provision d'énergie de 1 cheval pendant
4 heures sous le poids de 150 kilogr., soit 37 kilogr. par cheval-heure. Et cet appareil possède, en outre, une élasticité
et une solidité remarquables : le type « Fulmen » C pesant
7 kilogr. 600 peut exceptionnellement débiter 100 ampères
sous une tension de 1 volt 8, soit 24 watts par kilogr. sans
être détérioré, et sans que le voltage s'abaisse notablement.
Ce résultat rend donc le véhicule électrique aussi pratique
que l'automobile à pétrole, et le poids du générateur n'a
plus rien d'exagéré.

Les moteurs électriques ont reçu également de sérieuses
améliorations, résultant de ce qu'ils sont mieux connus,
mieux étudiés dans tous leurs détails, et construits avec plus
de précision avec des matériaux de haute qualité. Il y a
quinze ans, ces moteurs, pour des forces de 2 à 3 kilowatts,
avaient un rendement ne dépassant pas 60 p. 100 et ils
pesaient au moins 30 à 40 kilogr. par kilowatt. On arrive
aujourd'hui à un rendement qui dépasse souvent 85 et
même 90 p. 100, et la puissance spécifique est telle que le moteur ne pèse plus que 15 à 20 kilogr. par kilowatt. De plus,
et en dehors de cette grande puissance spécifique, le moteur
électrique présente sur celui à gazoline des avantages très
sérieux. Ainsi, avec l'électricité, le couple moteur, et par
suite l'effort de traction, augmentent lorsque la vitesse diminue et inversement ; il en est de même de la puissance. Cette
propriété précieuse, unique même, le fait utiliser comme
régulateur de la vitesse : dans une pente, il peut même agir
comme frein tout en récupérant une partie de l'énergie dépensée pour monter la côte ascendante, cela au grand béné-

fice des accumulateurs, des freins et des bandages, qui sont ainsi ménagés.

Lorsqu'on calcule les divers éléments entrant dans l'établissement d'un moteur électrique à courants continus, on doit donc ne pas perdre de vue ces deux points essentiels : grande puissance spécifique et haut rendement, et éviter par suite toutes les causes ordinaires de perte d'énergie dans ce genre d'appareils. Ces causes sont : 1° la transformation de l'énergie électrique en chaleur dans les fils de la bobine mobile ou *induit*, et dans ceux qui entourent les électros fixes ou *inducteurs*; 2° les pertes dues aux variations de l'aimantation de l'induit, résultant d'une disposition vicieuse du champ magnétique. On peut se rendre compte, en effet, qu'une section quelconque de l'anneau induit est soumise pendant sa rotation à des aimantations égales mais de sens contraire, ce qui amène deux genres de pertes : celles par les courants de Foucault et les pertes par *hystérésis*. Les premières sont dues aux courants parasitaires qui prennent naissance tant dans le fer que dans le fil de l'induit, et qui transforment en chaleur, en pure perte, le travail ; les pertes par hystérésis sont dues à l'inertie du fer et à sa résistance aux changements de sens dans l'aimantation ; enfin il faut encore tenir compte des pertes dues aux frottements mécaniques de l'arbre dans les paliers et s'efforcer de les restreindre au minimum.

Ces diverses causes de pertes d'énergie peuvent être diminuées dans une grande proportion, sauf toutefois l'hystérésis. Plus on augmentera la section des fils de l'armature et des électros, plus on diminuera par suite les pertes par échauffement, et, si l'on sectionne convenablement les fils et les masses de fer polaires, on réduira également l'intensité des courants de Foucault. En accroissant ainsi d'une façon rationnelle toutes les dimensions d'un moteur, on augmentera son rendement, qui pourra atteindre 98 p. 100, mais alors on accroîtra son volume, son poids et son prix, considérations qui ont leur importance en matière de traction et d'automobilisme, tandis qu'il n'en est pas de même pour une installation fixe, le moteur étant d'autant plus économique qu'il est plus lourd.

En comptant sur un rendement moyen de 85 p. 100 en régime normal, rendement qui diminue un peu lorsqu'on demande au moteur une puissance supérieure à celle pour laquelle il est construit, et sur une puissance spécifique de 40 watts par kilogr., un moteur électrique de 3 chevaux pèsera 60 kilogr. environ. Son poids est donc notablement inférieur à celui d'un moteur à pétrole de même puissance, et, sans la batterie d'accumulateurs qui vient l'alourdir, ce système de force motrice serait supérieur à tous ses devanciers comme facilité de manœuvre et d'entretien.

38. *Étude d'une accumobile.*

M. Salom, inventeur de l'*électrobat* dont nous avons parlé, a fait de nombreuses expériences, à l'aide de son véhicule, dont le poids était de 900 kilogr. avec ses deux voyageurs, pour mesurer l'énergie dépensée pour la traction. Il a donc noté, pendant un parcours sur un terrain horizontal, l'intensité et la tension du courant, la puissance produite et la

vitesse obtenue. Il est facile de déduire de ces chiffres la
puissance électrique spécifique, en watts par tonne, et l'é-
nergie électrique spécifique dépensée en watts-heure par
tonne et par kilomètre, et de déterminer, par suite, la force
à donner au moteur d'un véhicule d'un poids quelconque.
Voici ces chiffres.

Vitesse par heure.	Tension en volts.	Intensité en ampères.	Watts.	Puissance spécifique Watts par tonne.	Énergie spécifique Watts-heure par tonne-kilomètre.
8 kilom.	96	6	575	640	83
19 —	—	15	1450	1600	84
32 —	—	30	2700	3000	93

En tenant compte de la dépense un peu plus élevée sur
les rampes, un peu plus faible sur les pentes descendantes,
on peut admettre, d'après les chiffres de ce tableau, qu'un
véhicule électrique dépense environ 100 watts-heure par
tonne-kilomètre sur un terrain peu accidenté ; à l'intérieur
d'une ville par exemple si les démarrages ne sont pas trop
fréquents ni trop brusques, une provision d'énergie électrique de 8 kilowatts-heure permettra à un véhicule pesant
1.000 kilogr. avec ses voyageurs, d'effectuer en toute certitude un parcours de 70 kilomètres sans rechargement de
la batterie. Ce chiffre est largement suffisant dans la pratique, car les fiacres et les voitures de maître que les accumobiles remplaceront en premier lieu, font rarement plus de 50
à 60 kilomètres en une journée. Pour la locomotion sur les
routes, comme il n'est plus une bourgade même infime qui
n'ait une station publique ou privée d'électricité, on trou-

vera à refaire sa provision d'énergie électrique tout le long de son chemin.

Supposons que nous ayons une *accumobile* à deux places à construire, quelles seront les dispositions à adopter en principe pour la partie mécanique ; la carrosserie, la question de *forme* n'arrivant qu'en second lieu ?

Tout d'abord il faut déterminer la puissance du moteur et le poids du véhicule, qui comportera une caisse légère avec capote, montée par l'intermédiaire de ressorts pincettes sur un châssis en tubes d'acier assemblés par pièces fondues puis brasées, deux roues directrices à l'avant, montées sur avant-train à deux pivots et deux roues motrices à l'arrière, avec mouvement différentiel dans l'axe, ces quatre roues étant entièrement métalliques, garnies de bandages en caoutchouc pleins ou de pneumatiques, ce qui est mieux, et montées sur roulements à billes. Le poids de la carrosserie peut être évalué à 150 kilogr. environ, celui des deux voyageurs à 150 kilogr. ; en admettant un poids de 350 kilogr. pour la partie électro-mécanique, dont 250 pour la batterie et 100 pour le moteur avec ses transmission et ses accessoires, on voit que l'on emmagasinera environ 5 kilowatts-heure, soit 7 chevaux-heures, que l'on pourra dépenser à volonté, soit en roulant 8 heures à la vitesse de 10 kilomètres à l'heure, soit en marchant trois heures à 20 kilomètres en dépensant 1.500 watts en moyenne par seconde. Dans le premier cas, la décharge de la batterie étant plus lente, le rendement est meilleur, et l'on peut parcourir un plus long trajet avec la même quantité d'énergie.

M. Hospitalier, dans une conférence très documentée qu'il a faite à l'Automobile Club, et développée ensuite devant les membres de la Société Internationale des Electriciens, a dit ce qui suit de l'*accumobile normale* qu'il voudrait voir remplaçant les voitures à *hippomoteurs* (lisez chevaux), dans les rues de Paris.

« L'esthétique étant en somme, toute de convention, il en résulte que l'œil s'habitue rapidement à des formes dont la bizarrerie tient surtout au défaut d'accoutumance.

« On n'a pas oublié les surprises causées par l'apparition des grands *Bis,* des bicyclettes à pneumatiques en 1890 et même des fiacres à bandages pneumatiques l'an dernier. Ces surprises ne durent qu'un temps, et ne doivent pas empêcher l'adoption de formes et de dispositifs rationnels à des véhicules qui portent en eux leur moteur et constituent une véritable machine.

« L'*accumobile* doit donc être constituée par un cadre en tubes d'acier supporté par des roues métalliques à rayons tangents, munies de roulements à billes et de bandages pneumatiques. Suivant les cas, la transmission du mouvement du moteur aux roues se fera par des engrenages ou une chaîne ; la direction à essieu brisé pourra être placée à l'avant ou à l'arrière selon que la commande sera disposée à l'arrière ou à l'avant. On pourra également placer sur les roues d'avant à la fois la direction et la commande (Krieger). Dans les voitures légères, il sera rationnel de construire un triangle avec roue motrice unique à l'arrière, ce qui supprime le différentiel, et même, faire une voiture à deux roues (capitaine Draulette) dans laquelle les deux roues sont à la fois motrices et directrices : la direction s'obtient en donnant des vitesses différentes aux deux roues, et l'équilibre vertical en plaçant le centre de gravité au-dessous de l'axe de suspension, et en assurant la stabilité à l'aide d'un tore gyroscopique tournant horizontalement autour d'un axe vertical.

« On pourra également employer un ou deux moteurs. Le moteur unique présente plus de simplicité, d'économie, moins de poids et un meilleur rendement que deux moteurs de puissance moitié moindre, mais il impose l'emploi d'un différentiel.

« L'emploi de deux moteurs permet de les utiliser pour la direction du véhicule et, en cas d'avarie — rare d'ailleurs — à l'un des moteurs, de rentrer à la remise à une allure modérée avec le second moteur resté disponible.

« Quels que soient les dispositifs adoptés, une *accumobile* à deux places disponibles, pèsera environ une tonne ainsi répartie :

	Kg.	
Caisse, châssis et roues..................	300 à	400
Accumulateurs.........................	300 à	350
Moteurs et transmissions................	120 à	150
Coupleur, connexions, accessoires.........	50 à	80
1 cocher, 2 voyageurs...................	200 à	220
Total......	970 à	1200

« Or, nous avons vu qu'en ne dépassant pas une vitesse de 20 kilomètres-heure, l'énergie électrique dépensée était d'environ 100 watts-heure par tonne kilométrique. Avec une batterie pouvant fournir 25 watts-heure par kilogramme de poids total, on obtiendrait au moins 7.500 watts-heure correspondant à un parcours de 75 kilom. En limitant le parcours journalier à 60 kilom., on évitera toute surprise et tout mécompte. »

39. *Prix de revient de la journée.*

La batterie dont la capacité en énergie est de 8 kilowatts heure exigera 10 kilowatts-heure, pour sa recharge complète, soit, à raison de 40 centimes le kilowatt-heure, une dépense journalière de 4 francs. Une somme égale sera largement suffisante pour couvrir l'amortissement de la voiture et des accumulateurs. Les frais relatifs au cocher restent les mêmes, mais on économise le prix de location d'une écurie, le coulage sur les fourrages, l'amortissement de la cavalerie, la dépense d'énergie les jours où la voiture ne sort pas, et le salaire d'un palefrenier.

Pour la recharge des accumulateurs, trois solutions se présentent :

1" La charge rapide à des stations spéciales ;

2° Le remplacement des accumulateurs ;

3° La charge pendant la nuit ou la journée.

Ces trois procédés peuvent être employés suivant la circonstance. Dans le cas d'usines fixes, comportant des générateurs électriques de grande puissance, il serait facile de distribuer l'énergie sous la tension et au régime convenables, aux voitures venant se réapprovisionner ; on pourrait recharger dix ou douze batteries ensemble.

L'échange des accumulateurs vides contre des éléments chargés, assez usité en Amérique, deviendra vite difficile à cause des types très variables et de toute provenance qui sont employés : on ne pourrait songer à monopoliser la fabrication des éléments de voitures. Donc la meilleure solution est de recharger pendant la nuit. Le nombre des fiacres électriques étant devenu assez élevé, les secteurs d'éclairage électrique se détermineraient probablement à vendre l'énergie à un prix assez bas : 30 à 40 centimes le kilowatt-heure, par exemple, pour cette application spéciale. Le régime de charge des batteries étant connu, un compteur horaire serait suffisant pour enregistrer la quantité d'énergie absorbée et rendrait inutile l'usage des compteurs d'énergie, dont le mécanisme est compliqué, et qui donnent souvent des indications inexactes à des débits variés. En comptant le kilowatt-heure 40 centimes, et en tenant compte du rendement des appareils, le kilomètre-voiture électrique reviendrait à 5 centimes environ, salaire du *wattman* (cocher) non compris.

Les particuliers ne voulant pas demeurer sous la dépendance des secteurs pour l'opération du rechargement de leurs batteries pourront exécuter eux-mêmes cette opération pendant la nuit ; il leur suffira d'avoir un moteur à pétrole ordinaire de 1 cheval et demi environ, travaillant à faire tourner l'une des roues motrices de la voiture, celle-ci étant surélevée par un poulain. Le moteur du véhicule travaillant comme dynamo, développe un courant qui est emmagasiné dans la batterie. Quand la charge est complète, un disjoncteur automatique rompt le circuit et arrête le moteur sans que personne ait à se lever. En six heures de nuit, la voiture a récupéré sa provision d'énergie, qui revient à vingt centimes environ le kilowatt-heure.

Nous concluerons donc que l'avenir est désormais aux *accumobiles,* qui n'ont aucun des inconvénients des pétrolettes ou *essencielles,* comme les appelle M. Hospitalier. Et, ajoute ce savant, les accumulateurs étant maintenant pratiques et d'un usage économique, l'heure n'est plus éloignée où Paris, surnommé jusqu'alors *l'enfer des chevaux,* deviendra le *Paradis des accumobiles.*

CHAPITRE V

Guide de l'acheteur d'automobiles.

40. *Choix d'une automobile.*

La voiture sans chevaux, à traction mécanique se présente maintenant sous une foule d'aspects différents, et il devient difficile aux personnes qui n'ont étudié que superficiellement la question, de se déterminer pour un modèle plutôt que pour un autre. C'est pourquoi nous résumerons dans ce chapitre les considérations qui doivent influer sur ce choix à faire entre tant de systèmes analogues.

Tout d'abord, la question de l'usage que l'on veut faire du véhicule est primordiale, et il faut savoir si c'est du grand tourisme, des parcours considérables que l'on veut effectuer, ou si l'on doit se borner à circuler dans l'intérieur d'une ville sans s'en éloigner autrement que d'une faible distance. Dans le premier cas, il faut de toute nécessité prendre une automobile à pétrole, tandis que, dans le second, une accumobile électrique peut très bien faire l'affaire, à condition de revenir chaque jour à son point de départ, où se trouve installée la station de rechargement.

Ce premier point élucidé, il faut tenir compte du prix

demandé pour tel ou tel modèle, et ici quelques réflexions viennent se placer.

Comme dans toute industrie à son début, la main-d'œuvre nécessitée par la fabrication des voitures mécaniques, est très chère, et les ouvriers connaissant bien la partie encore assez rares ; souvent les ingénieurs sont obligés de former eux-mêmes les monteurs, car, dans ce genre de travaux il n'y a rien qui ressemble au montage des moteurs ou des voitures ordinaires, l'un et l'autre étant modifiés pour pouvoir s'accoupler ensemble. C'est là une des causes principales du prix élevé demandé par les grandes maisons de construction pour leurs voitures, d'autant plus, qu'en raison de la vogue de ces appareils, ces maisons ont des commandes pour une année d'avance. Cependant, et malgré ces prix élevés, il est encore préférable de s'adresser, pour le moment, aux grandes marques, plutôt qu'à des ateliers de second ordre qui, moins bien outillés que les autres, ne pourront pas, malgré tout, livrer à des prix inférieurs, à moins d'établir le mécanisme à la diable, sans le soin et le fini que réclament ces véhicules.

En résumé, la construction automobile en est au point où se trouvait l'industrie vélocipédique en 1889, où pour avoir une bonne bicyclette, il fallait mettre sept ou huit cents francs, tandis que maintenant, pour la moitié de ce prix, on a une machine supérieure comme qualité, fini et résistance. Il faut donc se résigner à commander son automobile aux maisons renommées, et ne pas regarder à payer mille ou deux mille francs de plus, si l'on veut que cette voiture fasse l'usage et puisse rendre tous les services qu'on est en droit d'en attendre. Pour de plus amples renseignements sur l'achat des voitures nous nous mettons d'ailleurs très volontiers à la disposition de nos lecteurs, de façon à les éclairer sur la valeur du modèle d'automobile qu'ils désireraient acquérir (1).

L'amateur, l'aspirant « chauffeur » qui aura visité diverses usines et pu comparer différents modèles entre eux, ne devra pas se laisser influencer par l'apparence extérieure, par la disposition plus ou moins heureuse de la carrosserie, cette partie étant indépendante de la question de mécanique et construite ordinairement au gré du client. Ce qui est le plus important, c'est le moteur avec ses accessoires, transmissions, etc. Ce moteur constitue la partie essentielle et la carrosserie n'a qu'un intérêt secondaire. L'acheteur examinera donc surtout si le véhicule qu'il a en vue répond favorablement aux trois conditions suivantes : qualité du moteur et de la transmission ; solidité et souplesse du bâti ; facilité de manœuvre, de commande et de direction, et il ne se laissera pas arrêter par la question de forme et d'aspect. Avant tout, il faut un bon mécanisme, simple à vérifier et à arranger, d'accès commode ainsi que de commande sûre et facile.

Les voiturettes, dont il existe plusieurs modèles, ainsi qu'on a pu en juger au chapitre II, présentent l'avantage d'un prix moindre que les grandes automobiles, 2.500 à 3.000 fr. au lieu de 4 ou 5.000 ; elles peuvent rendre de grands services, aussi bien pour les courses dans les villes

---

(1) Écrire à l'auteur, 1, rue de Poissy, en joignant à la lettre un timbre pour la réponse.

que pour les excursions à grande distance. Seulement, elles
ont moins de confortable, et la puissance du moteur étant
plus restreinte, la vitesse moyenne est un peu moins élevée.
Leur choix dépend donc souvent de la fantaisie du client
et de la dépense qu'il veut faire, mais là encore, il faut
porter toute son attention, non sur la disposition générale
du véhicule, mais sur la bonne construction et l'agencement des divers organes mécaniques.

Les motocycles, tels que ceux de Dion, de Gladiator et de
Clément, répondent à un besoin déterminé, et les vélocipédistes ont accueilli ces appareils avec enthousiasme, car ils
ont une propriété, qui est un défaut pour les uns et une
grande qualité pour la majorité des autres : il faut de temps
en temps faire agir ses jambes soit pour démarrer, aider
le tricycle à monter des côtes raides, etc. Les quelques
rares adversaires de ce système prétendent qu'ils aiment
autant aller à bicyclette tout simplement. « Mais non, répondent les partisans des motocycles, dont nous sommes
avec bien d'autres, ce n'est nullement la même chose ; tandis qu'en vélo, vous vous fatiguez tout le temps et qu'en
automobile vous vous engourdissez, avec le motocycle, vous
joignez à une promenade salutaire un exercice que vous
pourrez modérer suivant votre désir. »

Les motocycles à pétrole ont donc conquis la faveur des
amateurs, et leur emploi est tout indiqué quand on veut
surtout faire des promenades. Mais, de même que les voiturettes, et par suite de leur peu de hauteur au-dessus du
sol, leur usage est peu agréable par temps de pluie ou sur
les routes boueuses. A moins de munir les roues de garde-

crotte, le conducteur ne tarde pas à être couvert de boue, sans compter que les dérapements sont fréquents dans les virages et sur les pavés gras. Tels sont les inconvénients de ces véhicules comparés à leurs avantages. Quant aux motocycles à vapeur, ils présentent actuellement trop d'ennuis de tous genres pour que nous osions les conseiller à nos lecteurs.

41. *Examen du moteur à pétrole.*

Le moteur à pétrole se compose en principe d'un cylindre soigneusement alésé à l'intérieur, et dans lequel se meut un piston dont la tige forme bielle et vient s'articuler sur la manivelle ou le vilebrequin de l'arbre moteur. Ce cylindre possède ordinairement deux soupapes, l'une servant à l'admission du mélange gazeux, l'autre à l'évacuation des résidus de la combustion ; à l'arrière se trouve une cavité close ou chambre de compression, dans laquelle le mélange aspiré pendant la course avant du piston, est refoulé et comprimé pendant la course arrière. Au moment où cette compression est achevée, le feu est mis au gaz par une étincelle électrique jaillissant à ce moment précis, ou par tout autre moyen : flamme, tube incandescent, etc. C'est pendant la deuxième course arrière du piston que l'échappement des résidus se produit, par le jeu de la seconde soupape.

Les deux soupapes, qui ne doivent s'ouvrir qu'une fois tous les deux tours, sont commandées automatiquement par des tiges et des engrenages faisant un tour pour deux de l'arbre moteur. Des ressorts à boudin assurent leur contact permanent sur leur siège, et ces ressorts cèdent à la poussée de la tige qui commande l'ouverture du clapet, par l'intermédiaire d'une came.

L'acheteur, avons-nous dit, doit porter son attention particulièrement sur le moteur de l'automobile qu'il a en vue. Or, bien que le principe de cet appareil soit connu depuis Papin, c'est-à-dire depuis plus de deux siècles, quoique les brevets des moteurs à quatre temps, basés sur le cycle de Beau de Rochas soient tombés dans le domaine public depuis déjà longtemps, cela n'empêche pas que chaque constructeur d'automobiles ait son système de moteur breveté s. g. d. g. Mais il ne s'agit que de modifications de détail, de perfectionnements que le client est absolument incapable d'apprécier la plupart du temps, et même de reconnaître, à moins qu'il ne soit déjà initié au fonctionnement de ce genre de moteurs.

L'effort sur l'arbre de transmission ne se produisant que tous les deux tours, et seulement pendant une demi-révolution, il en résulte que le moteur à pétrole agit par secousses brutales ; pour régulariser l'effort, il est nécessaire d'intercaler un assez lourd volant sur l'arbre, pour emmagasiner la force vive de l'explosion, et même beaucoup de constructeurs, au lieu d'un cylindre unique, en emploient deux (Daimler, Gauthier), trois (Lalbin), quatre (Mors) et même cinq (Millet). L'effet se produisant ainsi une fois ou deux fois par tour, est beaucoup plus constant et plus régulier, et le volant peut être beaucoup allégé.

Lorsque le moteur est disposé verticalement et agit en

pilon, il en résulte des trépidations continuelles, très fatigantes à la longue pour les voyageurs. C'est là l'inconvénient le plus sérieux des automobiles pourvues du Daimler, et qui sont si bien comprises comme aménagement général. Il n'en est pas de même avec la disposition à deux cylindres horizontaux. Si le châssis est bien rigide, les secousses dues aux explosions ne pourront le déformer et se communiquer à la caisse de la voiture et aux voyageurs.

L'amateur, en examinant le moteur, s'assurera tout d'abord que les détails du mécanisme sujets à dérangements sont facilement accessibles et démontables, notamment les soupapes d'admission et d'échappement, les engrenages et les cames commandant le jeu de ces soupapes, et il se renseignera auprès du constructeur du système de régulateur de vitesse employé. Le plus communément, c'est le principe du *tout ou rien* qui est mis à profit, l'admission du mélange étant supprimée quand la vitesse de rotation dépasse la normale. Cependant, dans quelques systèmes récents, c'est sur la soupape d'échappement qu'agit le régulateur ; cette soupape restant fermée, et l'explosion ne se produisant pas quand la vitesse est trop considérable.

42. *Le système d'allumage.*

Deux procédés seulement sont mis en pratique pour les automobiles, et chacun d'eux possède des avantages particuliers, et aussi certains inconvénients. Le premier procédé consiste en une éprouvette de platine, portée à l'incandescence par un brûleur quelconque (ordinairement à essence).

Le second réside dans l'emploi de l'étincelle électrique.

L'allumage par tube incandescent exige, pour bien s'opérer, une admission de gaz bien régulière et une absolue étanchéité des soupapes. Si la compression du mélange est trop faible, l'allumage ne se produira pas ; il y aura un *raté*. Si, au contraire elle est trop forte, l'explosion surviendra avant la fin de la course rétrograde, et nuira au bon rendement de la machine. Il est donc nécessaire de vérifier soigneusement, avant l'achat, le jeu de ce système d'allumage, qui est encore préféré à celui par électricité, lequel nécessite tout un matériel de génération de courant : pile ou accumulateur, bobine d'induction ou dynamo, etc. Les dispositifs sont assez variables ; nous recommanderons particulièrement le suivant :

Une boîte légère contient un accumulateur et une petite dynamo, dont l'arbre porte un petit disque qui peut venir au contact de la jante des roues motrices, ou du volant intermédiaire. Pour la mise en route, c'est l'accumulateur qui fournit l'électricité nécessaire, puis aussitôt en marche, on amène au contact, par le jeu d'un levier, le disque d'entraînement de la dynamo, dont l'anneau se met à tourner et développe l'électricité nécessaire à la production de l'étincelle d'allumage. L'accumulateur ne sert donc que pendant les arrêts de la dynamo et pour la mise en route ; il peut être rechargé par cette dynamo même. Ce dispositif est employé avec plein succès par M. Mors pour ses automobiles.

Le moment précis de l'allumage est déterminé automatiquement par une came montée sur un axe intermédiaire commandé par l'arbre moteur. L'étincelle jaillit entre deux pointes métalliques disposées sur une *bougie* de porcelaine. L'encrassement de ces pointes étant à redouter, ce qui cause des ratés d'allumage, il faudra s'assurer fréquemment de leur bon état de propreté.

43. *La transmission.*

Tandis qu'avec le moteur à vapeur, on peut accroître la puissance en augmentant la quantité d'eau vaporisée et de combustible employée, en produisant davantage de vapeur à une plus haute pression et en accélérant la vitesse de rotation ; avec le moteur à pétrole, construit pour tourner à une allure constante, il est impossible de donner des coups de collier momentanés, et de dépasser la force pour laquelle il a été construit et réglé. Un seul moyen existe donc pour avoir une vitesse en rapport avec le profil de la route parcourue : le changement de multiplication, qui s'opère par une combinaison de roues dentées de diamètres variables ou par des courroies. Voici quelques mots sur les avantages et les défauts respectifs de ces deux systèmes de transmission.

Les courroies se font en cuir, en coton, en poil de chameau, en caoutchouc, etc. Elles sont assez peu résistantes et cassent souvent, elles glissent enfin fréquemment sur les poulies, ce qui est une cause de déperdition de force, bien qu'au moment du démarrage, ce glissement soit avantageux, car il facilite la mise en route. Mais ce qu'on peut surtout reprocher aux courroies, c'est leur sensibilité aux variations du temps et surtout à l'influence de l'humidité qui les fait s'allonger, tandis que, par temps sec, elles se rétrécissent comme de vrais hygromètres. Ces variations de longueur nécessitent l'emploi d'un appareil connu sous le nom de *tendeur*, qui, comme son nom l'indique, est destiné à tendre les courroies. Malgré tous ces défauts, ce système de trans-

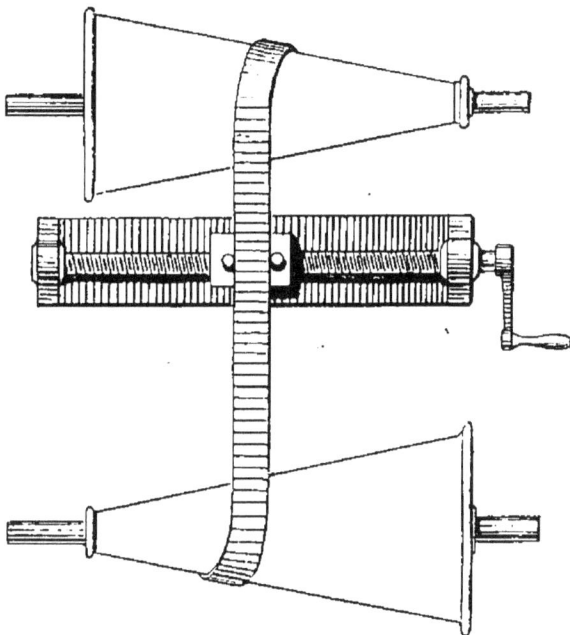

Fig. 201. — Dispositif de transmission à cône de Maurice Farman.

mission demeure très en faveur, car il permet d'avoir une marche silencieuse, ce qui ne peut être obtenu avec les trains d'engrenages. On peut aussi, comme l'indique M. Farman, dans son ouvrage sur les automobiles, disposer la courroie sur deux cônes opposés; en la faisant glisser, à l'aide d'une *fourchette*, mue par une manivelle et une vis, le long des cônes, on change la multiplication proportionnellement aux diamètres des axes (fig. 201). On supprime ainsi la complication des embrayages, et on dispose d'une série ininterrompue de rapports de multiplication, depuis la plus petite jusqu'à la plus grande, tandis que, dans la plupart des automobiles, on n'en a que trois ou quatre au maximum.

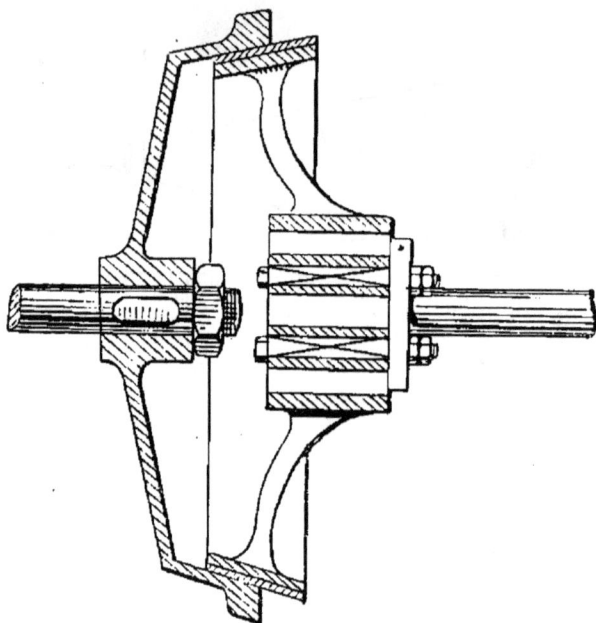

Fig. 202. — Embrayage progressif à cône des voitures Peugeot.

Les engrenages, quelque bien réglés qu'ils soient, font toujours du bruit, en revanche, la commande est absolument sûre et il n'y a à craindre aucun glissement. La difficulté réside dans la mise en rapport des roues dentées ; les dents, soumises à un effort brusque, cassent souvent, et s'usent très vite, en raison de la grande vitesse de rotation dont elles sont animées au moment de la mise en train. Il serait même souvent impossible de démarrer, si l'on n'intercalait pas entre l'arbre du moteur et l'intermédiaire un embrayage permettant de mettre progressivement la voiture en marche, tel que celui employé par la maison Peugeot, représenté figure 202.

Une automobile bien combinée, ayant une transmission par engrenages, doit avoir toutes ses roues dentées *en bronze,* et non pas en fonte, ce dernier métal étant trop cassant. Un embrayage progressif, pour la mise en marche, est nécessaire, et il doit être aussi simple que possible.

La commande des roues motrices, lesquelles sont presque toujours celles d'arrière, est opérée au moyen d'une chaîne analogue à celle des vélocipèdes, mais de dimensions en rapport avec l'effort auquel elle doit résister. Cette chaîne, venant du pignon monté sur l'axe intermédiaire, doit être modérément tendue et s'enrouler sur l'engrenage extérieur fixé sur la boîte du *mouvement différentiel* qui assure aux roues motrices l'indépendance nécessaire pour franchir les virages et tourner sur place, en cas de besoin.

44. *Accessoires.*

La construction du moteur et de sa transmission étant élucidée, et le client ayant reconnu la bonne disposition des cylindres, de l'embrayage, de la démultiplication et de la transmission, il faudra vérifier le fonctionnement du *carburateur,* qui est la chaudière du moteur à pétrole. Ce carburateur doit être facilement accessible et démontable, et il doit pouvoir assurer une gazéification rapide de l'essence de pétrole qu'il contient; un tube indicateur du niveau est utile pour savoir la quantité de liquide restant dans le réservoir. Une bonne disposition, favorisant la carburation de l'air traversant ce récipient, consiste dans la circulation des résidus de la combustion à travers l'essence ; grâce à la haute température de ces gaz de l'échappement, le dégagement des vapeurs combustibles entraînées par l'air est facilité, et il se produit moins de perte par transformation en goudron ou en coke. Enfin l'usage de gazoline, d'une densité de 0,700, est recommandé, quoiqu'un peu coûteux ; on a bien moins d'ennuis et de déboires qu'avec l'huile de pétrole ordinaire à 0,800 de densité.

Dès que la puissance du moteur dépasse un cheval, il est de toute nécessité de refroidir constamment les parois extérieures du ou des cylindres au moyen d'un courant d'eau circulant autour de ces cylindres. Le réservoir à eau et le système de réfrigération doivent être d'une visite facile, pour permettre leur nettoyage et la vidange de la tuyauterie pendant les arrêts. Les constructeurs ont d'ailleurs prévu le cas, et ce n'est pas par ce point que les automobiles pèchent le plus ordinairement.

Les voitures destinées à circuler dans les villes devraient êtres pourvues d'un système de renversement de marche leur permettant d'aller en arrière et de reculer le cas échéant, mais, avec le moteur à pétrole, il faudrait une telle complication d'organes pour obtenir ce résultat que, jusqu'à présent, les constructeurs n'ont su en munir leurs véhicules. Cette condition est cependant assez importante et devrait être remplie.

Les freins ont également une certaine importance, car

il arrive fréquemment, surtout dans les villes, que l'on se trouve obligé d'arrêter instantanément, et alors le frein à sabot ordinaire, s'appliquant sur le bandage des roues est insuffisant comme action, et trop long à manœuvrer. Il est donc indispensable de munir l'automobile d'un mécanisme énergique et agissant rapidement ; le frein Lemoine ou Lehut, appliqué aux omnibus-monstres de Paris, est un des plus recommandables, en raison de sa grande puissance, et les automobiles lourdes doivent le posséder.

Certaines voitures bien agencées comprennent deux freins, l'un à simple effet agissant sur le bandage, l'autre à double effet, par lequel on arrête à la fois le moteur et le mouvement des roues. Ces freins se manœuvrent à l'aide de deux pédales, sur lesquelles le conducteur appuie le pied ; ils agissent, chacun dans leur application avec une extrême puissance et une grande rapidité, et ils peuvent, au gré du conducteur, soit ralentir seulement le mouvement, soit bloquer les roues et le moteur, le cas échéant. Le frein à simple effet suffit pour les voitures légères et de luxe, mais celui à double effet est indispensable pour les automobiles destinées à faire un service un peu dur, c'est-à-dire à circuler en pays montagneux.

45. *Carrosserie. Confort.*

La partie mécanique bien examinée et reconnue satisfaisante, on peut passer à l'examen des parties secondaires desquelles résultent la commodité et le confort que l'on est en droit de demander à un véhicule quel qu'il soit.

18

Nous rappellerons qu'il est de toute nécessité, pour avoir un roulement moelleux, que les roues soient montées sur coussinets à billes, et qu'elles soient entourées de bandages pneumatiques. On économisera ainsi de la force motrice, on aura plus de vitesse avec bien moins de trépidations

Fig. 203. — Disposition de la carrosserie dans la voiturette-tandem de Léon Bollée.

et le mécanisme moins ébranlé par les secousses, fatiguera bien moins et aura une plus longue durée. Les roues à pneumatiques, pourvues de roulements à billes, sont indispensables à toute automobile bien établie.

La disposition de la caisse est extrêmement variable, suivant le nombre de places que comporte la voiture, l'amé-

nagement du moteur et de ses accessoires, etc. Les constructeurs ont adopté les formes générales usitées en carrosserie, en les retouchant de manière à loger la partie
mécanique, et aujourd'hui on peut trouver des automobiles de toutes formes, à deux, quatre et six places, disposées de toutes les façons. La condition essentielle à réclamer
consiste dans la solidité de cette carrosserie, qui doit être
montée, par l'intermédiaire de ressorts en acier très élastiques, sur un bâti ou *châssis*, en fer creux ou plein indé-
formable. Il sera bon, surtout si l'on veut marcher à vive
allure, que l'essieu des roues d'avant, lesquelles servent à
la direction par leur montage sur double pivot, soit aussi
éloigné que possible de celui d'arrière. Le véhicule ayant
ainsi un plus large empattement présentera une plus grande
stabilité, et sa direction sera plus aisée, surtout si l'on marche
à grande vitesse.

Une capote en cuir, pour les voitures découvertes, est
très utile, d'autant plus qu'elle n'est nullement encom-
brante quand elle est repliée, et cette disposition est préférable, à notre avis, à celle de la voiture fermée, landau
ou coupé.

Le système d'éclairage de l'automobile peut être quelconque, pourvu que la lumière soit vive et la flamme peu
sujette à s'éteindre par l'effet des chocs et des trépidations. Des lanternes à huile ou à pétrole sont préférables à
celles à bougies.

Enfin l'appareillage sera complété par une trompe d'avertissement et une sonnerie bruyante.

CHAPITRE VI

Conduite et entretien des automobiles.

46. *La remise.*

L'emplacement couvert et autant que possible fermé, destiné à servir de remise devra être, sinon parqueté, au moins dallé ou recouvert de ciment, de manière à ne craindre aucune détérioration quand on lave la voiture à grande eau. La superficie sera assez grande pour qu'on puisse circuler à l'aise autour du véhicule, et la clarté suffisante pour permettre la visite des pièces du mécanisme sans qu'on ait besoin d'un éclairage artificiel.

La remise devra être pourvue d'un outillage assez simple, permettant au conducteur de l'automobile d'effectuer les petites réparations courantes. Cet outillage devra comprendre un établi fixé au mur, avec un étau et une petite machine à percer, une forge portative, une meule, et l'assortiment d'outils à main indispensable : marteau, tournevis, clés anglaises, à molette et autres, filières, serre-rayons, pinces, tenailles, petite enclume, etc. Il sera bon d'avoir le matériel nécessaire pour la réparation des pneumatiques ou des roues caoutchoutées, un chalumeau et un fer pour souder ou braser, enfin des flacons de vernis pour la réparation de l'émail des parties métalliques ou du bois, et des burettes à huile. Ainsi outillé, on pourra faire soi-même, avec un peu de soin et d'habileté, la majorité des petites réparations journalières : émaillage à froid, resserrage des écrous, des rayons et des coussinets, soudures, etc. opérations qui n'exigent aucun apprentissage préalable, mais demandent simplement de l'adresse et de l'attention.

47. *Apprentissage de la conduite des automobiles.*

Il ne faut pas croire que le premier venu, sans connaissances spéciales, peut prendre place sur le siège d'une automobile et manœuvrer les divers leviers de commande et de direction en toute assurance ; agir ainsi inconsidérément serait chercher des accidents, et déjà il en survient assez aux conducteurs expérimentés, sans s'y exposer volontairement. Il est donc de toute nécessité de consacrer quelques heures à l'étude de la conduite du mécanisme, et l'aspirant « chauffeur » aura besoin de plusieurs sorties, en compagnie d'un ouvrier de la maison qui lui a vendu sa voiture, pour se familiariser avec tous les détails de la commande du moteur, des freins, de la direction, etc.

Pour pouvoir circuler sans danger aussi bien sur les grandes routes que dans les rues si encombrées des villes populeuses, il faut au moins quatre leçons pratiques. La première sera une petite conférence faite par le constructeur ou son représentant, à l'acheteur, et qui comprendra la démonstration du fonctionnement de toutes les pièces du mécanisme, et l'explication du jeu de chaque organe, la voiture et sa partie mécanique étant sous les yeux du futur automobiliste.

Celui-ci connaissant bien l'emplacement et le mode d'action de toutes les pièces du véhicule, le vendeur emmène son client faire une première sortie, car il est compréhensible que celui-ci ne peut encore se hasarder à sortir et à conduire seul.

A Paris, dès qu'on sera hors des voies encombrées, dans les allées du Bois de Boulogne, par exemple, le néophyte pourra prendre la conduite sous la direction de son guide qui lui fera part, au fur et à mesure que le cas s'en présentera, de la manière d'agir en telle ou telle circonstance, suivant que l'expérience l'a montré ou que l'exigent les lois et règlements sur la matière.

Le débutant ayant alors le gouvernail en main, commencera par marcher à une moyenne vitesse, le pied sur la pédale du frein. Il aura soin de ne pas prendre les tournants trop courts, ce qui pourrait provoquer un accident, soit par le choc contre la bordure du trottoir, soit par la rencontre avec une voiture ou un vélocipède qu'on n'aurait ni entendu ni vu venir. Cette attention minutieuse est fatigante dans les débuts, car la direction d'une automobile est toujours assez brutale ; une erreur, une distraction momentanée pouvant jeter la voiture dans le fossé ou contre un arbre. C'est pourquoi cet apprentissage inhérent à tout début, doit s'exécuter, le véhicule marchant à très faible allure. Ce n'est que lorsqu'on a bien le sentiment de la direction, et que l'on sait bien prendre ses virages, que l'on peut accélérer un peu l'allure dans les allées désertes.

La troisième et la quatrième leçon seront données dans les rues où la circulation, sans être exagérée, est assez active ; le débutant apprendra ainsi à arrêter et repartir, et à manœuvrer les freins et les embrayages. Enfin, après cette période d'apprentissage indispensable, l'acheteur pourra sortir seul et remercier son initiateur de ses bons soins. Il s'attachera alors à marcher à une allure un peu plus vive, à faire des virages courts, ce qui est facile avec les directions à double pivot, et à être constamment maître de sa voiture. L'usage du frein sera assez délicat à bien apprendre, surtout si c'est un Lemoine, en raison de la grande puissance de ce frein. Si l'on serrait trop fortement, les bandages en caoutchouc pourraient en souffrir, sans compter les *tête-à-queue* qui se produiraient infailliblement. Cependant, en cas d'urgence, il ne faudrait pas hésiter à *bloquer* complètement les roues, la culbute n'étant nullement à craindre puisque le frein agit sur l'essieu d'arrière, et, si les roues venaient à déraper sur le pavé gras, aucun incident ne serait cependant à redouter.

Ces quelques conseils, bien élémentaires, ne diffèrent pas sensiblement, en somme, de ceux que l'on donne pour la direction des voitures ordinaires à traction de chevaux, les détails de mise en marche relatifs à la question du moteur lui-même étant connus par les indications données par le constructeur et remplaçant ceux ayant trait à la conduite de l'attelage animé. Aussi peut-on affirmer que la direction d'une automobile est bien moins compliquée et moins difficile à pratiquer, que l'art de *conduire* dans le sens précis du mot.

48. *Conduite et entretien des motocycles.*

Nous ne nous occuperons pas ici des bicyclettes à moteur à vapeur ou à pétrole, et nous nous bornerons à indiquer, d'après l'ouvrage de M. Farman (1), les précautions et soins divers à prendre pour la conduite et l'entretien des tricycles à moteur de Dion et Bouton, qui sont d'ailleurs les plus répandus et les plus employés.

On apprend d'abord à monter ce tricycle, et, quand on est certain de la direction et qu'on est familiarisé avec les virages, on peut commencer à utiliser le moteur. Pendant tous les essais à vide, on a eu soin d'ouvrir, à l'aide de la manette correspondante, le robinet de compression, pour éviter de comprimer l'air dans le fond du cylindre et avoir ainsi moins de peine à pédaler. On a également pris la précaution de verser quelques gouttes d'huile par ce robinet, (ou mieux, un peu de pétrole) pour décoller les bagues du piston, et mis en place la touche métallique reliant les accumulateurs en tension pour l'allumage.

Une fois en selle, on s'assure que la manette commandant l'allumage est bien dans sa position normale, ainsi que celle des divers robinets d'admission et autres. On ouvre alors l'admission du mélange explosif au cylindre,

(1) *Manuel du Conducteur-chauffeur d'automobiles à pétrole.* 1 vol. prix 3 fr. Bernard Tignol, éditeur.

puis on démarre vivement en actionnant vigoureusement
les pédales, et on pousse la poignée du guidon sur l'indice *marche*. A ce moment, il doit se produire des explosions dans le cylindre, et on doit entendre les gaz brûlés
s'échapper avec bruit par le robinet de compression de-
meuré ouvert. On ferme alors ce robinet en faisant faire
un quart de tour vers le bas à la petite manette, qui doit

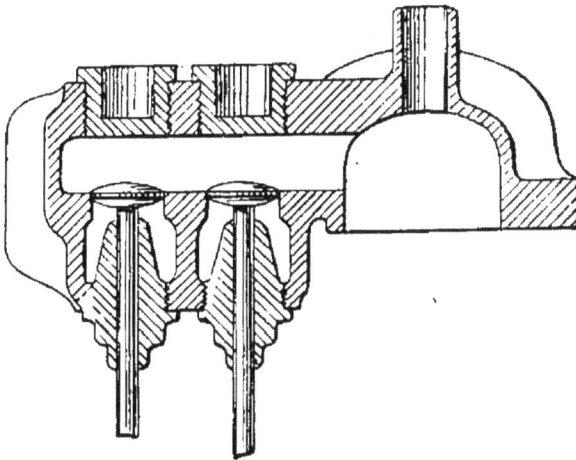

Fig. 204. — Coupe du moteur des motocycles de Dion montrant la disposition
des soupapes et de leurs chapeaux.

être alors verticale ; si le moteur donne encore des à-coups,
continuer activement le mouvement des jambes jusqu'à
ce qu'on ait une allure régulière. Il ne reste plus alors
qu'à régler l'admission du mélange gazeux au moyen de
la manette, et suivant la vitesse que l'on veut conserver.
Plus cette manette sera rapprochée du corps, moindre
sera la quantité de gaz envoyée au cylindre, moindre sera
la consommation d'essence, mais aussi moins la vitesse
sera grande. D'autre part, et suivant la position de l'autre
manette, la came d'allumage change de place autour

de l'axe, et l'explosion se produit à différents moments de la course du piston. Plus le moteur tournera vite, plus cette manette devra être poussée vers le bas, l'avance à l'allumage devant être d'autant plus grande que la vitesse de rotation est plus rapide ; le réglage le plus avantageux ne sera obtenu la plupart du temps qu'après quelques tâtonnements.

Au moment d'aborder une côte très dure, (et l'on sait si ces côtes sont nombreuses en France), on poussera la manette en avant, afin d'envoyer davantage de gaz au moteur, on s'assurera que la carburation se fait bien et que l'allumage est bien réglé. Si le moteur vient à ralentir, il faudra pédaler vivement jusqu'à ce qu'il ait repris sa vitesse primitive. Si malgré tout il s'arrêtait, comme la mise en marche est pénible en montée, il faudra se remettre en route dans le sens de la pente et tourner avec l'élan acquis, si la route est assez large, ou bien si la route est étroite, mettre le tricycle en marche sans monter dessus, et suivre à côté en le conduisant à la main. Avec un peu d'habitude, on arrive à monter des côtes de 10 %, et même de 15 suivant leur longueur ; ces dernières montées ne se rencontrent d'ailleurs qu'assez rarement.

Il peut arriver que, bien qu'on ait exactement suivi les indications qui précèdent, le motocycle ne démarre pas, ce qui est dû souvent à ce que l'allumage ne se produit pas convenablement. Il faut donc s'assurer avant tout que les accumulateurs ne sont pas déchargés ; pour cela, on démonte l'enveloppe d'aluminium de la came d'allumage et on amène cette dernière en face de la touche du trembleur, de telle sorte que cette touche pénètre à moitié dans l'échancrure de la came, on retire ensuite le fil de la bougie, on met la poignée sur l'indice marche, puis on essaie de tirer une étincelle en établissant la communication avec le moteur. Si l'étincelle ne se produit pas, c'est que les accumulateurs sont vides, si elle jaillit, on s'assure que la bougie d'allumage est propre et en bon état, en l'essayant, à plusieurs reprises, puis on remonte les pièces avec autant de soin que possible.

Il peut se faire que les accumulateurs actionnant la bobine se déchargent en cours de route, mais rien n'est plus simple que de s'assurer qu'ils ne donnent plus de courant ; il suffit de toucher les deux bornes opposées avec un fil isolé et d'essayer de faire jaillir une étincelle. Si l'étincelle ne se produit pas, c'est que les éléments sont vides ; si elle n'est pas très vive et bien bleue, le rechargement est nécessaire, et il doit s'opérer en réunissant ces éléments à une pile ou un générateur quelconque de courant. Quand la tension est remontée à 4, 5 volts, ce qu'indique le voltmètre, l'appareil est reconstitué et la charge terminée. On n'aura plus qu'à vérifier l'intégrité et la propreté des divers contacts.

Quand la carburation ne s'effectue pas convenablement, on dévisse la vis-bouchon se trouvant à la partie inférieure du carburateur, on retire l'essence et on la pèse au densimètre qui doit marquer de 650 à 720 degrés. Si le poids est supérieur, cette essence doit être impitoyablement rejetée. C'est dire que, *à priori*, les mauvais pétroles de village doivent être écartés, et les fonds de bidon jetés.

Les clapets des soupapes peuvent n'être plus absolument étanches et ne plus retomber exactement sur leur siège, par suite d'encrassement ou autrement. Il se produit donc des fuites que l'on remarque quand, en pédalant, le robinet de compression étant fermé, on ne sent pas de résistance. Pour pallier à ce défaut, on enlève les vis-bouchons et on rode les clapets en les faisant tourner sur leur siège après les avoir huilés et saupoudrés d'un peu de poudre d'émeri très fine, ou simplement de pierre ponce très fine, puis on continue jusqu'à ce que les clapets portent exactement sur leurs sièges en tous points et que l'étanchéité soit obtenue.

Un excès d'huile dans le carter du moteur peut occasionner des ratés d'allumage, car l'huile entraînée au-dessus du piston brûle et produit de la suie qui se dépose sur la porcelaine de la bougie, de telle sorte que celle-ci n'est plus isolante et que l'étincelle ne jaillit plus. On est obligé alors de démonter la culasse et la nettoyer avec de l'essence, ainsi que la bougie et le haut du piston.

Enfin il peut arriver, qu'à la suite d'un accident quelconque, une pièce du moteur ou du tricycle se trouve faussée ou cassée, et on est obligé alors de se rendre à la bourgade la plus voisine pour opérer la réparation. Pour ne pas avoir en pédalant, à faire mouvoir le piston et tous ses engrenages, ce qui serait très fatigant, il faut enlever le petit pignon fixé sur l'arbre du moteur, et on empêche la roue dentée de tourner en introduisant un bout de bois quelconque dans la denture.

49. *Vérification d'une automobile avant le départ.*

Si l'on a une très longue étape à faire, il est nécessaire de soumettre, la veille du départ, toutes les pièces de la voiture à un examen attentif, de façon à prévenir autant que possible toutes causes d'arrêt intempestif en cours de route. Il est donc utile de procéder d'abord au nettoyage complet des cylindres et de la transmission pour atténuer l'encrassement qui se produit pendant la marche. Le démontage des cylindres est ordinairement assez facile : quelques écrous à dévisser, et le fond s'enlève, permettant l'inspection et le nettoiement de la surface intérieure. Les organes dont la vérification est essentielle sont les soupapes d'admission et d'échappement qu'il faut démonter, nettoyer et roder après s'être assuré de leur étanchéité. On les remonte ensuite en prenant garde de ne pas trop les serrer, ce qui pourrait empêcher le mélange explosif d'arriver en quantité suffisante et causerait un rendement défectueux du moteur.

Cette partie vérifiée, on passe à l'examen des organes de transmission, que l'on règle à nouveau, au cas où ils se seraient déréglés pour une cause quelconque depuis la dernière sortie ; on resserre les écrous desserrés, on garnit d'huile les têtes de bielles et les axes, en ayant soin de laisser un peu de jeu pour éviter le grippement. La chaîne, tout en ne devant pas être tendue outre mesure, doit cependant l'être davantage que dans une bicyclette, les cahots pouvant la faire sauter hors des pignons, si elle était trop lâche. Les embrayages et les engrenages sont également examinés pour reconnaître s'ils sont en bon état.

Le carburateur et le réservoir d'eau de réfrigération ont dû être vidés complètement au retour de chaque excursion ; il faut s'assurer qu'il ne reste aucun dépôt boueux, goudron, etc., dans le carburateur que l'on décrasse avec un chiffon imbibé de pétrole, mais jamais avec de l'eau. Cette opération faite, on regarnit ce récipient d'essence, laquelle, pour ne donner lieu à aucun mécompte, doit être d'aussi bonne qualité que possible et ne pas dépasser 750 degrés au densimètre. Il faut surtout se méfier des fonds de bidon qui contiennent souvent des impuretés et de l'eau occasionnant de nombreux ratés.

Il est indispensable de donner ensuite un coup d'œil sur l'appareil d'allumage, qu'il soit électrique ou à incandescence. Dans le premier cas, on s'assure que le générateur de courant, pile ou accumulateur, fonctionne bien et que l'étincelle jaillit avec l'intensité voulue entre les pointes de la bougie. Au cas, où le générateur fonctionnant bien, l'étincelle ne se produirait pas, il faudrait rechercher l'interruption, due souvent à un mauvais contact ou à l'encrassement de la bougie qu'il faudrait alors nettoyer avec soin. Dans le cas d'un allumage par éprouvette incandescente, on démonte les brûleurs que l'on nettoie, la moindre saleté pouvant les empêcher de développer une chaleur suffisante, puis s'assurer que la lampe de chauffage est bien propre, et suivre la même marche que pour le grand réservoir d'essence devant alimenter le carburateur.

Le mécanisme ainsi bien vérifié, on procède au graissage

de tous les points soumis à des frottements et sujets à s'é-
chauffer et à gripper. Ces points qui sont les cylindres, les
cames, les coussinets, les billes, sont munis d'appareils automatiques distribuant l'huile au fur et à mesure des besoins, tels que l'*Oléopompe* de Drevdal et l'*Oléopolymètre* de
Hochgesand. Ces appareils sont nettoyés à fond et remplis
d'huile de qualité spéciale ; les huiles minérales (oléona-
phtes) étant les plus convenables pour le graissage du piston, car elles ne commencent à se décomposer qu'à une
température supérieure à 300 degrés centigrades. Pour les
engrenages, il est préférable de prendre de la graisse con-
sistante ou cachoutée.

La voiture, en outre de ses provisions d'eau de réfrigération, d'essence pour le carburateur et le brûleur, d'huile,
etc, doit être pourvue d'un assortiment d'outils et de pièces
de rechange, variant suivant le type du véhicule, mais dont
on peut donner l'idée par l'énumération suivante :

*Brûleurs et mèches de rechange (ou bougies, fils électri-
ques et acide pour pile).*

*Ressorts de rechange pour les soupapes d'admission et d'é-
chappement.*

*Sacoche à outils (cette sacoche est ordinairement livrée avec
la voiture).*

*Chambre à air de rechange pour les roues à bandages pneu-
matiques, pompe et nécessaire de réparation.*

*Vis et goupilles, densimètre, bidons à essence et à huile,
écrous, vis, etc.*

Cette liste indique sommairement les accessoires et pièces
de rechange indispensables pour toute promenade assez

longue, et sans compter, bien enteudu, les objets particuliers à tel ou tel système de voiture. Ainsi outillé et préparé on peut se mettre en route sans trop redouter les incidents et l'imprévu.

50. *Sur la route.*

Nous avons dit, et nous n'y insisterons pas davantage, ici, qu'il est nécessaire de marcher à une allure restreinte dans les villes et sur les voies encombrées de véhicules de toute sorte. Une fois sur la grande route, on pourra accélérer suivant le profil, c'est-à-dire marcher à bonne vitesse *en plat,* c'est-à-dire sur les routes plates, à toute allure (sans jamais cesser cependant d'être maître de sa voiture) dans les descentes, enfin doucement, (parce qu'il n'y a pas moyen de faire autrement avec le moteur à pétrole) sur les côtes. Dans le premier cas, si la voiture est montée sur roues à pneumatiques et qu'il y ait une distance ausssi grande que possible entre les deux essieux, il est possible de descendre une rampe à l'allure de plus de 50 kilomètres à l'heure, tandis qu'on ne peut pas dépasser 25 à 30 kilomètres avec des voitures ayant peu d'empattement et des roues en bois; chaque choc provenant des aspérités de la route se transmettant au guidon et empêchant de rester maître de sa direction. En terrain plat, l'allure moyenne de 25 à 30 kilomètres ne sera pas souvent dépassée, et devra plutôt être réduite dans les courbes; enfin sur les côtes, on embrayera la petite ou la moyenne vitesse, suivant l'inclinaison du terrain et la puissance du moteur, et on marchera à l'allure de

5 à 10 kilomètres à l'heure. Il est bien entendu que nous ne parlons ici que des automobiles de plaisance ordinaires et non des modèles de course qui peuvent atteindre une rapidité bien supérieure, en raison de leur construction spéciale et de la plus grande force de leur moteur.

La voiture doit être pourvue d'un timbre avertisseur ou d'une trompe à poire de caoutchouc pour avertir de loin les piétons et les autres véhicules de son approche ; la nuit, ses lanternes seront allumées pour éclairer la route et servir d'avertissement. La trompe et les lanternes sont du reste, réglementaires. Le règlement de la route est d'ailleurs assez simple et il n'est pas permis, surtout à un chauffeur, de l'ignorer, sous peine de s'attirer des désagréments et de s'exposer inutilement à une foule d'ennuis. Il suffit de se rappeler qu'il faut constamment tenir la *droite* de la route, surtout quand un autre véhicule vient à vous dépasser ou à vous croiser. Si c'est vous qui dépassez ces voitures, vous devez filer sur leur gauche, dans l'espace de la route qu'elles laissent libres, puis reprendre votre droite, quelques longueurs après les avoir laissées en arrière. En résumé, tenir toujours sa droite, la nuit avoir ses lanternes allumées, et faire résonner son timbre ou sa trompette chaque fois que l'on se rapproche d'un piéton, d'un attelage ou d'un véhicule quelconque, pour les prévenir de son arrivée.

51. *Incidents et accidents.*

Les premiers résultent d'un fonctionnement défectueux de l'une des pièces du mécanisme ; les autres dépendent du conducteur, aussi est-il ordinairement bien plus facile de parer aux premiers que d'empêcher les seconds, qui dépendent d'une erreur ou d'un moment d'inattention du chauffeur.

APPENDICE

RÈGLEMENT DE LA CIRCULATION DES AUTOMOBILES

Il est question (1897) d'une nouvelle loi concernant la circulation des voitures automobiles sur toutes les routes, et dans toutes les villes de France, mais à l'heure où nous écrivons, aucun texte n'a été proposé par nos législateurs. Il n'existe donc encore qu'une ordonnance, datée du 14 août 1893, réglementant cette circulation dans le ressort de la Préfecture de Police de Paris. Voici le texte de cette ordonnance.

Nous, Préfet de Police,

Vu, etc.

Considérant que la mise en circulation dans le ressort de la Préfecture, de véhicules à moteurs mécaniques, autres que ceux servant à l'exploitation des voies ferrées concédées, a pris une certaine extension, et qu'il importe pour la sécurité publique de réglementer la circulation et le fonctionnement des appareils dont il s'agit ;

Vu les rapports et avis de M. l'Ingénieur en chef des Mines chargé du service des appareils à vapeur dans le département de la Seine ;

Vu la lettre de M. le Ministre des Travaux publics en date du 9 mai 1893 ;

Vu le rapport du Chef de la 2ᵉ Division,

ORDONNONS :

L'emploi sur la voie publique, dans Paris et dans les communes du ressort de la Préfecture de Police, de véhicules à moteur mécanique, autres que ceux qui servent à l'exploitation des voies ferrées concédées, est soumis aux dispositions suivantes :

TITRE PREMIER

ARTICLE PREMIER. — Aucun véhicule à moteur mécanique autre que ceux qui servent à l'exploitation des voies ferrées concédées, ne peut être mis ou maintenu en usage sans une autorisation délivrée par Nous, sur la demande du propriétaire. Cette autorisation peut, à toute époque, être révoquée par Nous, le propriétaire entendu, sur la proposition des ingénieurs.

ART. 2. — La demande en autorisation prévue à l'article précédent sera établie en double expédition dont une sur papier timbré.

Elle devra faire connaître :

1° Les principales dimensions et le poids du véhicule, le poids de ses approvisionnements et la charge maximum par essieu ;

2° La description du système moteur, la spécification des matières productrices de l'énergie et de leurs conditions d'emploi, la définition des organes d'arrêt et d'avertissement ;

3° Les noms et domiciles des constructeurs du véhicule, de ses appareils moteurs, de ses organes d'arrêt ;

4° Les épreuves et vérifications auxquelles ont pu être soumises les différentes parties de cet ensemble ;

5° Son numéro distinctif (les véhicules en provenance

d'une même maison de construction devront faire l'objet d'un numérotage spécial à cette maison et définissant chaque appareil sans ambiguïté);

6° L'usage auquel il est destiné ;

7° Les voies publiques sur lesquelles il sera appelé à circuler ;

8° Le lieu de son dépôt ou de sa remise.

La demande sera accompagnée des dessins complets du véhicule, du système moteur et des appareils d'arrêt.

ART. 3. — Cette demande sera communiquée à l'Ingénieur en chef des Mines chargé du service de surveillance des appareils à vapeur du département de la Seine.

Ce chef de service visitera ou fera visiter le véhicule aux fins de s'assurer notamment s'il satisfait au titre II de la présente ordonnance et si son emploi n'offre aucune cause praticulière de danger.

Il procédera ou fera procéder à une ou plusieurs expériences pour apprécier le fonctionnement du moteur et vérifier directement l'efficacité des appareils d'arrêt.

Si la charge maximum par essieu, constatée par le service des Mines, dépasse 4.000 kilogrammes, la demande sera ensuite communiquée : 1° en ce qui concerne les véhicules destinés à circuler dans Paris, à l'Ingénieur en chef du service de la voirie municipale (voie publique); 2° en ce qui concerne les véhicules destinés à circuler dans les communes suburbaines de la Seine, à l'Ingénieur en chef du service ordinaire du.département de la Seine ; 3° en ce qui concerne les véhicules destinés à circuler dans les communes de Sèvres, Saint-Cloud, Meudon et Enghien, à l'Ingénieur en chef du service ordinaire des Ponts-et-Chaussées du département de la Seine.

Ces chefs de service devront s'assurer que les véhicules sont disposés de telle sorte que leur circulation sur les voies qu'ils sont appelés à suivre, ne puisse pas devenir une cause de danger pour la circulation en général, ni de détérioration pour les ouvrages dépendant desdites voies.

ART. 4. — L'autorisation sera délivrée sur un livret spécial contenant le texte de la présente ordonnance.

ART. 5. — L'autorisation déterminera les conditions particulières auxquelles le permissionnaire sera soumis, sans préjudice de l'obligation de se conformer aux règlements d'administration publique, aux prescriptions de la présente ordonnance et à tous les autres règlements intervenus ou à intervenir.

Cette autorisation fixera notamment le maximum de charge par essieu.

A moins de circonstances exceptionnelles qui nécessiteraient une réduction, la charge pourra être portée à 8.000 kilogrammes; l'autorisation pourra d'ailleurs comporter, s'il y a lieu, des charges plus fortes.

ART. 6. — L'autorisation fixera aussi le maximum de la vitesse dans Paris et hors Paris, eu égard notamment à l'efficacité des moyens d'arrêt.

Ce maximum ne devra pas excéder 12 kilomètres à l'heure, dans Paris et dans les lieux habités; il pourra être porté à vingt kilomètres en rase campagne, mais ce dernier maximum ne pourra être admis que sur les routes en plaine, larges, à courbes peu prononcées et peu fréquentées. Ces maxima ne pourront jamais être dépassés; le conducteur du véhicule devra même, à toute époque, réduire les vitesses de marche au-dessous des dits maxima lorsque les circonstances le demanderont.

ART. 7. — En cas de changement de propriétaire, d'inexécution des épreuves ou vérifications prescrites par les règlements, ou de changements relatifs aux énonciations de l'autorisation, cette dernière est caduque de plein droit et le véhicule ne peut être maintenu en service sans nouvelle autorisation.

TITRE II

Dispositions relatives aux appareils.

ART. 8. — Les réservoirs, tuyaux et pièces quelconques destinés à renfermer des produits explosibles ou inflammables seront construits et entretenus de manière à offrir, à toute époque, une étanchéité absolue.

Il ne pourra être fait usage d'aucun appareil dans lequel une fuite suffirait à créer un danger imminent d'explosion.

ART. 9. — Les appareils doivent être construits et conduits de façon à ne laisser échapper aucun produit pouvant causer un incendie ou une explosion.

ART. 10. — La largeur des véhicules, entre les parties les plus saillantes, ne devra pas dépasser $2^m,50$.

Les bandages des roues devront être à surface lisse sans aucune saillie.

ART. 11. — Le fonctionnement des appareils doit être de nature à ne pas effrayer les chevaux, soit par les vapeurs ou fumées émises, soit par les bruits produits, soit par toute autre cause.

ART. 12. — Si le moteur agit par l'intermédiaire d'un embrayage, des dispositions efficaces doivent être prises pour rendre impossible un emballement du moteur supposé débrayé.

ART. 13. — Les appareils de sûreté et autres qui ont besoin d'être consultés pendant la marche par le conducteur du véhicule devont être bien en vue de ce conducteur et éclairés lorsqu'il y aura lieu.

Rien ne masquera la vue du conducteur vers l'avant et les divers appareils seront disposés de manière qu'il puisse manœuvrer sans cesser de surveiller sa route.

ART. 14. — Le véhicule sera muni d'un dispositif permettant de tourner dans des courbes de petit rayon.

ART. 15. — Le véhicule sera pourvu de deux systèmes de freins distincts ou de deux systèmes de commande de ces freins indépendants l'un de l'autre.

Par l'action d'un seul de ces systèmes, on doit pouvoir, en toutes circonstances, immobiliser le véhicule, même lorsque le moteur donne son maximum de force. L'un au moins des systèmes de commande produira un serrage des freins aussi instantané que possible.

ART. 16. — Les divers organes du moteur, les appareils de sûreté, les freins et leur système de commande, les essieux, etc., seront constamment entretenus en bon état. A cet effet, le permissionnaire devra faire procéder à des revisions périodiques et aux vérifications nécessaires pour faire effectuer, en temps utile, toute réparation conformément aux règles de l'art.

Les revisions périodiques et les réparations notables seront inscrites, en détail, sur le livret spécifié à l'article 4.

ART. 17. — Tout véhicule à moteur mécanique portera sur une plaque métallique, en caractères apparents et lisibles, le nom et le domicile de son propriétaire et le numéro distinctif énoncé en la demande d'autorisation. Cette plaque sera placée au côté gauche du véhicule; elle ne devra jamais être masquée.

TITRE III

Dispositions relatives à la conduite et à la circulation des véhicules.

ART. 18. — Nul ne pourra conduire un des véhicules à moteur mécanique spécifiés par la présente ordonnance s'il n'est porteur d'un certificat de capacité délivré par nous à cet effet et afférent au genre de moteur du véhicule.

Il ne sera délivré de certificat qu'aux candidats âgés de 21 ans, au moins.

. Le postulant devra fournir, à l'appui de sa demande, son extrait de naissance et deux exemplaires de sa photographie (chaque exemplaire devra avoir deux centimètres de largeur sur trois centimètres de hauteur), ainsi qu'un certificat authentique de résidence.

L'un des exemplaires de la photographie sera annexé au certificat.

Tout candidat devra faire la preuve, devant l'Ingénieur en chef des Mines chargé du service des appareils à vapeur, ou son délégué :

1° Qu'il possède l'expérience nécessaire pour l'emploi prompt et sûr des appareils de mise en marche et d'arrêt et pour la direction du véhicule ;

2° Qu'il est à même de reconnaître si les divers appareils sont en bon état de service et de prendre toutes les précautions utiles pour prévenir les explosions et autres accidents ;

3° Qu'il saurait au besoin réparer une légère avarie de route.

Les certificats ainsi délivrés sont révocables, le titulaire entendu, et après avis de l'Ingénieur en chef des Mines.

Pour les véhicules mus par la vapeur, ces certificats tiennent lieu de ceux imposés par l'article 12 de l'ordonnance du 3 janvier 1888, relative au fonctionnement des appareils à vapeur sur la voie publique.

ART. 19. — Le conducteur d'un véhicule à moteur mécanique devra toujours être porteur du livret spécial en tête duquel l'autorisation est délivrée et de son certificat personnel ; il devra exhiber ces pièces à toute réquisition des agents chargés de la surveillance desdits appareils ainsi qu'à celle des agents de l'autorité.

ART. 20. — Lorsque le véhicule sera en circulation ou en stationnement sur la voie publique, le conducteur ne devra jamais le quitter, à moins qu'il n'ait pris toutes les précautions utiles pour rendre impossible une explosion de l'appareil moteur, une mise en route intempestive, ou toute autre circonstance dangereuse telle que bruit excessif, etc., et qu'il n'ait assuré la garde de l'appareil sous sa responsabilité.

ART. 21. — Les véhicules à moteur mécanique devront être desservis par un nombre d'agents suffisant pour la manœuvre des divers appareils et notamment des freins.

ART. 22. — En marche, le conducteur doit porter son attention sur l'état de la voie, sur l'approche des voitures ou des personnes, et ralentir ou arrêter en cas d'obstacles, suivant les circonstances. Il doit obéir aux signaux d'alarme qui lui sont faits.

Il ne doit excéder, en aucun cas, les maxima de vitesse prévus par l'autorisation. Il doit, en outre, réduire la vitesse au-dessous de ces maxima autant que les circonstances l'exigent, en tenant compte des facultés d'arrêt dont il dispose, de l'état des appareils et de la voie, des glissements possibles lors de l'arrêt et des circonstances atmosphériques.

Il doit vérifier fréquemment, par l'usage, le bon état de fonctionnement de l'un et de l'autre des deux systèmes de commande des freins.

ART. 23. — Le mouvement devra être ralenti ou même arrêté toutes les fois que l'approche du véhicule, en effrayant les chevaux ou autres animaux, pourrait être une cause de désordre ou occasionner des accidents.

En tous cas, la vitesse devra être ramenée à celle d'un homme au pas, dans les marchés, dans les rues étroites où deux voitures ne peuvent passer de front, au passage des grilles d'octroi ou des barrières, au détour ou à l'intersection des rues, à la descente des ponts et sur tous les points de la voie publique où il existera soit une pente rapide, soit un obstacle à la circulation.

Le conducteur du véhicule ne doit reprendre une plus grande vitesse qu'après avoir acquis la certitude qu'il peut le faire sans inconvénient.

ART. 24. — L'approche du véhicule devra être signalée, toutes les fois que besoin sera, au moyen d'une corne, d'une trompe ou de tout autre instrument du même genre, à l'exclusion des appareils qui feraient un bruit analogue à celui des sifflets à vapeur.

Indépendamment de ce moyen d'avertissement qui doit être à la portée du conducteur, le véhicule sera muni, si sa marche est naturellement silencieuse, d'une clochette ou de grelots suffisamment sonores pour annoncer son approche. Cette clochette ou ces grelots ne porteront aucun dispositif d'arrêt.

ART. 25. — Le conducteur devra prendre la partie de la chaussée qui se trouvera à sa droite, quand bien même le milieu de la rue serait libre.

S'il est obligé de dévier à gauche, par la rencontre d'un obstacle, il devra reprendre sa droite, immédiatement après l'avoir dépassé.

ART. 26. — Il est défendu de faire circuler ou stationner les véhicules sur les trottoirs, sur les contre-allées des boulevards et généralement sur toutes les parties des voies ou promenades exclusivement réservées aux piétons ou aux cavaliers. Toutefois, les véhicules peuvent affranchir ces trottoirs et ces contre-allées prudemment et à la vitesse du pas de l'homme, et en suivant les passages pavés qui donnent accès aux propriétés riveraines, mais sans stationner sur ces passages.

ART. 27. — Il est interdit aux conducteurs des véhicules de couper les convois funèbres, les groupes scolaires et les détachements de troupes ou convois militaires, de traverser les Halles centrales avant dix heures du matin, de lutter de vitesse entre eux ou avec d'autres cochers ou conducteurs.

ART. 28. — Il est interdit de laisser stationner les véhicules sur la voie publique à moins d'absolue nécessité. Dans ce cas, le stationnement ne pourra avoir lieu qu'à la condition de ne pas gêner la circulation.

Aucun véhicule ne devra stationner vis-à-vis d'un autre véhicule, ou d'une autre voiture déjà arrêtée du côté opposé.

ART. 29. — Il est défendu de faire remorquer par un véhicule à moteur mécanique une ou plusieurs voitures.

ART. 30. — Les véhicules ne pourront circuler pendant la nuit ou en temps de brouillard sans être pourvus de falots ou lanternes allumés. En temps ordinaire, l'allumage aura lieu dès la chute du jour.

Ces falots ou lanternes donneront un feu blanc et seront toujours maintenus en bon état. Il en sera disposé deux extérieurement et à l'avant des véhicules, à une distance telle l'un de l'autre, qu'ils comprennent entre eux la largeur totale du véhicule.

Ils auront une puissance d'éclairage et des dispositions telles que si le véhicule circulait sur une voie non éclairée, le conducteur puisse distinguer nettement la voie et les objets en avant de lui dans un champ assez étendu pour pouvoir s'arrêter en temps utile.

ART. 31. — En cas d'accident de personnes, d'accident matériel notable ou d'explosion quelconque, le propriétaire du véhicule ou, à son défaut, le conducteur, devra immédiatement prévenir le Commissaire de police et nous en informer.

L'appareil avarié et ses fragments ou pièces ne seront déplacés qu'en cas de force majeure ou de concert avec le Commissaire de police, et ne seront pas dénaturés avant la clôture des enquêtes qui pourront être ordonnées.

TITRE IV

Dispositions générales.

ART. 32. — Pour ce qui n'est pas spécialement réglé par la présente ordonnance, les véhicules à moteur mécanique seront soumis, en tout ce qui leur est applicable :

1º Aux dispositions des lois et règlements sur la police du roulage, notamment à celles des titres I et III du décret du 10 août 1852 ;

2º Si le moteur est un moteur à vapeur, aux dispositions des lois et règlements sur les appareils à vapeur, notamment à celles du décret du 30 avril 1880, et de l'ordonnance du Préfet de Police du 3 janvier 1888 ; toutefois les prescriptions des articles 14 et 15 de cette ordonnance ne seront pas appliquées auxdits véhicules.

ART. 33. — Les contraventions à la présente ordonnance seront constatées par des procès-verbaux ou rapports qui nous seront adressés pour être transmis au Procureur de la République, sans préjudice des mesures administratives auxquelles les constatations faites pourront donner lieu.

ART. 34. — L'Ingénieur en chef des Mines chargé du service de surveillance des appareils à vapeur du département de la Seine, les Ingénieurs et agents placés sous ses ordres sont chargés, sous notre direction, et avec le concours des autorités locales, de la surveillance relative à l'exécution des mesures prescrites par la présente ordonnance et spécialement de celles qui font l'objet des titres I et II.

L'Ingénieur en chef du service de la voirie municipale de Paris (voie publique), les ingénieurs placés sous ses ordres, les ingénieurs en chef des Ponts-et-Chaussées des départements de la Seine et de Seine-et-Oise, ainsi que les agents sous leurs ordres, concourront à cette surveillance, spécialement en ce qui concerne les dispositions des titres I et III.

Le chef de la Police municipale, les Commissaires de police de la ville de Paris et des communes du ressort de la Préfecture de Police, les Officiers de paix ainsi que tous les autres agents de l'Administration sont invités à prêter leur concours aux ingénieurs et agents ci-dessus désignés et à assurer la surveillance relative à l'exécution des mesures qui font l'objet du titre III.

ART. 35. — La présente ordonnance sera imprimée et affichée.

Ampliation en sera adressée aux Chefs de service désignés en l'article 34, au Colonel commandant la Légion de la Garde républicaine et au Colonel commandant la Légion de Gendarmerie de la Seine, qui sont chargés, chacun en ce qui le concerne, de tenir la main à son exécution par tous les moyens dont ils disposent.

Le Préfet de Police,

LÉPINE.

Par le Préfet de Police :

Le Secrétaire général,

E. LAURENT.

TABLE DES FIGURES

TABLE DES MATIÈRES

Deuxième Partie. — Les Automobiles.

CHAPITRE Ier. — Les Voitures automobiles.

CHAPITRE II. — Motocycles et voiturettes.

Chapitre III. — Calcul et construction d'une Pétrolette.

Chapitre IV. — Les Accumobiles.

Chapitre V. — Guide de l'acheteur d'automobiles.

Chapitre VI. — Conduite et entretien des automobiles.

Typographie Firmin-Didot et Cᵗᵉ. — Mesnil (Eure).

2 février 90